高等职业教育"互联网+"新形态一体化教材

AutoCAD 项目化教程

主　编　车　玲　袁　霏　陈益飞

参　编　黄晓亚　项　超　姜林林

　　　　窦赛军　黄勇华

机 械 工 业 出 版 社

本书共分为 7 个项目，每个项目都有详细的讲解和操作步骤，主要内容包括 AutoCAD 基础知识、二维精确制图、三视图的绘制、机械零件图的绘制、电气图的绘制、三维图形的绘制、图纸的输出及打印。本书图文并茂，内容翔实，通俗易懂，具有很强的可操作性。通过这些项目的学习和实践，读者将掌握 AutoCAD 2024 的基本操作和功能，了解如何绘制机械图和电气图，并能够添加文字和尺寸标注、使用块和属性、打印和发布图纸，提高绘图效率和质量。本书还提供了一些综合实例演练，可以帮助读者更好地掌握所学知识。

本书适合作为高等职业院校装备制造类相关专业制图课程的教材，也可以作为初学者的自学用书或者培训班的培训教材。

为方便教学，本书配套 PPT 课件、电子教案、习题及答案、微课等资源，凡购买本书作为授课教材的教师可登录 www.cmpedu.com 注册并免费下载。

图书在版编目（CIP）数据

AutoCAD 项目化教程/车玲，袁霏，陈益飞主编. —北京：机械工业出版社，2024.2（2025.3 重印）

高等职业教育"互联网+"新形态一体化教材

ISBN 978-7-111-75128-1

Ⅰ.①A… Ⅱ.①车… ②袁… ③陈… Ⅲ.①机械制图-AutoCAD 软件-高等职业教育-教材 Ⅳ.①TH126

中国国家版本馆 CIP 数据核字（2024）第 033754 号

机械工业出版社（北京市百万庄大街 22 号 邮政编码 100037）

策划编辑：赵红梅　　　　　　　　责任编辑：赵红梅　苑文环

责任校对：甘慧彤 梁 静　　封面设计：王 旭

责任印制：单爱军

北京虎彩文化传播有限公司印刷

2025 年 3 月第 1 版第 3 次印刷

210mm×285mm・14 印张・386 千字

标准书号：ISBN 978-7-111-75128-1

定价：45.00 元

电话服务　　　　　　　　　　网络服务

客服电话：010-88361066　　机 工 官 网：www.cmpbook.com

　　　　　010-88379833　　机 工 官 博：weibo.com/cmp1952

　　　　　010-68326294　　金 书 网：www.golden-book.com

封底无防伪标均为盗版　机工教育服务网：www.cmpedu.com

前言
▶ PREFACE

随着科技的不断发展和进步，计算机辅助设计（CAD）已经成为制造业、建筑工程、电气设计、纺织轻工、电子信息、安全等领域中不可或缺的工具。其中，AutoCAD 软件作为一款全球应用广泛的 CAD 软件，被广泛应用于机械、自动化、建筑、汽车、航空航天、电子、化工等各种行业。它不仅可以用于绘制二维图形，还可以进行三维建模、仿真和分析。为了帮助读者更好地掌握使用 AutoCAD 2024 进行绘图的技能，编者根据多年教学和实践经验编写了本书。

本书在编写过程中，注重理论与实践相结合，以实践为主线，通过多个项目和实践操作，详细介绍了 AutoCAD 2024 的基本操作和功能，以及如何使用它进行机械、建筑和电气设计。希望通过这种项目引领、任务驱动的方式，帮助读者更好地理解和掌握 AutoCAD 软件的使用方法，提高绘图技能，更好地解决实际问题。此外，本书还注重培养读者的独立思考和解决问题的能力，让读者在学习过程中能够获得更多的收获和成长。

本书的主要特点如下：

（1）实用性：以实际应用为导向，注重实用性。在选择项目和任务时，结合实际应用场景，选择具有代表性和实用性的项目和任务，确保读者能够学以致用。

（2）翔实性：提供详细的讲解和操作步骤，帮助读者理解和掌握 AutoCAD 2024 软件的使用方法。对于一些关键步骤和操作技巧进行重点讲解，以帮助读者更好地掌握知识点。

（3）应用性：结合机械和电气自动化的实际应用场景，选择相关的项目和任务，着重讲解机械和电气自动化方面的绘图技巧和方法。

（4）示范性：结合企业案例，以实践为主线，读者可以通过完成实际项目来掌握知识点，提高综合实践能力。

本书提供丰富的教学资源，包括电子教案、PPT 课件、习题及答案、微课等，供教师及学生参考使用。

本书的编写人员具有多年的教学和实践经验。其中项目 1、项目 5、项目 6 由南通职业大学车玲编写，项目 2 由南通职业大学袁霏编写，项目 3 由江苏工程职业技术学院陈益飞编写，项目 4 由江苏工程职业技术学院项超编写，项目 7 由南通职业大学黄晓亚编写。此外，南通职业大学黄勇华、姜林林参与书稿校对工作，北京西门子有限公司窦赛军参与案例分析和提炼工作。

在本书编写过程中我们参考了很多图书和文献资料，在此对这些参考素材的作者表示诚挚谢意。

由于编者水平有限，书中难免存在不足之处，恳请广大读者批评指正，提出宝贵意见和建议，编者电子邮箱：cldd621@ sina. com。

编　者

二维码清单

名称	图形	名称	图形
任务 1.2　修改工具		任务 2.2　任务分解	
任务 1.2　标注工具		任务 2.2　任务实施	
任务 1.2　绘图工具		任务 2.2　任务注释	
任务 1.2　绘图界面认知		任务 2.2　拓展练习	
任务 2.1　任务分解		任务 2.3　任务分解	
任务 2.1　任务实施		任务 2.3　任务实施	
任务 2.1　任务注释		任务 2.3　任务注释	
任务 2.1　拓展练习		任务 2.3　拓展练习	

（续）

名称	图形	名称	图形
任务2.4　任务分解		任务2.6　拓展练习	
任务2.4　任务实施		任务2.7　任务分解	
任务2.4　任务注释		任务2.7　任务实施	
任务2.4　拓展练习		任务2.7　任务注释	
任务2.5　任务分解		任务2.7　拓展练习	
任务2.5　任务实施		任务2.8　任务分解	
任务2.5　任务注释		任务2.8　任务实施	
任务2.5　拓展练习		任务2.8　任务注释	
任务2.6　任务分解		任务2.8　拓展练习	
任务2.6　任务实施		任务2.9　任务分解	
任务2.6　任务注释		任务2.9　任务实施	

（续）

名称	图形	名称	图形
任务 2.9　任务注释		任务 5.1　拓展练习	
任务 2.9　拓展练习		任务 5.1　电气图的识读	
任务 3.1　任务实施		任务 5.2　电动机顺序起停电路	
任务 3.2　点的设置		任务 5.3　低压配电系统主接线	
任务 3.2　轴承座的绘制		任务 5.3　拓展练习	
任务 4.1　任务准备		任务 6.1　轴支架	
任务 4.1　任务实施		任务 6.1　长方体、圆柱体、布尔运算	
任务 4.1　表格的设置		任务 6.2　拉伸、分割、三维旋转	
任务 4.2　拓展练习		任务 6.2　紧固零件三维图	
任务 5.1　块的操作			

（续）

目录

▶ CONTENTS

项目 ① AutoCAD基础知识

▶ 学训融合

工欲善其事，必先利其器。

知识目标：

（1）了解 AutoCAD 2024 的特点；

（2）了解 AutoCAD 2024 的各项功能。

技能目标：

（1）能根据安装步骤正确安装 AutoCAD 2024；

（2）能设置绘图环境；

（3）熟练掌握 AutoCAD 2024 软件的基本操作。

素养目标：

（1）具备数字化的思维能力；

（2）具备积极探究事物的能力。

任务 1.1 AutoCAD 2024 软件安装

1.1.1 安装要求

安装 AutoCAD 软件时，应首先查看计算机属性，查看相关配置参数。AutoCAD 2024 软件须在计算机达到相应的配置要求后，方可运行。本书针对常用的 Windows 版本进行分析。

安装 AutoCAD 2024 软件时，要求配置 64 位操作系统，Windows10 或更高版本；CPU 处理器的主频最低为 2.5GHz，以满足复杂图形的处理能力；计算机内存容量为 8GB 以上，以保证图形处理时的运算速度；显存带宽配置为 29GB/s，并与 DirectX11 兼容，以流畅显示复杂图形或三维图形；计算机硬盘需要留有 10GB 以上的可用存储空间。

1.1.2 安装步骤

AutoCAD 是一款工程绘图软件，绘图功能强大，可以绘制各种复杂的工程图，是绘制机械图、电气图、建筑图等的上佳选择。

可按以下步骤安装 AutoCAD 2024。

1）打开 AutoCAD 2024 安装程序，在选择语言下拉列表中选择"中文（中国）"选项，单击"下一页"按钮，如图 1.1 所示。

2）在"法律协议"界面中，认真阅读 Autodesk 许可及服务协议，若同意，则勾选"我同意使用条款"复选按钮，并单击"下一步"按钮，如图 1.2 所示。

图 1.1 安装语言选择

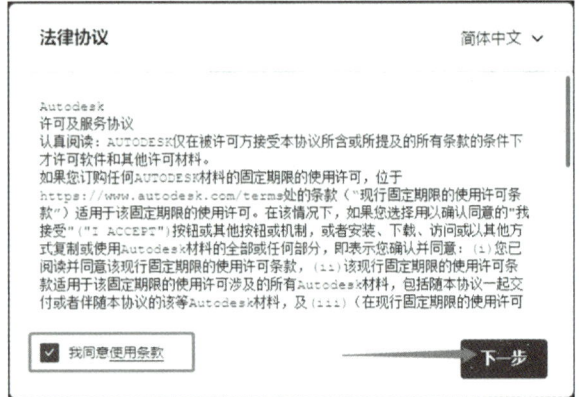

图 1.2 法律协议

3）设置安装路径。安装路径默认为 C 盘，也可根据计算机选择其他磁盘进行安装，选择好安装路径后，单击"安装"按钮，如图 1.3 所示，然后 AutoCAD 2024 软件开始安装，如图 1.4 所示。（**注**：单击 ⌷…⌷，改变安装路径。）

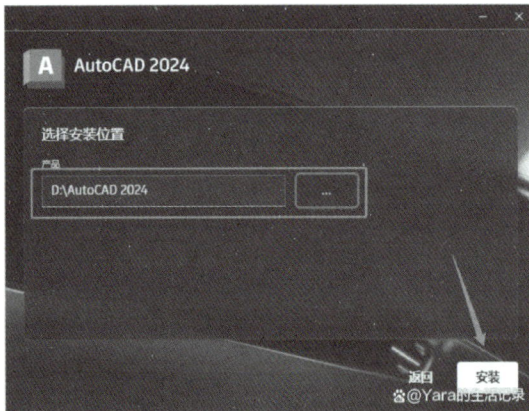

图 1.3 选择安装位置

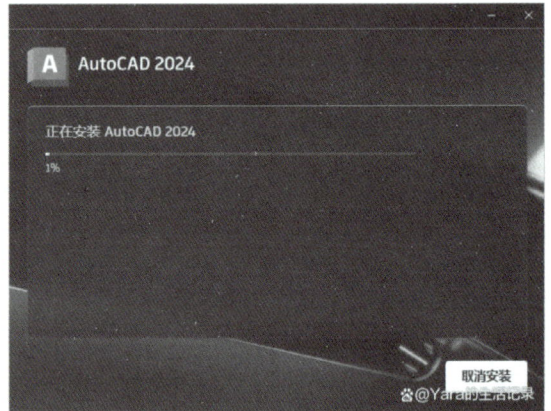

图 1.4 正在安装

4）安装完成后，单击"开始"按钮，如图 1.5 所示，即可打开 AutoCAD 2024。重启计算机后，双击桌面上的 AutoCAD 2024 快捷图标 A，打开 AutoCAD 2024。

5）打开 AutoCAD 2024 软件后，可选择试用该软件或通过激活长期使用。可选择两种方式进行软件激活：输入序列号或使用网络许可，如图 1.6 所示。

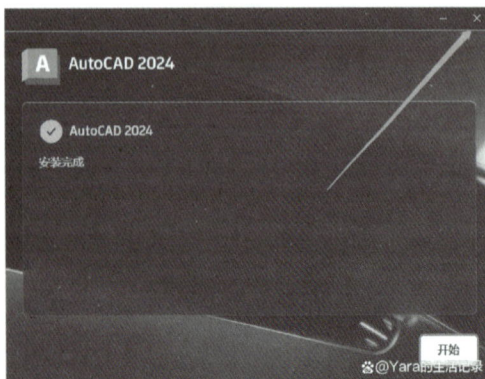

图 1.5 安装完成

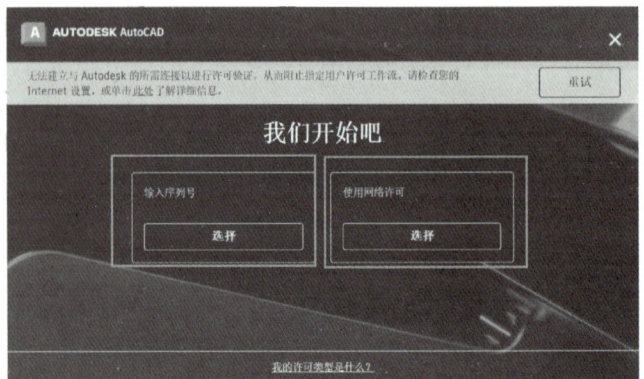

图 1.6 激活方式选择

6）若选择"输入序列号"选项，则进入"Autodesk隐私声明"界面，如图1.7所示，单击"我同意"按钮，可进入下一步骤。

7）进入"产品许可激活"界面，如图1.8所示，单击"需要激活"按钮，进入"Autodesk许可-激活选项"界面，如图1.9所示，输入有效的序列号和产品密钥，单击"下一步"按钮。

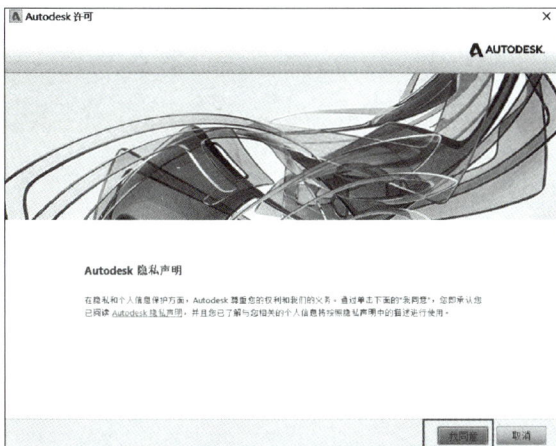

图1.7　隐私声明

图1.8　产品许可激活

8）若在图1.6所示界面中选择"使用网络许可"选项，则需要指定许可服务器，输入相关信息后也可以正常使用AutoCAD 2024软件，如图1.10所示。

图1.9　输入序列号

图1.10　指定许可服务器

可根据以上步骤安装AutoCAD 2024软件，**但要注意**：若计算机中有其他版本的AutoCAD软件，需要提前将其卸载，以保证安装时不会出现错误提示。

任务1.2　认识AutoCAD 2024绘图环境

1.2.1　AutoCAD 2024的启动与退出

1. 启动AutoCAD 2024软件

使用以下四种方法可以启动AutoCAD 2024软件。

① 双击AutoCAD 2024快捷图标 。

② 右击AutoCAD 2024快捷图标 ，在弹出的快捷菜单中选择"打开"或"以管理员身份运行（A）"命令。

③ 依次选择Windows状态栏的"开始"→"AutoCAD 2024—简体中文（Simplified Chinese）"

文件夹→"AutoCAD 2024—简体中文（Simplified Chinese） "选项，启动 AutoCAD 2024 软件。

④ 双击已存在的 AutoCAD 图形文件（文件后缀名为 .dwg），可以启动 AutoCAD 2024 软件，并直接进入图形文件的编辑界面。

2. 退出 AutoCAD 2024 软件

使用以下五种方法可以退出 AutoCAD 2024 软件。

① 在 AutoCAD 2024 主标题栏中，单击"关闭"按钮 ✕。

② 在 AutoCAD 2024 主标题栏中，双击图标 A。

③ 单击 AutoCAD 2024 主标题栏中的 A 图标，再单击 图标。

④ 单击"文件"，在下拉菜单中选择"退出"命令。

⑤ 在 AutoCAD 2024 软件的命令行中输入"EXIT"或"QUIT"命令，再按键盘上的"Enter"键确定。

在关闭 AutoCAD 2024 软件时，如果已打开的图形文件没有保存，系统会弹出保存提示对话框，询问是否要将改动保存到文件中，如图 1.11 所示。单击"是"按钮，将保存修改并退出 AutoCAD 2024 软件；单击"否"按钮，将不保存修改并退出 AutoCAD 2024 软件；单击"取消"按钮，将维持当前界面，不会退出 AutoCAD 2024 软件，可继续进行图形绘制或修改操作。

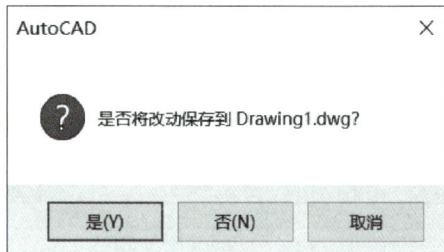

图 1.11　保存提示对话框

1.2.2　AutoCAD 2024 操作界面认知

启动 AutoCAD 2024 简体中文版软件后，进入启动界面，如图 1.12 所示。相较于 AutoCAD 2020 版本，该界面发生了较大变动。为了符合工程技术人员的使用习惯，将最近使用的文档居于正中，以方便查找，增强了人机交互性；将文件的"新建"与"打开"选项设置在启动界面上，能够更加便捷地进行工程图形的操作；在"学习"区域中，可查看 AutoCAD 2024 的新特性，并可在"联机帮助""社区论坛""客户支持"等板块获取相关技术支持与帮助，或给予其

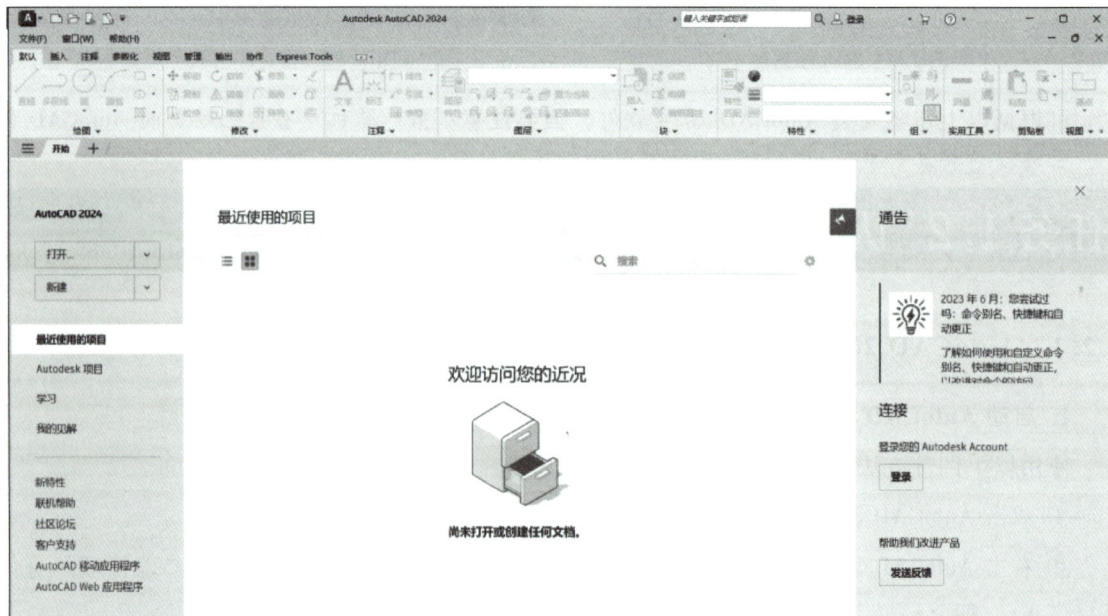

图 1.12　AutoCAD 2024 启动界面

他用户相关支持，提高了共享性能；在通告栏中，可查看 Autodesk 更新的内容及更新时间，及时掌握 AutoCAD 操作功能，或查看历史记录；通过连接功能可登录 Autodesk Account，Autodesk Account 提供了一个独立的环境，可以在其中管理个人资料、产品和付款。

1. AutoCAD 2024 的工作界面

启动 AutoCAD 2024 后，单击主标题栏左上角的图标 **A**，在下拉菜单中单击"新建"命令进入 AutoCAD 绘图界面，简体中文版 AutoCAD 2024 的典型工作界面如图 1.13 所示。该工作界面包含快速访问工具栏、下拉菜单、功能区、工具选项卡、绘图区、命令行、状态栏等部分。

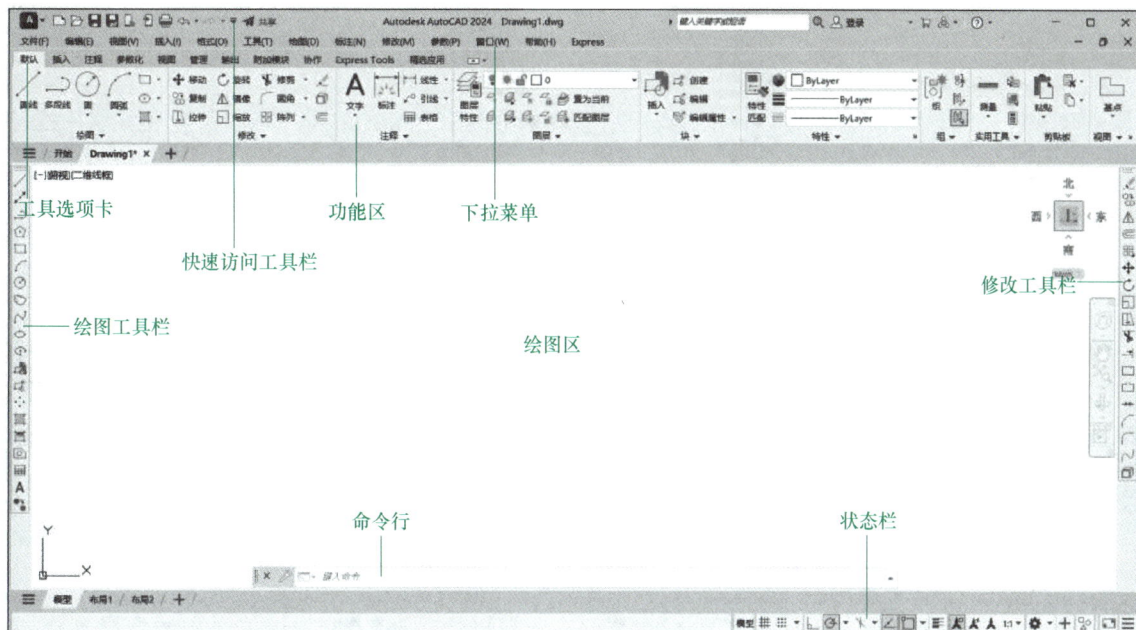

图 1.13　AutoCAD 2024 典型工作界面

想一想：第一次进入 AutoCAD 2024 工作界面，出现工具栏了吗？

2. 下拉菜单

默认情况下，AutoCAD 2024 的工作界面只显示功能区。对于熟悉 AutoCAD 2010 版本的用户，更习惯使用下拉菜单。

AutoCAD 2024 的菜单栏包含文件、编辑、视图等 13 项内容。如果对下拉菜单进行操作，只需单击下拉菜单名称，如单击"文件"，则会向下展开菜单内容；如果熟练使用键盘并熟悉快捷键的使用，则可同时按下 [Alt+热键字符]，如同时按下 [Alt+F]，也可打开文件下拉菜单。

如图 1.14 所示，单击并展开下拉菜单，可执行命令显示为黑色，不可执行命令则显示为灰色，"编辑"下拉菜单中的"重做"等命令显示为灰色，不可单击执行；下拉菜单中的部分命令右侧设置了">"符号，表示该命令下有子命令，将鼠标指针移动到该条目上，可向右展开，查看该命令所包含的所有子命令，如"修改"下拉菜单中的"阵列"命令，包含"环形阵列""矩形阵列""路径阵列"三个子命令；有些命令后跟"…"符号，单击该命令将弹出一个与该命令有关的参数等选项的对话框，如"编辑"菜单中的"选择性粘贴"，单击后弹出对话框，可选择或修改相关参数；如果只将鼠标指针停留在下拉菜单中的某个命令上，不做单击操作，系统会在屏幕最下方左侧显示该命令的解释或说明。

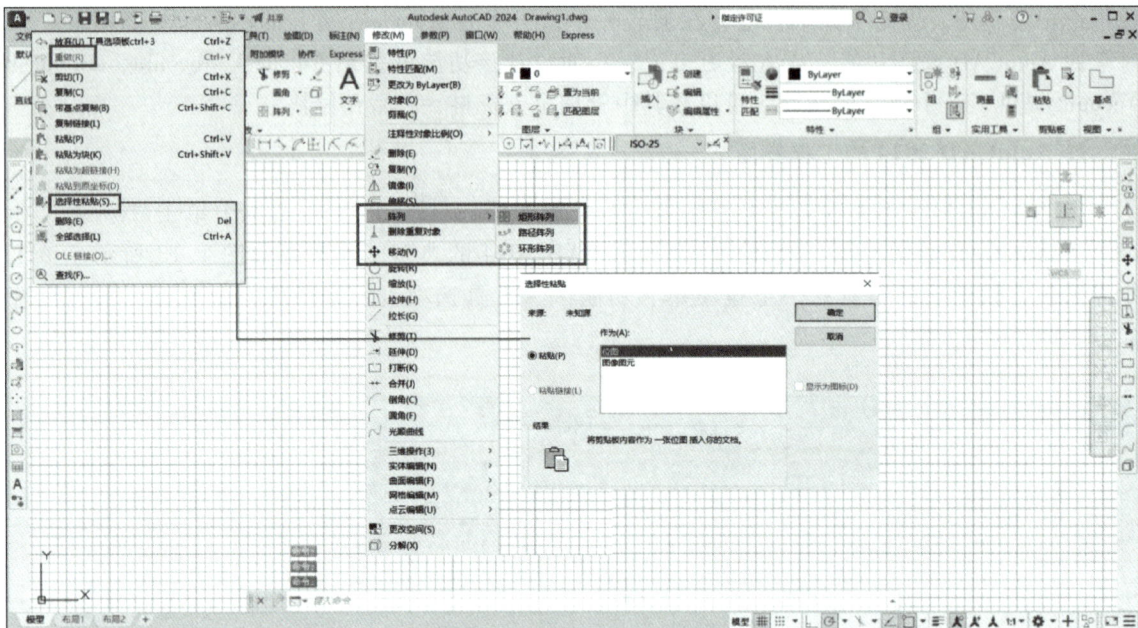

图 1.14 下拉菜单

小经验

　　单击快速访问工具栏右侧的下拉三角按钮，展开下拉框，选择"显示菜单栏"命令，即可显示下拉菜单，如图 1.15 所示。当不需要下拉菜单时，再次单击下拉三角按钮，该命令显示为"隐藏菜单栏"，单击后则会将下拉菜单隐藏，以扩大绘图区域。

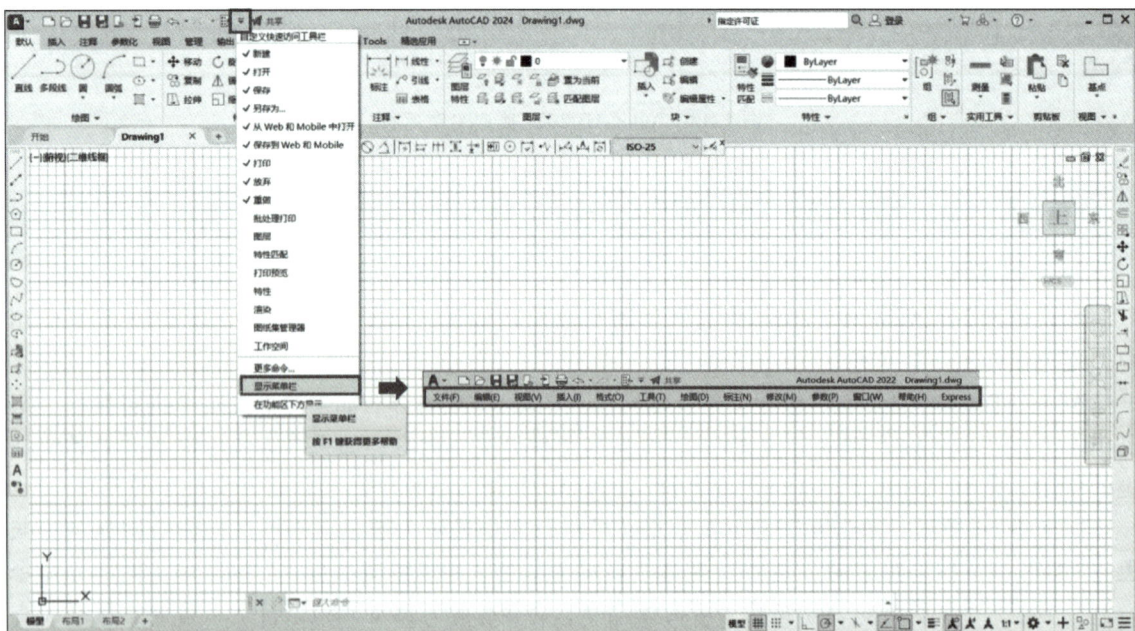

图 1.15 显示菜单栏

3. 选项板

　　启动 AutoCAD 2024 后，默认的工作界面包括功能区、特性、图层等板块，方便用户使用，如图 1.16 所示。用户也可以根据自己的绘图习惯，单击"工具→选项板"命令，单击"功能区"

"特性""图层""块选项板"等子命令，或使用功能键显示或隐藏各板块，设置专属的工作界面。

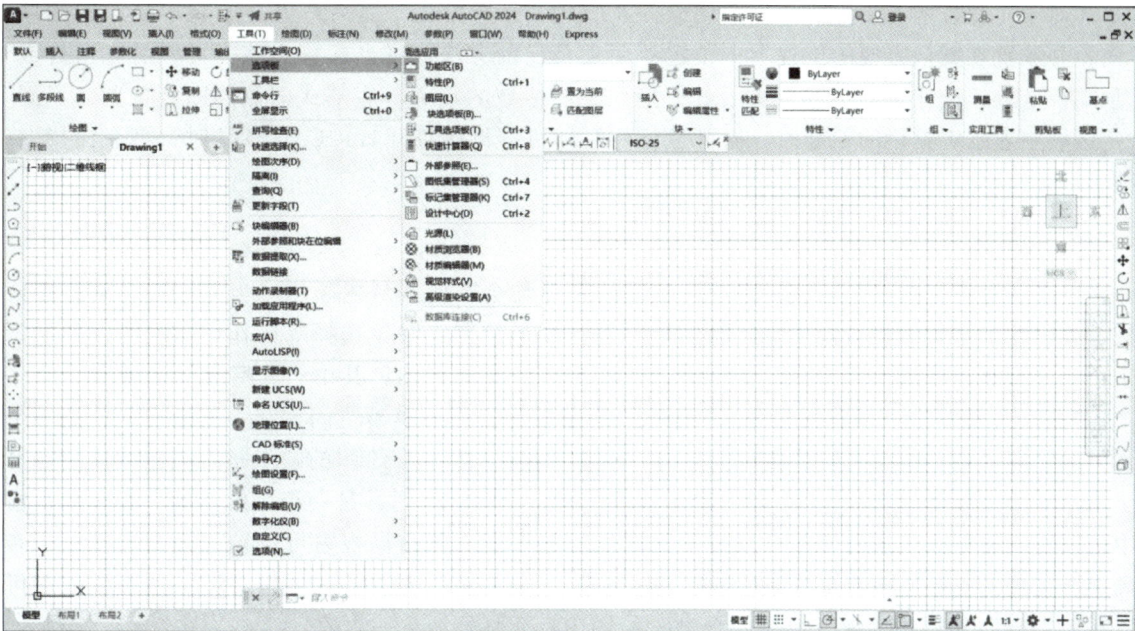

图 1.16　选项板

4. 工具栏

工具栏中包含由图标表示的各种命令按钮，包括功能区中的各工具选项卡、"工具"菜单中"工具栏"命令中的各子命令、"工具选项板"中的各类型块等。使用工具栏上的按钮可以启动命令，以及显示弹出工具栏和工具提示，将光标停在图标上，并单击鼠标左键，即可显示出工具栏。如图 1.17 所示，单击"工具"菜单，选择工具栏命令，可向右展开 AutoCAD 子命令，继续向右可展开工具快捷菜单栏。单击所需要的工具名称，则该工具栏会出现在屏幕绘图区域内，所显示的工具栏名称前会有选择符号 ✓ 。如图 1.17 所示，"修改"工具栏已打开，出现在屏幕绘图区域内。

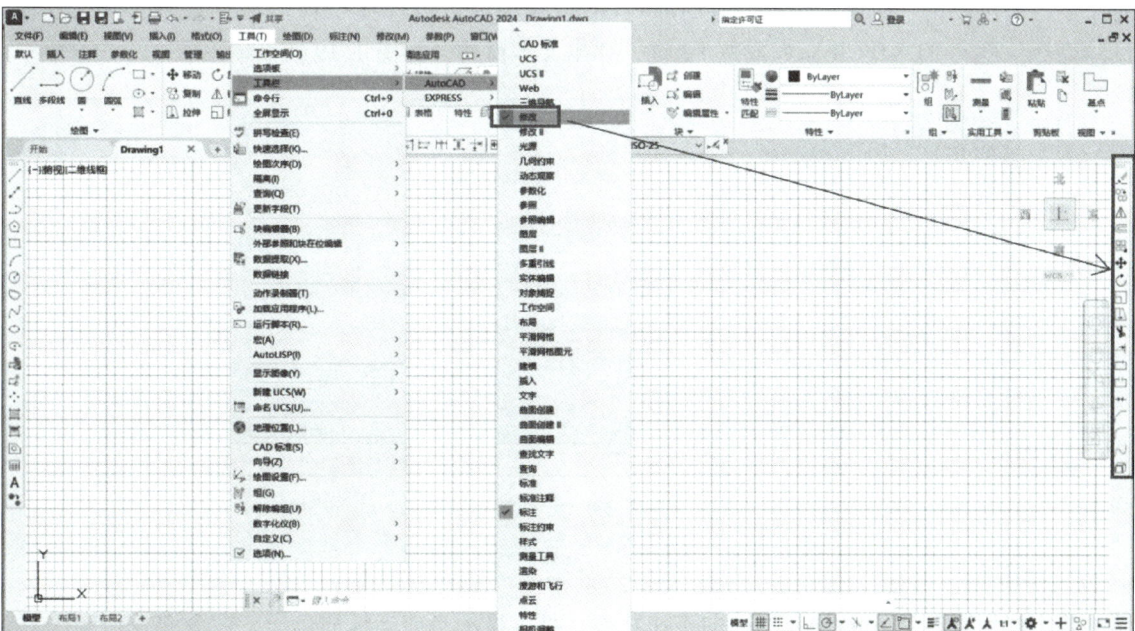

图 1.17　工具栏

小经验

对于工程技术人员而言，为方便绘图及管理，部分常用工具可打开显示在屏幕绘图区域内，并放置在默认方便的位置上。锁定浮动工具栏的方法：将光标移到该工具栏的空白处或顶端板卡处，按住鼠标左键，将工具栏拖到绘图区域的顶部、底部或两侧的固定位置，当固定区域中显示工具栏的轮廓时，松开鼠标左键即可。再次打开 AutoCAD 软件时，将会保持上次设定。

5. 绘图区

绘图区是用户的工作区域，用户所绘制的图形均会在此区域内显示。当光标移动到绘图区域，会出现十字光标和拾取框，此时用户可进行图形绘制、对象选择等操作。在绘图区的左下角，有模型和布局选项卡标签，引导用户查看图形的布局视图。其中，"模型"选项卡只有一个，"布局"选项卡可以有很多个。"模型"绘图较为常用。模型空间有二、三维空间，是一个无限的绘图区域，图纸之间是相对独立的，不限数量。"模型"绘图的缺点是绘图删减比较容易出错，无法进行批量修改。"布局"绘图提供的是一个图纸空间，是一个二维空间。在布局视窗中可以看到模型空间的内容并可以按不同比例缩放视图。从布局视窗可以访问模型空间，在布局中所见到的图纸样子就是打印后图纸实际的样子。"布局"绘图方便批量修改，所有标注都可以在"布局"绘图中完成，而在"模型"绘图中标注是叠加在一块的。

6. 命令行与文本窗口

命令行窗口位于绘图区的底部，用于接收用户输入的命令，并显示 AutoCAD 提示信息。在 AutoCAD 2024 中，命令行窗口可以拖放为浮动窗口，如图 1.18 所示。

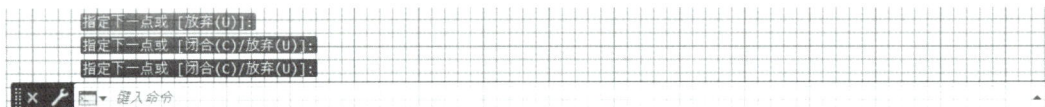

图 1.18　命令行窗口

"AutoCAD 文本窗口"是记录 AutoCAD 命令的窗口，是放大的命令行窗口，它记录了已执行的命令，也可以用来输入新命令。在 AutoCAD 2024 中，可以选择"视图"→"显示"→"文本窗口"命令、执行 TEXTSCR 命令或按 F2 键，弹出文本窗口，如图 1.19 所示。

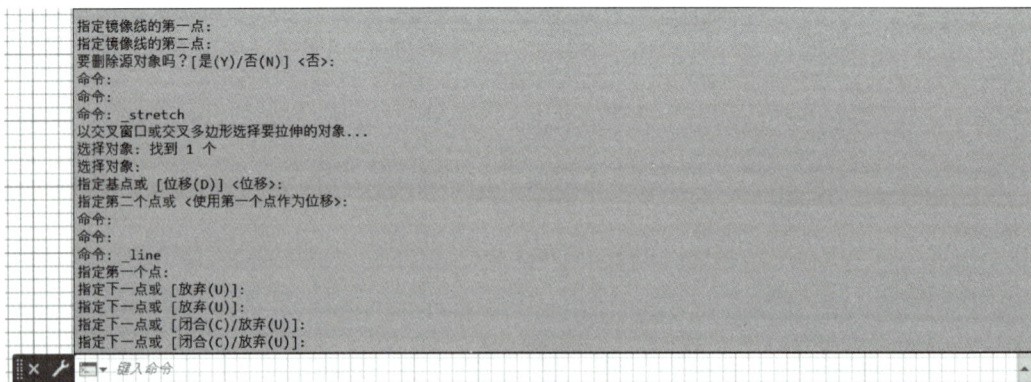

图 1.19　文本窗口

7. 状态栏

状态栏用来显示 AutoCAD 当前的工作状态，可以显示当前光标的坐标、命令和按钮开关等，如图 1.20 所示。状态栏中按钮显示为"蓝色"时，表示开启状态；当按钮显示为"灰色"时，则表示关闭状态。在绘图窗口中移动光标时，状态行的"坐标"区将动态地显示当前坐标值。坐标显示取决于所选择的模式和程序中运行的命令，有"相对""绝对"两种模式。

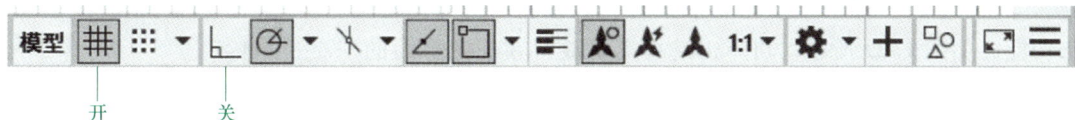

开　　　关

图 1.20　状态栏

AutoCAD 2024 在绘图过程中要精确定位某个对象时，常常需要使用某个坐标系作为参考，以确定拾取点的位置。使用 AutoCAD 坐标系就可以实现图形的精确绘制和设置。绘图时，软件默认使用"相对"坐标模式。

在 AutoCAD 中有两个坐标系，一个是被称为世界坐标系（WCS）的固定坐标系，另一个是被称为用户坐标系（UCS）的可移动坐标系。默认情况下，这两个坐标系在新图形中是重合的。通常在二维视图中，世界坐标系的水平轴为 X 轴，垂直轴为 Y 轴，X 轴和 Y 轴的交点为原点为 O（0，0）。图形文件中的所有对象均由其 WCS 坐标定义。

在创建二维图形对象时，可以通过 4 种坐标表示方法来定位，包括绝对直角坐标、绝对极坐标、相对直角坐标和相对极坐标，其表示方式如图 1.21 所示。

（1）二维笛卡儿坐标系

创建对象时，可以使用绝对或相对笛卡儿（矩形）坐标定位点。要使用笛卡儿坐标指定点，请输入以逗号分隔的 X 值和 Y 值。X 值是沿水平轴以单位表示的正的或负的距离，Y 值是沿垂直轴以单位表示的正的或负的距离。

① 相对坐标是基于上一输入点的。如果知道某点与前一点的位置关系，可以使用相对 X，Y 坐标。要指定相对坐标，在坐标前面添加一个 @ 符号。例如，输入@5，6 指定一点，此点沿 X 轴方向距离上一指定点有 5 个单位，沿 Y 轴方向距离上一指定点有 6 个单位。

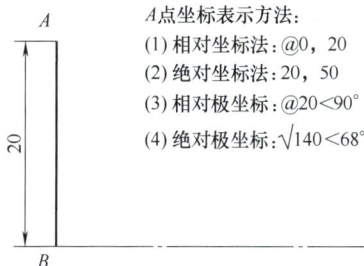

A点坐标表示方法：
（1）相对坐标法：@0，20
（2）绝对坐标法：20，50
（3）相对极坐标：@20<90°
（4）绝对极坐标：$\sqrt{140}$<68°

图 1.21　坐标表示法

② 绝对坐标基于 UCS 原点（0，0），即 X 轴和 Y 轴的交点。已知点坐标的精确 X 和 Y 值时，可使用绝对坐标。如果启用动态输入，可以使用#前缀来指定绝对坐标。如果在命令行而不是工具提示中输入坐标，可以不使用#前缀。例如，输入#5，6 指定一点，此点在 X 轴方向距离 UCS 原点 5 个单位，在 Y 轴方向距离 UCS 原点 6 个单位。

（2）二维极坐标

创建对象时，可以使用绝对极坐标或相对极坐标（距离和角度）定位点。使用极坐标指定一点时，请输入以角括号（<）分隔的距离和角度。默认情况下，角度按逆时针方向增大，按顺时针方向减小。要指定顺时针方向，需为角度输入负值。例如，输入 1<270 和 1<-90 代表相同的点。可以使用 UNITS 命令改变当前图形的角度约定。

① 绝对极坐标从 UCS 原点（0，0）开始测量，此原点是 X 轴和 Y 轴的交点。当知道点的准确距离和角度坐标时，可使用绝对极坐标。使用动态输入时，可以使用#前缀指定绝对坐标。如果在命令行而不是工具提示中输入坐标，可以不使用#前缀。例如，输入#5<45 指定一点，此点距离原点有 5 个单位，并且与 X 轴成 45°角。

② 相对极坐标是基于上一输入点的。如果知道某点与前一点的位置关系，可以使用相对 X，Y 坐标。要指定相对坐标，需在坐标前面添加一个 @ 符号。例如，输入@5<45 指定一点，此点

距离上一指定点 5 个单位，并且与 X 轴成 45°角。

状态栏中还包括"捕捉""栅格""正交""极轴""对象捕捉""对象追踪"等功能按钮。单击自定义按钮 ☰，可展开状态功能，如图 1.22 所示。可单击选中需要放置在绘图界面的状态按钮，此时，按钮前出现选择符号"✓"，用户可根据需要进行选择。

8. 工具选项板

使用工具选项板可在选项卡形式的窗口中整理块、图案填充和自定义工具。选择"工具"菜单中"选项板"命令，向右移动鼠标展开子命令，选择"工具选项板"，弹出工具选项板组，如图 1.23 所示。工具选项板组中包括"建筑""机械""电力""建模"等 11 个工具选项板。用户可以轻松创建新工具选项板，使用工具选项板快捷菜单可创建一个新的空选项板；使用"设计中心"快捷菜单可创建包含选定内容的工具选项板选项卡。将工具添加到新的或现有工具选项板可以使用以下方法。

坐标	三维对象捕捉
✓ 模型空间	动态 UCS
✓ 栅格	选择过滤
✓ 捕捉模式	小控件
推断约束	✓ 注释可见性
动态输入	✓ 自动缩放
✓ 正交模式	✓ 注释比例
✓ 极轴追踪	✓ 切换工作空间
✓ 等轴测草图	✓ 注释监视器
✓ 对象捕捉追踪	单位
✓ 二维对象捕捉	快捷特性
✓ 线宽	锁定用户界面
透明度	✓ 隔离对象
选择循环	图形性能
三维对象捕捉	✓ 全屏显示

图 1.22　状态功能选项板

1）将对象从图形拖动到选项板上。

2）从"设计中心"拖动图形、块和图案填充。将已添加到工具选项板中的图形拖动到另一个图形中时，图形将作为块插入。

3）从"自定义"对话框中拖动工具栏按钮。

4）在"自定义用户界面（CUI）"编辑器中，从"命令列表"窗格中拖动命令。

5）将工具从一个工具选项板粘贴到另一个工具选项板。

为了组织工具选项板窗口中的工具选项板并减少其数量，可以定义和显示工具选项板组。工具选项板组可限制"工具选项板"窗口中显示的选项板数量。"自定义选项板"选项可提供创建和组织工具选项板组的选项。

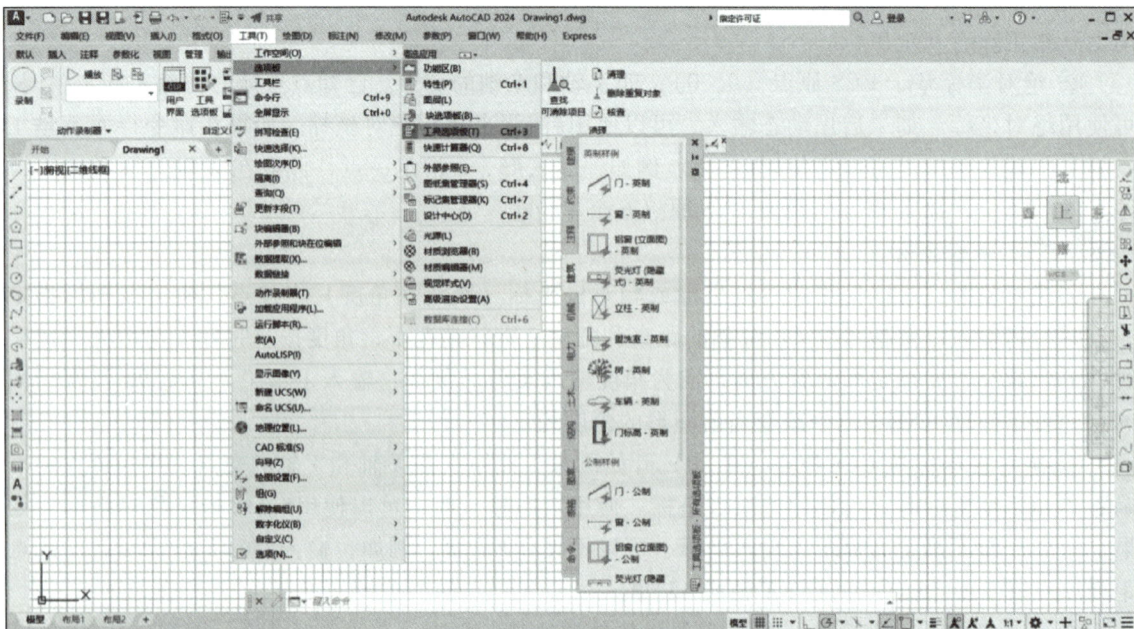

图 1.23　工具选项板组

9. 设置图形窗口颜色

AutoCAD 绘图窗口中模型选项卡默认配色方案为黑色，布局选项卡中背景是白色，用户可根据自己的使用习惯设置图形窗口颜色。设置方法：单击"工具"菜单，选择"选项"命令，弹出"选项"对话框，单击"显示"选项卡中"窗口元素"选项组中的"颜色"按钮，弹出"图形窗口颜色"对话框，如图 1.24 所示。

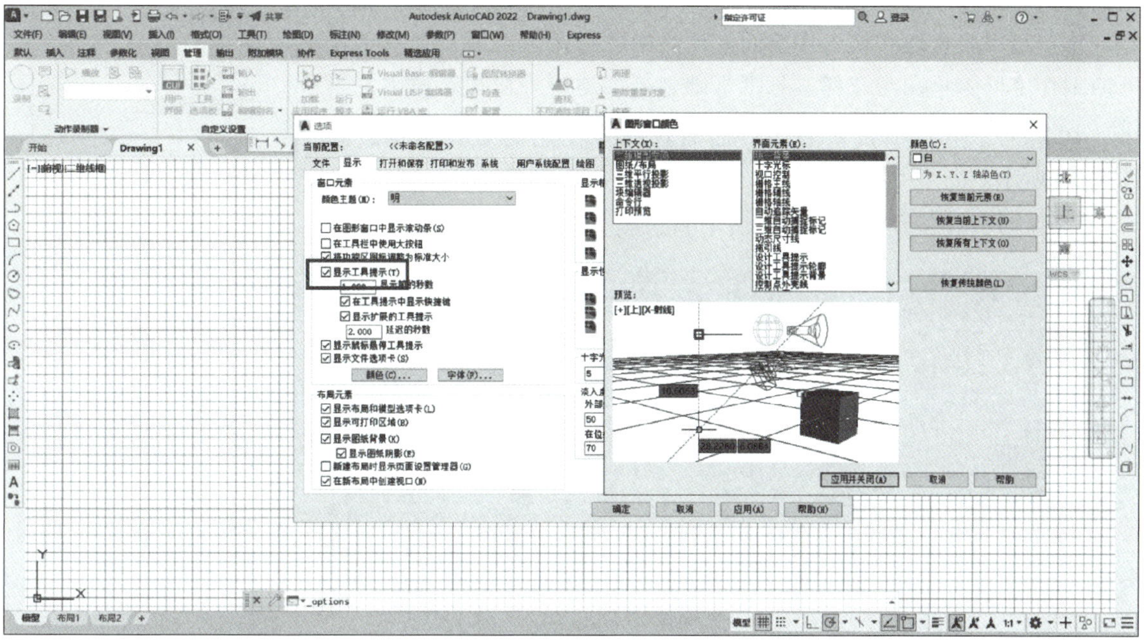

图 1.24　图形窗口颜色设置

在"图形窗口颜色"对话框中，用户可设置应用程序中每个上下文和界面元素的显示颜色。

1）上下文是指一种操作环境，如模型空间。

2）界面元素是指此上下文中的可见项，如十字光标指针或背景色。

3）颜色列出应用于选定界面元素的可用颜色设置。可以从颜色列表中选择一种颜色，或选择"选择颜色"以打开"选择颜色"对话框，如图 1.25 所示。将颜色饱和度增加 50% 时，色彩将使用用户指定的颜色亮度应用纯红色、纯蓝色和纯绿色色调。

4）参数设置的结果可在预览窗口中查看。

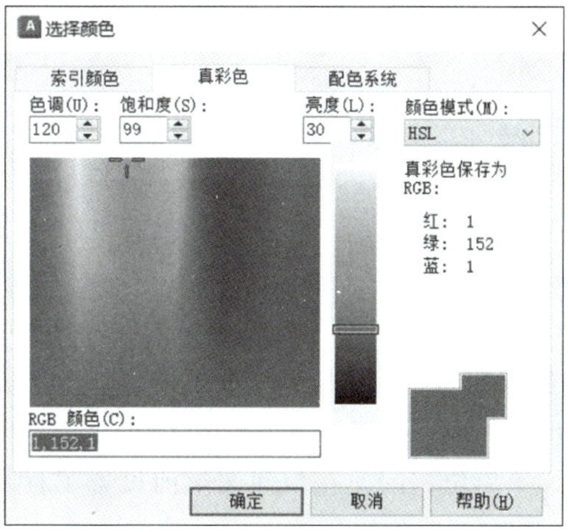

图 1.25　颜色设置

10. 工作空间模式

工作空间是由分组组织的菜单、工具栏、选项板和功能区控制面板组成的集合，使用户可以在专门的、面向任务的绘图环境中工作。

使用工作空间时，只会显示与任务相关的菜单、工具栏和选项板。此外，工作空间还可以自动显示功能区，即带有特定于任务的控制面板的特殊选项板。

用户可以轻松地切换工作空间。产品中已定义了以下三个基于任务的工作空间：草图与注释、三维基础、三维建模。在状态栏中，单击"切换工作空间"按钮 ⚙ ▾，然后选择要使用的工作空间，如图 1.26 所示。

三种工作空间格式如图 1.27 所示。

图 1.26　工作空间

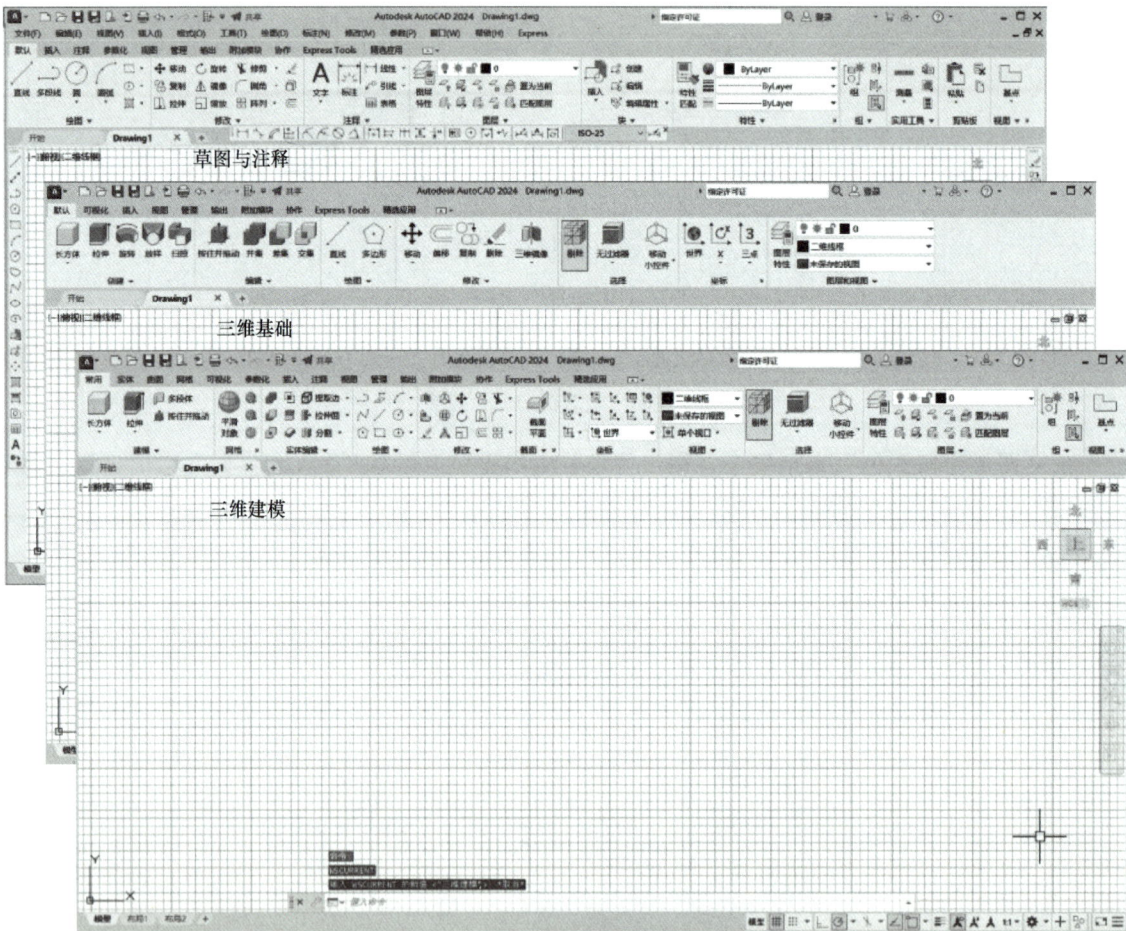

图 1.27　工作空间三种格式

11. 设置图形单位

图形单位是 AutoCAD 中绘制和测量图形的虚拟度量单位。由于 AutoCAD 是目前用户面最广的绘图软件之一，用户遍布世界各地，使用的单位也各不相同。我国习惯使用毫米、米等单位；西方国家习惯使用英寸、英尺等单位，因此在新建图形前设置工程要求的单位制及相应精度是工程人员的基本操作。

在"格式"菜单中单击"单位"命令，弹出"图形单位"对话框，如图 1.28 所示。在该对话框中，可设置"长度""角度""精度"等各项参数，单击"方向"按钮可设置"基准角度"。

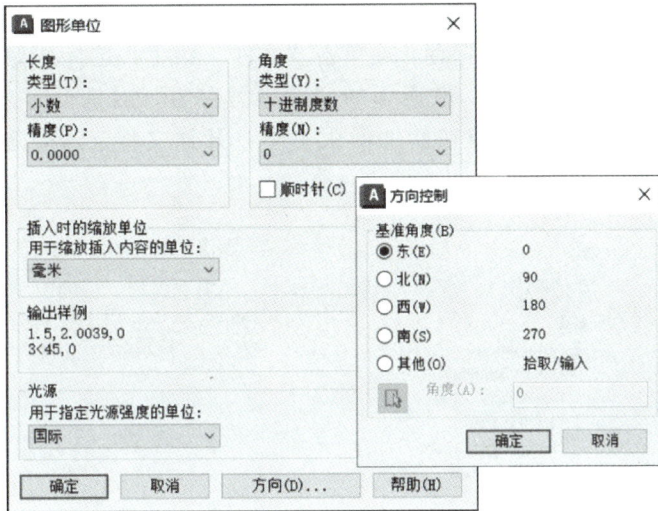

图 1.28   图形单位设置

1.2.3   图形文件管理

1. 新建 AutoCAD 文件

如图 1.12 所示，用户可在 AutoCAD 启动界面单击左侧新建按钮，或单击 A 右侧下三角符号，展开下拉列表，选择新建命令，新建 AutoCAD 图形文件。AutoCAD 为用户提供了一系列样板文件，利用样板文件可以提高设计效率，保证设计图形的一致性、标准性。

2. 打开 AutoCAD 文件

打开已有的图形文件有以下三种方法。

1）双击文件图标 ，可打开已有文件。

2）在 AutoCAD 启动界面单击左侧打开按钮打开文件。

3）在已建立的 AutoCAD 文件中单击"文件"菜单，选择"打开"命令，弹出"选择文件"对话框，查找文件路径，打开 AutoCAD 文件，如图 1.29 所示。

图 1.29   选择文件

3. 保存并退出

在图形文件创建中，需要保存已绘制的图形文件，若图形文件较大，则应养成及时保存的习惯，防止文件因系统故障或其他意外情况而丢失。保存文件的方法与其他应用软件类似，用户可以使用快捷方式"Ctrl+S"进行保存，或单击"文件"菜单，选择"保存"命令保存文件。若第一次保存文件，则会弹出如图 1.30 所示的"图形另存为"对话框，选择需要保存的文件名、文件类型、保存路径，如果希望在软件低版本中打开该文件，需要选择较低软件版本来保存。

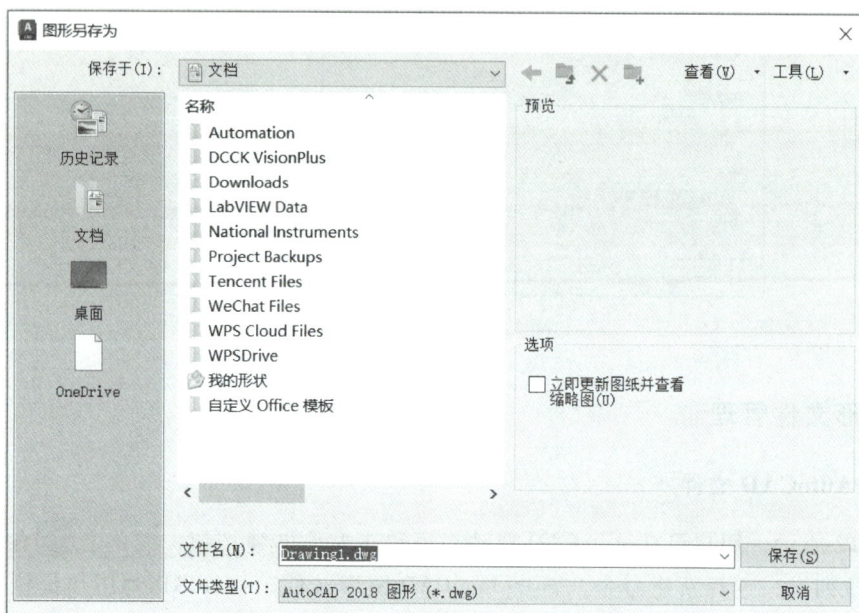

图 1.30 "图形另存为"对话框

1.2.4 AutoCAD 2024 常用绘图工具简介

工程制图包括二维和三维制图，绘制过程中主要使用二维和三维绘图工具、修改工具、尺寸标注等。其中，"绘图"工具栏集合了各种图形对象的绘制命令；"修改"工具栏集合了各种修改命令；"标注"工具栏集合了各类标注命令。

AutoCAD 各种操作命令的输入方法共有 4 种。

1）工具栏快捷按钮输入法。

2）菜单命令输入法。

3）命令行输入法。

4）快捷键输入法。

AutoCAD 操作命令的输入方法是因人而异的。对于初学者，建议使用工具栏或菜单栏命令；对于熟悉使用键盘按键的学习者，可使用命令行或快捷键。在使用命令行或快捷键输入时，不做大、小写区分。

> **小经验**
>
> 当某个命令需要重复执行时，可以直接按回车键、空格键或单击鼠标右键来重复上一个命令；当某个命令需要中断时，直接按 Esc 键即可退出命令执行状态。

下面简单介绍"绘图"工具栏、"修改"工具栏和"标注"工具栏的命令及其功能，其使用方法在项目实施中具体展开。

1. 绘图工具栏

为了照顾技术人员的绘图习惯，AutoCAD 2024 在绘图工作界面中创建图形的默认界面会隐藏绘图工具栏，系统默认的"绘图"工具栏位置在功能区"常用"选项卡中。用户可在菜单"工具"→"工具栏"→"AutoCAD"中，单击"绘图"命令，则绘图工具栏将显示在左边线固定位置。用户也可根据使用习惯拖动该工具栏到右边线或顶部工具栏区，或拖动到绘图窗口的任意位置，绘图工具栏如图 1.31 所示。绘图工具栏中列出了大部分常用的绘图命令，可以满足二维平面图的绘制需求。如果需要使用其他绘图命令，可以单击"绘图"菜单，在菜单列表中选取。若用户没有接触过 2010 之前版本的 AutoCAD，可直接使用"绘图"功能区，如图 1.32 所示。AutoCAD 2024 共有三个工作空间，任一工作空间都具备绘图区，以备用户使用。绘图工具栏的主要命令见表 1.1。

图 1.31　绘图工具栏

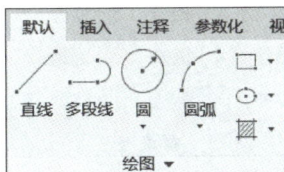

图 1.32　"绘图"功能区

表 1.1　主要绘图命令

图标	命令	英文命令	功能
	直线	LINE	创建一系列连续的直线段
	射线	RAY	创建始于一点并无限延伸的线性对象
	构造线	XLINE	创建无限长的构造线
	多段线	PLINE	创建二维多段线，它是由直线段和圆弧段组成的单个对象
	多边形	POLYGON	创建等边闭合多段线
	矩形	RECTANG	创建矩形多段线
	圆弧	ARC	创建圆弧
	圆	CIRCLE	创建圆
	修订云线	REVCLOUD	创建或修改修订云线
	样条曲线	SPLINE	创建经过或靠近一组拟合点或由控制框的顶点定义的平滑曲线
	椭圆	ELLIPSE	创建椭圆
	椭圆弧	ELLIPSE	创建一段椭圆弧
	插入块	INSERT	显示"块"选项板，可用于将块和图形插入当前图形中
	创建块	BLOCK	从选定的对象中创建一个块定义
	点	POINT	创建点对象
	图案填充	HATCH	使用填充图案、实体填充或渐变填充来填充封闭区域或选定对象
	渐变色	GRADIENT	使用渐变填充封闭区域或选定对象
	面域	REGION	将封闭区域的对象转换为二维面域对象
	表格	TABLE	创建空的表格对象
A	多行文字	MTEXT	创建多行文字对象
	添加选定对象	ADDSELECTED	创建一个新对象，该对象与选定对象具有相同的类型和常规特性，但具有不同的几何值

2. 修改工具栏

在 AutoCAD 2024 绘图工作界面中，系统默认的修改工具栏位于功能区"常用"选项卡中，需要用户在"工具"菜单中选择"工具栏"→"AutoCAD"→"修改"命令，修改工具栏才能显示在图形界面上。弹出的修改工具栏将显示在右边线固定位置，用户也可根据使用习惯拖动该工具栏到右边线或顶部工具栏区，或拖动到绘图窗口的任意位置，修改工具栏如图 1.33 所示。修改工具栏中列出了大部分常用的修改命令，可以满足二维平面图的绘制需求。如果需要使用其他修改命令，可以单击"修改"菜单，在菜单列表中选取。用户也可直接使用"修改"功能区进行图形修改，如图 1.34 所示。修改工具栏的主要命令见表 1.2。

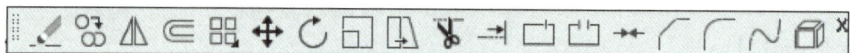

图 1.33　修改工具栏

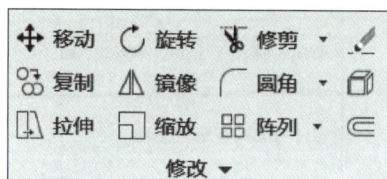

图 1.34　"修改"功能区

表 1.2　修改工具栏的主要命令

图标	命令	英文命令	功能
	移动	MOVE	在指定方向上按指定距离移动对象
	删除	ERASE	从图形中删除对象
	复制	COPY	在指定方向上按指定距离复制对象
	镜像	MIRROR	创建选定对象的镜像副本
	偏移	OFFSET	创建同心圆、平行线和平行曲线
	矩形阵列	ARRAYEDIT	编辑关联阵列对象及其源对象
	旋转	ROTATE	绕基点旋转对象
	缩放	SCALE	放大或缩小选定对象，使缩放后的对象比例保持不变
	拉伸	STRETCH	拉伸与选择窗口或多边形交叉的对象
	修剪	TRIM	修剪对象以与其他对象的边相接
	延伸	EXTEND	扩展对象以与其他对象的边相接
	打断于点	BREAKATPOINT	在指定点处将选定对象打断为两个对象
	打断	BREAK	在两点之间打断选定对象
	合并	JOIN	合并线性和弯曲对象的端点，以便创建单个对象
	倒角	CHAMFER	为两个二维对象的边或三维实体的相邻面创建斜角或者倒角
	圆角	FILLET	两个二维对象的圆角或倒角，或者三维实体的相邻面
	光顺曲线	BLEND	在两条选定直线或曲线之间的间隙中创建样条曲线
	分解	EXPLODE	将复合对象分解为其组件对象

3. 标注工具栏

机械零件加工图需要给出零件的精确加工尺寸；电气元件的布置图、设备安装图等需要给出具体的位置说明，这些都需要用到各类尺寸标准，以便施工人员按图施工。绘制图形对象时，由于大部分用户是在绘制完成后进行统一标注的，因此可直接使用标注下拉菜单内的各项标注命令，如图1.35所示。为了方便使用标注命令，可将标注工具栏置为浮动状态，步骤：单击"工具"→"工具栏"→"AutoCAD"→"标注"，浮动状态的标注工具栏如图1.36所示。用户可根据使用习惯拖动该工具栏到右边线、左边线、顶部工具栏区，或拖动到绘图窗口的任意位置。标注工具栏的主要命令见表1.3。

AutoCAD 2024继续为用户提供友好而直观的文字与事例帮助。绘图工具、修改工具、标注工具等均以图标的形式出现，当用户不太熟悉图标所表示的含义时，可将光标移动到图标上并悬停（**注意**：此时不用单击图标），跟随光标的位置会出现该工具的命令名称、功能、使用方法、案例、命令行英文输入，方便用户理解该命令的操作应用。如图1.37所示，当光标悬停在"修订云线"命令图标（ ）上时，将出现命令名称、功能描述、命令的英文名称"REVCLOUD"，再停留2s，则出现详细的使用说明与图例，这样的设计为用户提供了有效的绘图帮助。

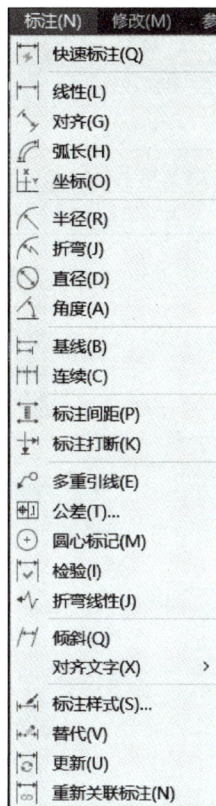

图 1.35　标注下拉菜单

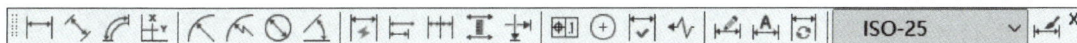

图 1.36　标注工具栏

表 1.3　标注工具栏的主要命令

图标	命令	英文命令	功能
	线性	DIMLINEAR	创建线性标注
	对齐	DIMALIGNED	创建对齐线性标注
	弧长	DIMARC	创建圆弧长度标注
	坐标	DIMORDINATE	创建坐标标注
	半径	DIMRADIUS	为圆或圆弧创建半径标注
	折弯	DIMJOGGED	为圆和圆弧创建折弯标注
	直径	DIMDIAMETER	为圆或圆弧创建直径标注
	角度	DIMANGULAR	创建角度标注
	快速标注	QDIM	从选定对象快速创建一系列标注
	基线	DIMBASELINE	从上一个标注或选定标注的基线处创建线性标注、角度标注或坐标标注
	连续	DIMCONTINUE	创建从上一个标注或选定标注的尺寸界线开始的标注
	等距标注	DIMSPACE	调整线性标注或角度标注之间的间距
	折断标注	DIMBREAK	在标注和尺寸界线与其他对象的相交处打断或恢复标注和尺寸界线
	公差	TOLERANCE	创建包含在特征控制框中的形位公差
	圆心	DIMCENTER	创建圆和圆弧的非关联中心标记或中心线
	检验	DIMINSPECT	为选定的标注添加或删除检验信息

（续）

图标	命令	英文命令	功能
⋏	弯折线性	DIMJOGLINE	在线性标注或对齐标注中添加或删除折弯线
⊢	编辑标注	DIMEDIT	编辑标注文字和尺寸界线
⟍	编辑标注文字	DIMTEDIT	移动和旋转标注文字并重新定位尺寸线
⊢	标注更新	DIMSTYLE	创建和修改标注样式

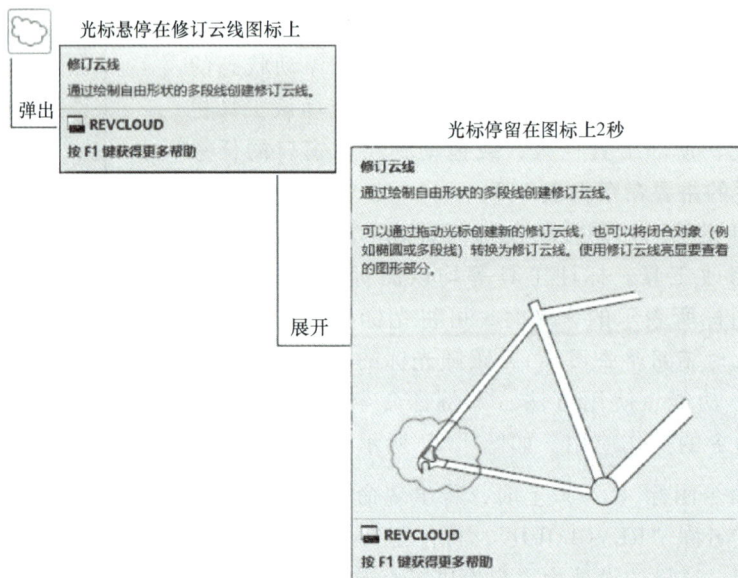

光标悬停在修订云线图标上

修订云线
通过绘制自由形状的多段线创建修订云线。

弹出

REVCLOUD
按 F1 键获得更多帮助

光标停留在图标上2秒

修订云线
通过绘制自由形状的多段线创建修订云线。

可以通过拖动光标创建新的修订云线，也可以将闭合对象（例如椭圆或多段线）转换为修订云线。使用修订云线亮显要查看的图形部分。

展开

REVCLOUD
按 F1 键获得更多帮助

图 1.37　光标展开命令

任务 1.3　拓展知识——AutoCAD 2024 新功能

1. 跟踪

如今，新的跟踪功能提供了一个安全空间，可以在不更改现有图形的情况下协作处理图形更改，就像在图形上平铺一张虚拟描图纸，从而允许协作者在图形中添加反馈，如图 1.38 所示。在跟踪中使用 AutoCAD Web 和移动应用程序可以使用相同的绘图和注释命令，但是对象仅与跟踪相关联，不必担心更改现有图形。

用户可以使用 AutoCAD Web 应用程序创建跟踪，也可以使用 AutoCAD 移动应用程序创建跟踪。跟踪包括在跟踪处于活动状态时可以使用的新系统变量；使用 TRACEOSNAP 控制如何在跟踪几何图形上使用对象捕捉；使用 TRACEFADECTL 控制跟踪几何图形将待显的程度。

图 1.38　跟踪设置

2. 计数

计数功能能快速、准确地计数图形中对象的实例。可以将包含计数数据的表格插入当前图形中。计数功能提供了计数视觉结果和对计数条件的进一步控制。在模型空间中指定单个块或对象以计数其实例。还可以使用"计数"选项板来显示和管理当前图形中计数的块，如图1.39所示。

当处于活动计数中时，"计数"工具栏显示在绘图区域的顶部。"计数"工具栏包含对象和问题的数量，以及其他用于管理计数的对象控件。

3. 浮动图形窗口

用户可以将某个图形文件选项卡拖离 AutoCAD 应用程序窗口，从而创建一个浮动窗口，如图1.40所示。用户通过创建浮动窗口，可以同时显示多个图形文件，而无须在选项卡之间切换；还可以将一个或多个图形文件移动到另一个监视器上，使绘图更加便捷。

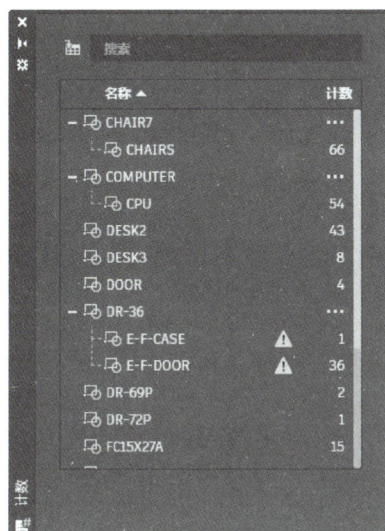

图1.39 计数选项板

图1.40 浮动窗口

4. 共享当前图形

为了有助于进行图形协作，AutoCAD 2024 添加了一个新的共享命令——Share，可创建当前图形的副本，包括任何外部参照，然后将其上载，可以选择让协作者编辑和保存图形的副本，也可以使其仅供查看。这样可以获一个提供给协作者的链接，单击该链接可以在 AutoCAD Web 中打开一个该图层的副本，链接在其创建后的7天内有效。共享命令可以为收件人选择两个权限级别："仅查看"和"编辑并保存副本"，如图1.41所示。

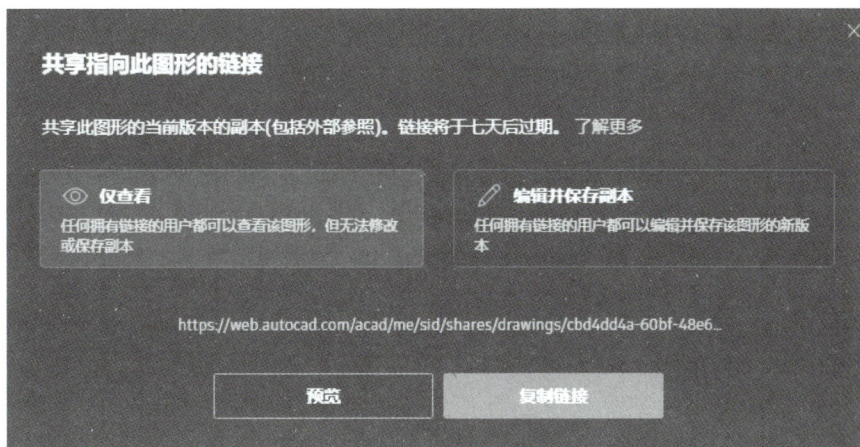

图1.41 共享权限

思考与练习

1. 在 AutoCAD 2024 安装过程中遇到了什么问题？你是如何解决的？
2. 软件启动后，操作界面没有绘图工具栏，应如何把它找出来？
3. 如何将绘图区域设置成白色？

项目 ②

二维精确制图

好的开始，是成功的一半。

知识目标：

（1）掌握图幅设置的方法，能够熟练使用直线、删除、修剪命令；

（2）掌握标注设置的方法，能够熟练使用圆、偏移命令和对象捕捉功能；

（3）掌握图层设置的方法，能够熟练使用阵列、旋转、延伸命令；

（4）掌握文字样式设置的方法，能够熟练使用正多边形、缩放、镜像命令；

（5）能够熟练使用倒角、圆角命令；

（6）能够熟练使用椭圆、圆弧、延伸命令。

技能目标：

（1）能够正确识图，并分析工程图样；

（2）能够根据工程制图规范要求对图幅、图层、文字、标注等进行设置；

（3）能够运用各种常用绘图命令进行平面图样的绘制。

素养目标：

（1）具有较强的质量意识和严谨细致的工作作风；

（2）能够与同学相互合作、交流，共同探讨、解决问题；

（3）具有学习主动性，具备一定的自学能力，查阅、使用相关资料的能力。

任务2.1 绘制平面图形——学习直线、删除、修剪命令和图幅的设置

本任务将以绘制如图2.1所示的平面图形为例，讲解直线、删除、修剪命令，图幅的使用技巧与方法。

注：本书在绘制各种图形过程中，均以毫米（mm）为单位。

2.1.1 任务分解

1. 设置图幅

图幅，全称是图纸幅面，指绘制图样的图纸大小。比如在 A4 纸上画图，那么 A4 纸的尺寸 210mm×297mm 就是图幅，所以绘制图形的第一步是对图幅进行设置。

2. 确定外框起点 *A* 点和内框起点 *B* 点

（1）确定外框起点 *A* 点

如图 2.1 所示，如果没有规定 A 点的坐标位置，可以用鼠标在绘图区任意位置拾取一点 A。如果规定了 A 点的坐标位置，则需要采用绝对坐标输入法确定 A 点的位置。

（2）确定内框起点 B 点

如图 2.1 所示，B 点与 A 点的相对位置已经确定。当 A 点位置确定后，只需将其 X 轴坐标增加 10、Y 轴坐标增加 11，需要采用相对坐标输入法确定 B 点的位置。

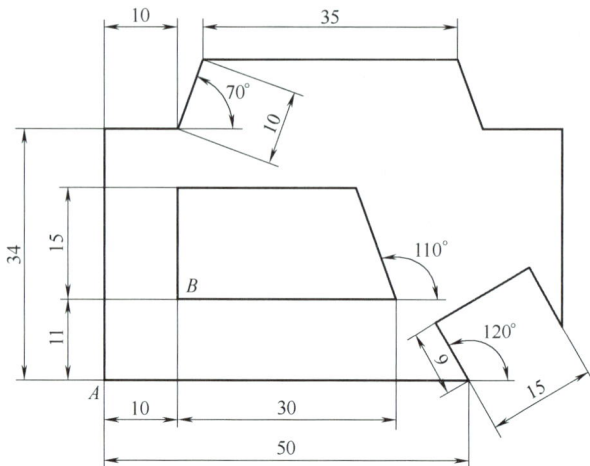

3. 绘制特定长度的水平和垂直线段

如图 2.1 所示，50mm 的水平线段

图 2.1　平面图形

和 34mm 的垂直线段都属于特定长度的水平和垂直线段，需要采用特定长度的水平和垂直线段输入法进行绘制。

4. 绘制特定长度和角度的斜线

如图 2.1 所示，长度为 10mm、与 X 轴正半轴成 70°夹角的斜线和长度为 9mm、与 X 轴正半轴成 120°夹角的斜线都属于特定长度和角度的斜线，需要采用特定长度和角度的斜线输入法进行绘制。

5. 绘制方向确定、长度不定的线段

如图 2.2 所示，放大区里的两条线段，都属于方向确定、长度不定的线段，需要采用修剪命令辅助进行绘制。

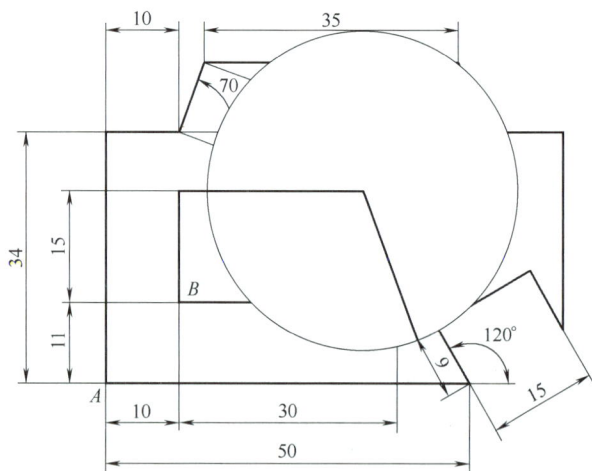

2.1.2　任务注释

1. 图幅设置

通常利用矩形命令进行图幅设置。

（1）输入命令

菜单栏：单击"绘图"菜单，选择"矩形"（▭）命令。

工具栏：单击"工具"菜单，选择"矩形"（▭）命令。

图 2.2　方向确定、长度不定的线段

功能区：单击"默认"选项卡，在"绘图"功能区选择"矩形"（▭）命令。

命令行：用键盘输入"REC"。

注：输入命令字母不用区分大小写。后文不再说明。

（2）操作格式

执行"矩形"命令之一，命令行提示如下：

指定第一个角点或 [倒角（C）标高（E）圆角（F）厚度（T）宽度（W）]：（输入"0,0"，起点为原点）；

指定另一个角点或 [面积（A）尺寸（D）旋转（R）]：（输入"297,210"，按 [Enter] 键）。

小技巧：选取"视图"菜单>"缩放">"范围" ，可以将完整的图幅界面置于 AutoCAD（2024）的绘图区，便于用户查看绘制的图形。

2. 直线命令

直线命令用于绘制各种线段。

（1）输入命令

菜单栏：单击"绘图"菜单，选择"直线"（／）命令。

工具栏：单击"工具"菜单，选择"直线"（／）命令。

功能区：单击"默认"选项卡，在"绘图"功能区选择"直线"（／）命令。

命令行：用键盘输入"L"。

（2）操作格式

以图 2.3 所示图形为例，执行"直线"命令之一，命令行提示如下：

指定第一个点:(在绘图区单击,指定任意一点 A 点);

指定下一点或[放弃(U)]:(在绘图区单击,指定任意一点 B 点);

指定下一点或[放弃(U)]:(在绘图区单击,指定任意一点 C 点);

指定下一点或[闭合(C)/放弃(U)]:(输入"C",按[Enter]键,自动封闭三角形并退出命令)。

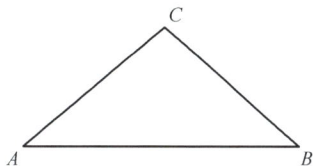

图 2.3　绘制直线示例

（3）说明

绘制直线，在提示"指定下一点或［闭合（C）/放弃（U）］"后输入"C"，使多段线闭合；输入"U"，撤销上一条直线，重复输入"U"，一次后退一步，可依次删除本次执行命令所画的多条直线。

3. 绝对坐标输入法

1）绝对坐标是指所有坐标都相对一个原点的坐标表示法的值。

2）以图 2.4 所示图形为例，将状态栏上的"动态输入"（ ）关闭，执行直线命令，命令行提示如下：

指定第一个点:(指定 A 点,输入"30,30",按[Enter]键);

指定下一点或[放弃(U)]:(指定 B 点,输入"70,30",按[Enter]键);

指定下一点或[放弃(U)]:(指定 C 点,输入"50,50",按[Enter]键);

指定下一点或[闭合(C)/放弃(U)]:(输入"C",按[Enter]键,自动封闭三角形并退出命令)。

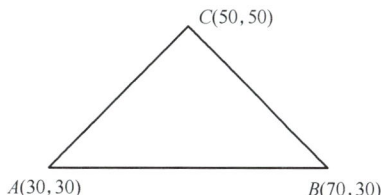

图 2.4　采用绝对坐标绘制直线

3）说明：

如果"动态输入"（ ▣ ）禁用：依次键入 X 值、","和 Y 值（例如，30，30）。

如果"动态输入"（ ▣ ）启用：依次键入"#"、X 值、","和 Y 值（例如，#30，30）。

4. 相对坐标输入法

1）相对坐标是指相对于前一坐标点的坐标。

2）将状态栏上的"动态输入"（ ▣ ）打开，执行直线命令，命令行提示如下：

指定第一个点:(指定 A 点,输入"30,30",按[Enter]键);

指定下一点或[放弃(U)]:(指定 B 点,输入"70,30",按[Enter]键);

指定下一点或[放弃(U)]:(指定 C 点,输入"50,50",按[Enter]键);

指定下一点或[闭合(C)/放弃(U)]:(输入"C",按[Enter]键,自动封闭三角形并退出命令)。

得到的图形如图 2.5 所示。

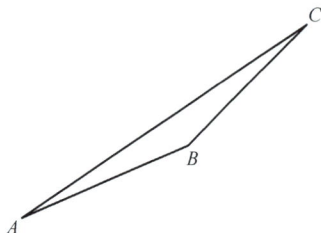

图 2.5 采用相对坐标绘制直线

注：比较图 2.4 和图 2.5，同样的输入命令，但因为绝对坐标和相对坐标的概念不同，绘制的图形完全不同。在绘制图形的时候一定要分清楚绝对坐标和相对坐标。

3）说明：

要相对于第一个点指定第二个点，请执行以下操作之一：

如果"动态输入"（ ▣ ）启用：依次键入 X 值、","和 Y 值（例如，30，30）。

如果"动态输入"（ ▣ ）禁用：依次键入"@"、X 值、","和 Y 值（例如，@30，30）。

小技巧：在"动态输入"启用时，相对坐标是默认设置。在"动态输入"禁用时，绝对坐标是默认设置。按 F12 键可打开或关闭"动态输入"。

5. 特定长度输入法

1）特定长度输入法用于绘制特定长度的水平和垂直线段。

2）以图 2.6 所示图形为例，执行直线命令，命令行提示如下：

指定第一个点:(在绘图区单击,指定 A 点);

指定下一点或[放弃(U)]:(单击状态栏上的"正交"（ ⌐ ）按钮,向右移动光标确定直线前进方向,输入"20",按[Enter]键);

指定下一点或[放弃(U)]:(向上移动光标确定直线前进方向,输入"40",按[Enter]键);

指定下一点或[闭合(C)/放弃(U)]:(向右移动光标确定直线前进方向,输入"10",按[Enter]键);

指定下一点或[闭合(C)/放弃(U)]:(向下移动光标确定直线前进方向,输入"50",按[Enter]键);

指定下一点或[闭合(C)/放弃(U)]:(输入"C",按[Enter]键,自动封闭图形)。

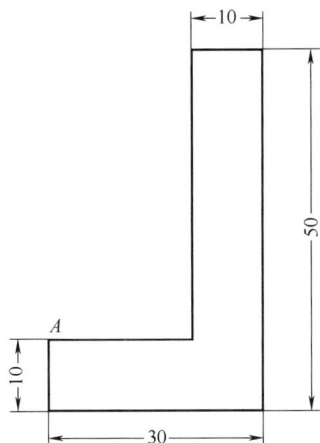

图 2.6　特定长度输入法绘制直线

小技巧：一定要在正交模式下使用特定长度输入法绘制特定长度的水平和垂直线段。

6. 特定角度输入法

1）特定角度输入法用于绘制特定长度和角度的斜线。

2）操作格式。

形式：@ $R<\alpha$。

含义：半径 R——输入点相对于前一个输入点的距离；角度 α——输入点与前一个输入点的连线与 X 轴正半轴的夹角（α 有正负，默认逆时针为正）。

以如图 2.7 所示图形为例，执行直线命令，命令行提示如下：

指定第一个点：（在绘图区单击，指定 A 点）；

指定下一点或[放弃（U）]：（输入"@ 50<37"，按[Enter]键，确定 B 点）。

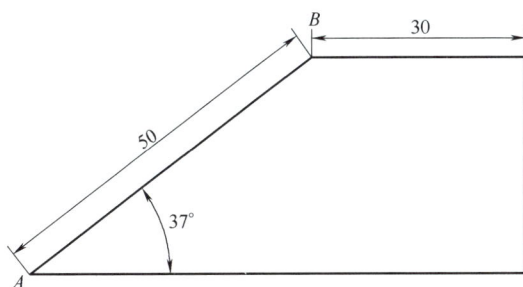

图 2.7　特定角度输入法绘制直线

注：如果 A 点为前一点，确定 B 点时输入 @ 50<37；如果 B 点为前一点，确定 A 点时输入 @ 50<−143。

7. 修剪命令

修剪命令用于将对象修剪到指定的边界。

（1）输入命令

菜单栏：单击"修改"菜单，选择"修剪"（✂）命令。

工具栏：单击"工具"菜单，选择"修剪"（✂）命令。

功能区：单击"默认"选项卡，在"修改"功能区选择"修剪"（✂）命令；

命令行：用键盘输入"TRIM"。

（2）操作格式

以图 2.8 所示图形为例，在图 2.8a 中有两条直线需要修剪。

① 在标准修剪模式下执行修剪命令之一，命令行提示如下：

> 选择对象或［模式（O）］＜全部选择＞:（单击鼠标左键,拾取图形下边界线,按［Enter］键）；
>
> ［剪切边（T）栏选（F）窗交（C）模式（O）投影（P）边（E）删除（R）］:（单击鼠标左键,拾取图形右边界下端要修剪的部分,按［Enter］键重复修剪命令）；
>
> 选择对象或［模式（O）］＜全部选择＞:（单击鼠标左键,拾取图形右边界线,按［Enter］键）；
>
> ［剪切边（T）栏选（F）窗交（C）模式（O）投影（P）边（E）删除（R）］:（单击鼠标左键,拾取图形下边界右端要修剪的部分,按［Esc］键退出）。

修剪完成的图形如图 2.8c 所示。

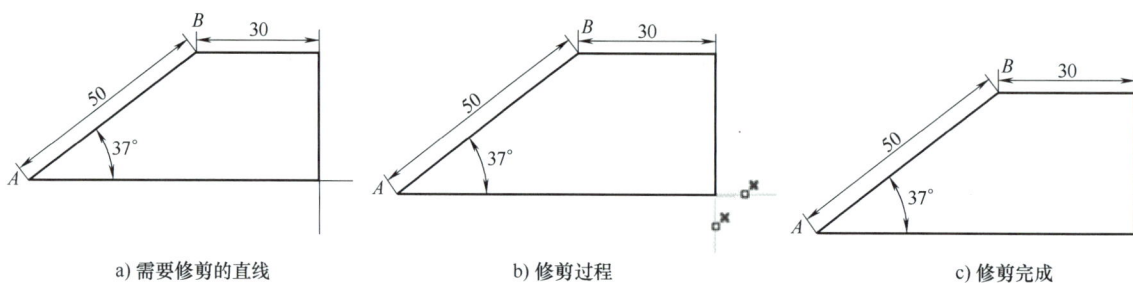

| a) 需要修剪的直线 | b) 修剪过程 | c) 修剪完成 |

图 2.8　修剪命令

> **小技巧**:在标准修剪模式下,执行修剪命令之一,命令行提示如下：
>
> TRIM 选择对象或［模式（O）］＜全部选择＞:（按［Enter］键,拾取所有图形作为边界）；
>
> ［剪切边（T）栏选（F）窗交（C）模式（O）投影（P）边（E）删除（R）］:（单击鼠标左键,依次拾取图形右边界下端要删除的部分和下边界右端要删除的部分,按［Esc］键退出）。

通过上述方法，无须思考修剪线段的边界。

② 在快速修剪模式下，执行修剪命令之一，命令行提示如下：

> ［剪切边（T）栏选（F）窗交（C）模式（O）投影（P）边（E）删除（R）］:（单击鼠标左键,依次拾取图形右边界下端要删除的部分和下边界右端要删除的部分,按［Esc］键退出）。

修剪完成的图形如图 2.8c 所示。

> **小技巧**：通过对 TRIMEXTENDMODE 赋值，切换标准模式和快速模式。
>
> TRIMEXTENDMODE 值为 0，为标准修剪模式。
>
> TRIMEXTENDMODE 值为 1，为快速修剪模式。

8. 删除命令

删除命令用于删除指定的对象。

（1）输入命令

菜单栏：单击"修改"菜单，选择"删除"（　）命令。

工具栏：单击"工具"菜单，选择"删除"（　）命令。

功能区：单击"默认"选项卡，在"修改"功能区选择"删除"（　）命令。

命令行：用键盘输入"ERASE"。

键盘：按［Del］键。

（2）操作格式

执行删除命令之一，命令行提示如下：

选择对象:(选择所要删除的对象);

选择对象:(按[Enter]键或继续选择对象)。

小技巧：可以在快速修剪模式下通过修剪命令删除指定的对象。

2.1.3　任务实施

下面根据任务注释的知识对任务2.1（图2.1）进行任务实施。

1. 绘制外框

1）确定外框起点 *A* 点。单击"默认"选项卡，在"绘图"功能区选择"直线"（／）命令，按命令行提示操作。

指定第一个点:(在绘图区单击,指定 *A* 点);

指定下一点或[放弃(U)]:(单击状态栏上的"正交"(└)按钮,向上移动光标确定直线前进方向,输入"34",按[Enter]键);(特定长度输入法)

指定下一点或[放弃(U)]:(向右移动光标确定直线前进方向,输入"10",按[Enter]键);

指定下一点或[闭合(C)/放弃(U)]:(输入"@10<70",按[Enter]键);(特定角度输入法);

指定下一点或[闭合(C)/放弃(U)]:(向右移动光标确定直线前进方向,输入"35",按[Enter]键);

指定下一点或[闭合(C)/放弃(U)]:(输入"@10<110",按[Enter]键);

指定下一点或[闭合(C)/放弃(U)]:(向右移动光标确定直线前进方向,在适当的位置单击鼠标,按[Enter]键)。

说明：因为此条线段方向确定（水平）、长度不定，不能确定这条线段的终点，所以从 *A* 点出发，按逆时针方向绘图。

2）按［Enter］键，重复直线命令，按命令行提示操作。

指定第一个点:(拾取 *A* 点)。

小技巧：为了能捕捉到 *A* 点，要开启状态栏的"对象捕捉"（▢）按钮，并单击右边三角形，在下拉框里勾选图形。

指定下一点或[放弃(U)]:(向右移动光标确定直线前进方向,输入"50",按[Enter]键);

指定下一点或[放弃(U)]:(输入"@9<120",按[Enter]键);

指定下一点或[闭合(C)/放弃(U)]:(输入"@15<30",按[Enter]键);

指定下一点或[闭合(C)/放弃(U)]:(输入"@9<-60",按<Enter>键);

指定下一点或[闭合(C)/放弃(U)]:(向上移动光标确定直线前进方向,在适当的位置单击鼠标,按[Enter]键)。

3）修剪。如图2.9所示，采用快速修剪模式，单击"默认"选项卡，在"修改"功能区选择"修剪"（✂）命令，按命令行提示操作。

［剪切边(T)栏选(F)窗交(C)模式(O)投影(P)边(E)删除(R)］:(单击鼠标左键,依次拾取多出来的线,按[Esc]键退出)。

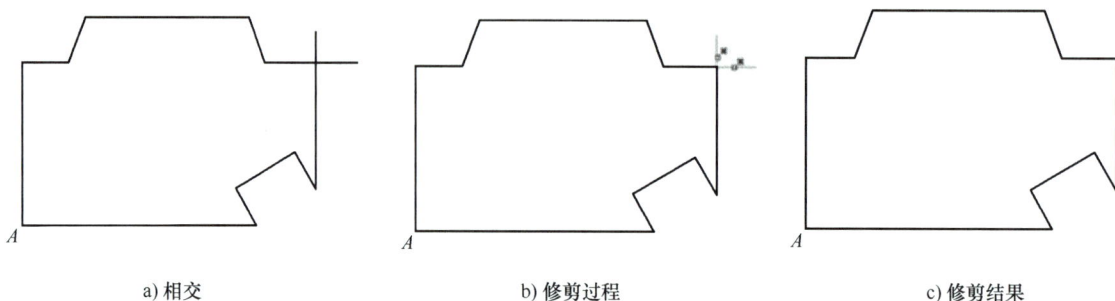

a)相交　　　　　　　　　b)修剪过程　　　　　　　　c)修剪结果

图2.9　修剪相交线

2. 绘制内框

1）确定内框起点 *B* 点。单击"默认"选项卡,在"绘图"功能区选择"直线"（／）命令,按命令行提示操作。

指定第一个点:(拾取 *A* 点);

指定下一点或[放弃(U)]:(输入"@10,11",按[Enter]键,确定 *B* 点);(相对坐标输入法)

指定下一点或[放弃(U)]:(向右移动光标确定直线前进方向,输入"30",按[Enter]键);

指定下一点或[闭合(C)/放弃(U)]:(输入"@50<110",按[Enter]键);

指定下一点或[闭合(C)/放弃(U)]:(按[Enter]键)。

说明: 因为此条线段方向确定（与 *X* 轴正半轴夹角110°）、长度不定,不能确定这条线段的终点,所以输入适当的距离绘制直线,然后从 *B* 点出发,按顺时针方向继续绘图。

2）按［Enter］键,重复直线命令,按命令行提示操作。

指定第一个点:(拾取 *B* 点);

指定下一点或[放弃(U)]:(向上移动光标确定直线前进方向,输入"15",按[Enter]键);

指定下一点或[放弃(U)]:(向右移动光标确定直线前进方向,在适当的位置单击,按[Enter]键);

指定下一点或[闭合(C)/放弃(U)]:(按[Enter]键)。

3）修剪。采用快速修剪模式,单击"默认"选项卡,在"修改"功能区选择"修剪"（✂）命令,按命令行提示操作。

［剪切边(T)栏选(F)窗交(C)模式(O)投影(P)边(E)删除(R)］:(单击鼠标左键,依次拾取多出来的线,按[Esc]键退出)。

至此,内框绘制完成。

4）选取 *AB* 线段,单击"默认"选项卡,在"修改"功能区选择"删除"（🖌）命令,删除直线,完成如图2.1所示平面图形的绘制。

2.1.4　拓展练习

完成如图2.10所示平面图形的绘制。

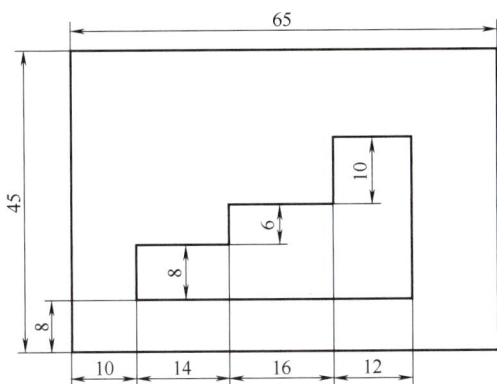
a) 练习题1

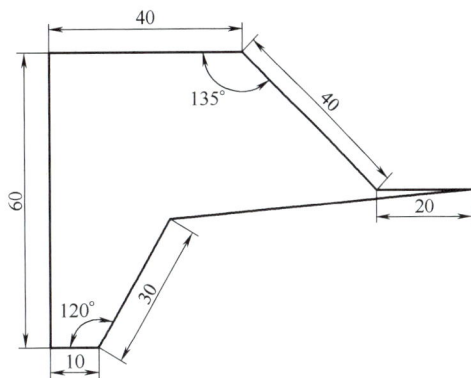
b) 练习题2

图 2.10 课后练习图

任务2.2 绘制轴承底座——学习圆命令、偏移命令、对象捕捉功能和标注设置

本任务将以绘制如图 2.11 所示的轴承底座图形为例，讲解圆、偏移命令、对象捕捉功能、标注设置的使用技巧与方法。

2.2.1 任务分解

1. 绘制轴承底座的外框

如图 2.11 所示，轴承底座的外框需要采用直线命令进行绘制。

2. 绘制圆

圆心的位置决定圆的位置。如图 2.11 所示，标注了各个圆的圆心、距离外框的水平和垂直距离，采用偏移命令进行绘制，就能够确定圆心位置。确定好圆心的位置后，就能够对圆进行绘制了。

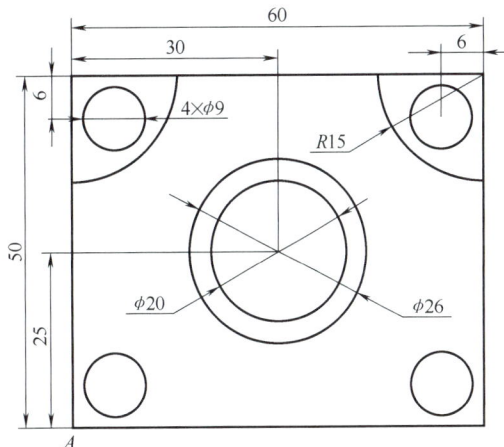
图 2.11 轴承底座图形

3. 绘制同心圆

如图 2.11 所示，轴承底座内部有多个同心圆。绘制同心圆时，需要采用对象捕捉功能去捕捉圆心。

4. 标注设置

如图 2.11 所示，标注了轴承底座的各个尺寸，需要采用标注设置的方法。

2.2.2 任务注释

1. 偏移命令

偏移命令用于在指定距离或通过一个点偏移对象创建同心圆、平行线和平行曲线。

（1）输入命令

菜单栏：单击"修改"菜单，选择"偏移"（⊂）命令。

工具栏：单击"工具"菜单，选择"工具栏">"AutoCAD">"修改"命令，绘图区新增"修改"工具栏，选择"偏移"（▱）命令。

功能区：单击"默认"选项卡，在"修改"功能区选择"偏移"（▱）命令。

命令行：用键盘输入"O"。

（2）操作格式

① 通过偏移距离进行偏移：用于在距现有对象指定的距离处创建对象。

以如图 2.12 所示图形为例，执行偏移命令之一，命令行提示如下：

指定偏移距离或［通过(T)删除(E)图层(L)］<1.0000>:（输入"10"，按［Enter］键）;

指定要偏移的对象或［退出(E)放弃(U)］<退出>:（单击鼠标左键,选取要偏移的直线）;

指定要偏移的那一侧上的点或［退出(E)多个(M)放弃(U)］<退出>:（光标移动到偏移的那一侧,单击鼠标左键）;

指定要偏移的对象或［退出(E)放弃(U)］<退出>:（按［Enter］键或［Esc］键结束命令）。

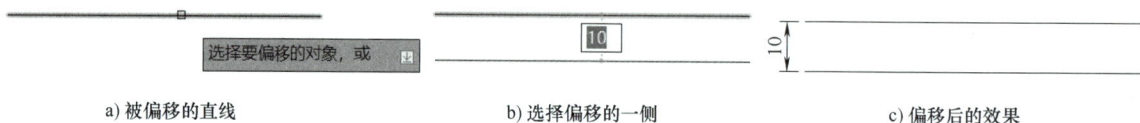

a) 被偏移的直线　　　　b) 选择偏移的一侧　　　　c) 偏移后的效果

图 2.12　通过偏移距离进行偏移

小技巧：OFFSET 命令会自动重复，当偏移的距离相同时，可以多次选取要偏移的对象进行偏移。

② 通过指定点进行偏移。通过指定点进行偏移用于过某一指定点创建现有对象的平行对象。

以图 2.13 所示图形为例，执行偏移命令之一，命令行提示如下：

指定偏移距离或［通过(T)删除(E)图层(L)］<1.0000>:（输入"T",按［Enter］键）;

指定要偏移的对象或［退出(E)放弃(U)］<退出>:（单击鼠标左键,选取要偏移的直线）;

指定要偏移的那一侧上的点或［退出(E)多个(M)放弃(U)］<退出>:（打开对象捕捉勾选端点,拾取 A 点）;

指定要偏移的对象或［退出(E)放弃(U)］<退出>:（按［Enter］键或［Esc］键,结束命令）。

小技巧：OFFSET 命令会自动重复，可以多次选取要偏移的对象和指定的点进行偏移。

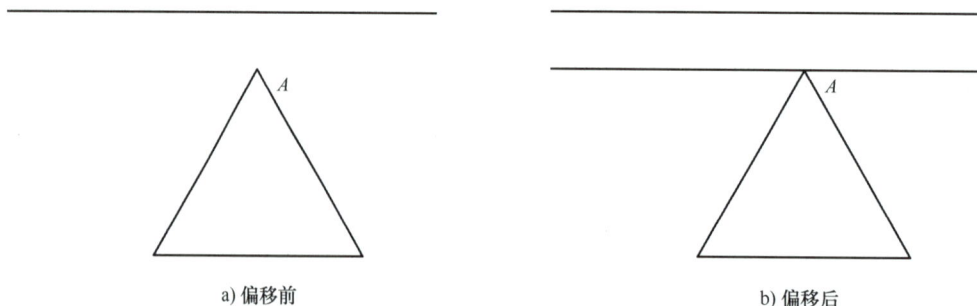

a) 偏移前　　　　　　　　　　b) 偏移后

图 2.13　通过指定点进行偏移

2. 圆命令

圆命令用于绘制圆。在 AutoCAD 2024 中，系统提供了 6 种绘制方法，分别为"圆心，半径""圆心，直径""两点""三点""相切，相切，半径""相切，相切，相切"。

（1）输入命令

菜单栏：单击"绘图"菜单，选择"圆"（⊘）命令。

工具栏：单击"工具"菜单，选择"圆"（⊘）命令。

功能区：单击"默认"选项卡，在"绘图"功能区选择"圆"（⊘）命令。

命令行：用键盘输入"C"。

（2）操作格式

① 通过圆心和半径绘制圆。以图 2.14 所示图形为例，单击"默认"选项卡，在"绘图"功能区选择"圆"（⊘）命令，选择"圆心，半径"（⊘）子命令，命令行提示如下：

> 指定圆的圆心或［三点（3P）两点（2P）相切、相切、半径（T）］：（在绘图区单击指定 A 点）；
> 指定圆的半径或［直径（D）］：（输入"8"，按［Enter］键）。

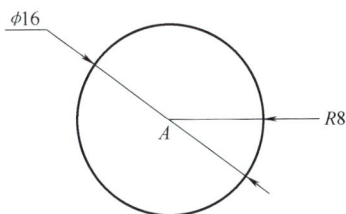

图 2.14　通过圆心和半径、直径绘制圆

② 通过圆心和直径绘制圆。仍然以图 2.14 所示图形为例，单击"默认"选项卡，在"绘图"功能区选择"圆"（⊘）命令，选择"圆心，直径"（⊘）子命令，命令行提示如下：

> 指定圆的圆心或［三点（3P）两点（2P）相切、相切、半径（T）］：（在绘图区单击，指定 A 点）；
> 指定圆的半径或［直径（D）］：_d 指定圆的直径：（输入"16"，按［Enter］键）。

> **小技巧**：在"圆心，半径"（⊘）命令下，当命令行提示，CIRCLE 指定圆的半径或［直径（D）］：（输入"D"，按［Enter］键）；可实现"圆心，直径"（⊘）命令。

③ 指定"直径的两个端点"绘制圆。以图 2.15 所示图形为例，单击"默认"选项卡，在"绘图"功能区选择"圆"（⊘）命令，选择"两点"（◯）命令，命令行提示如下：

> 指定圆的圆心或［三点（3P）两点（2P）相切、相切、半径（T）］：_2p 指定圆直径的第一个端点：（拾取 A 点）；
> 指定圆直径的第二个端点：（拾取 B 点，按［Esc］键）。

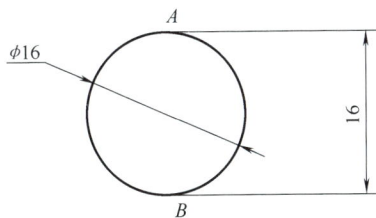

图 2.15　指定"直径的两个端点"绘制圆

小技巧：在"圆心，半径"（⌀）命令下，当命令行提示，CIRCLE 指定圆的圆心或［三点（3P）两点（2P）相切、相切、半径（T）］：（输入"2P"，按［Enter］键）；可实现"两点"（○）命令。

④ 指定"圆上的三个点"绘制圆。以图 2.16 所示图形为例，单击"默认"选项卡，在"绘图"功能区选择"圆"（⌀）命令，选择"三点"（○）命令，命令行提示如下：

指定圆的圆心或［三点（3P）两点（2P）相切、相切、半径（T）］：_3p 指定圆上的第一个点：（打开对象捕捉勾选端点，单击拾取 A 点）；
指定圆上第二个点：（单击拾取 B 点）；
指定圆上第三个点：（单击拾取 C 点，按［Esc］键）。

如此，绘制了 A、B、C 三点构成的三角形的外接圆，如图 2.16 所示。

小技巧：在"圆心，半径"（⌀）命令下，当命令行提示，CIRCLE 指定圆的圆心或［三点（3P）两点（2P）相切、相切、半径（T）］：（输入"3P"，按［Enter］键）；可实现"三点"（○）命令。

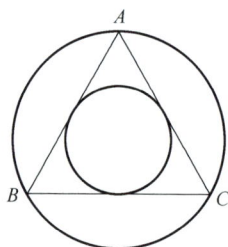

图 2.16 绘制三角形的外接圆和内切圆

⑤ "相切、相切、相切"方式绘制圆。以图 2.16 所示图形为例，单击"默认"选项卡，在"绘图"功能区选择"圆"（⌀）命令，选择"相切、相切、相切"（○）命令，命令行提示如下：

指定圆的圆心或［三点（3P）两点（2P）相切、相切、半径（T）］：_3p 指定圆上的第一个点：_tan 到：（打开"对象捕捉"勾选切点，单击拾取三角形一边的切点）；
指定圆上第二个点：_tan 到：（单击拾取三角形第二边的切点）；
指定圆上第三个点：_tan 到：（单击拾取三角形第三边的切点）。

如此，绘制了 A、B、C 三点构成的三角形的内切圆，如图 2.16 所示。

⑥ "相切、相切和半径"方式绘制圆。以图 2.17 所示图形为例，单击"默认"选项卡，在"绘图"功能区选择"圆"（⌀）命令，选择"相切、相切、半径"（⌀）命令，命令行提示如下：

指定对象与圆的第一个切点：（打开"对象捕捉"，勾选切点，单击拾取三角形一边的切点）；
指定对象与圆的第二个切点：（单击拾取三角形一边的切点）；
指定圆的半径<当前值>：（输入"20"，按［Enter］键）。

小技巧：在"圆心，半径"（⌀）命令下，当命令行提示"CIRCLE 指定圆的圆心或［三点（3P）两点（2P）相切、相切、半径（T）］："，（输入"T"，按［Enter］键，可实现"相切、相切、半径"（⌀）命令。

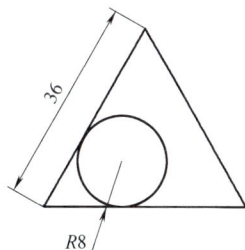

图 2.17 "相切、相切、半径"方式绘制圆

3. 对象捕捉

在绘图过程中，使用对象捕捉功能可以在对象上精准确定位置，例如，端点、圆心、交点、切点等。

操作格式：

① 打开和关闭对象捕捉。在状态栏上单击"对象捕捉"（）按钮或按［F3］键打开和关闭对象捕捉。

② 选择对象捕捉的对象。在状态栏上单击"对象捕捉"（）按钮旁边的三角形，勾选需要的捕捉对象，如图 2.18a 所示，或者按住［Shift］键并单击鼠标右键以显示"对象捕捉"快捷菜单，选择"对象捕捉设置"命令，弹出"草图设置"对话框，选择"对象捕捉"选项卡，如图 2.18b 所示。

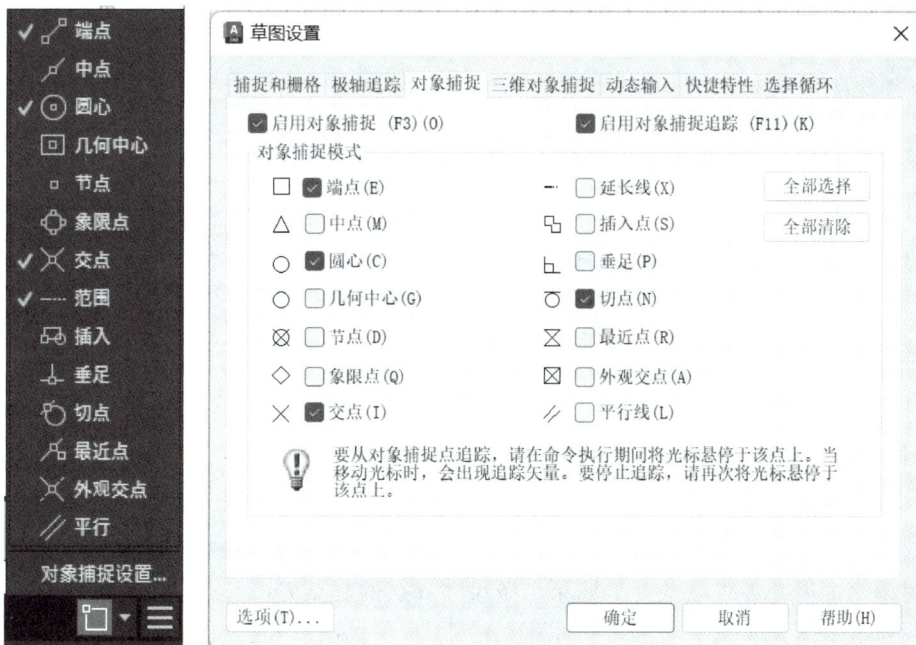

a) 在状态栏选择对象捕捉   b) "对象捕捉"选项卡

图 2.18 选择对象捕捉的对象

对象捕捉功能见表 2.1。

表 2.1 对象捕捉功能表

捕捉模式	快捷命令	功 能
端点	ENDP	捕捉到几何对象的最近端点或角点
中心	MID	捕捉到几何对象的中点

（续）

捕捉模式	快捷命令	功　　能
圆心	CEN	捕捉到圆弧、圆、椭圆或椭圆弧的中心点
几何中心		捕捉到任意闭合多段线和样条曲线的质心
节点	NOD	捕捉到点对象、标注定义点或标注文字原点
象限点	QUA	捕捉到圆弧、圆、椭圆或椭圆弧的象限点
交点	INT	捕捉到几何对象的交点
延长线	EXT	当光标经过对象的端点时，显示临时延长线或圆弧，以便用户在延长线或圆弧上指定点
插入点	INS	捕捉到对象（如属性、块或文字）的插入点
垂足	PER	捕捉到垂直于选定几何对象的点
切点	TAN	捕捉到圆弧、圆、椭圆、椭圆弧、多段线圆弧或样条曲线的切点
最近点	NEA	捕捉到对象（如圆弧、圆、椭圆、椭圆弧、直线、点、多段线、射线、样条曲线或构造线）的最近点
外观交点	APP	捕捉在三维空间中不相交但在当前视图中看起来可能相交的两个对象的视觉交点
平行线	PAR	可以通过悬停光标来约束新直线段、多段线线段、射线或构造线以使其与标识的现有线性对象平行

4. 尺寸标注

通过任务 2.1 和任务 2.2，我们学习了直线、矩形和圆的绘制，现在开始对直线、矩形和圆进行尺寸标注。

（1）线性标注

线性标注用于对水平和垂直线段的尺寸进行标注。

① 输入命令。

菜单栏：单击"注释"菜单，选择"线性"（|┼┼|）命令。

工具栏：单击"工具"菜单，选择"工具栏"→"AutoCAD"→"标注"命令，绘图区新增"标注"工具栏，选择"线性"（|┼┼|）命令。

功能区：单击"默认"选项卡，在"注释"功能区选择"线性"（|┼┼|）命令。

命令行：用键盘输入"DIMLINEAR"。

② 操作格式。以图 2.19 所示图形为例，执行线性标注命令之一，命令行提示如下：

指定第一个尺寸界线原点或<选择对象>:（拾取第一条尺寸界线的起点 A）；

指定第二个尺寸界线原点:（拾取第二条尺寸界线的起点 B）；

［多行文字（M）文字（T）角度（A）水平（H）垂直（V）旋转（R）］:（移动鼠标指定尺寸放置位置，单击鼠标左键）。

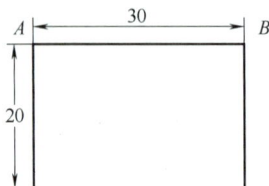

图 2.19　线性标注

③ 说明。

多行文字：对尺寸数字多行编辑。

文字：对尺寸数字单行编辑。

角度：设置尺寸的旋转角度。

水平：尺寸线水平标注。

垂直：尺寸线垂直标注。

旋转：尺寸线旋转标注。

（2）对齐标注

对齐标注用于对斜线的尺寸进行标注。

① 输入命令。

菜单栏：单击"注释"菜单，选择"对齐"（ ）命令。

工具栏：单击"工具"菜单，选择"工具栏"→"AutoCAD"→"标注"命令，绘图区新增"标注"工具栏，选择"对齐"（ ）命令。

功能区：单击"默认"选项卡，在"注释"功能区选择"对齐"（ ）命令。

命令行：用键盘输入"DIMALIGNED"。

② 操作格式。以图 2.20 所示图形为例，执行对齐标注命令之一，命令行提示如下：

> 指定第一个尺寸界线原点或<选择对象>:(拾取斜线的起点)；
>
> 指定第二个尺寸界线原点:(拾取斜线的终点)；
>
> [多行文字(M)文字(T)角度(A)]:(移动鼠标指定尺寸放置位置,单击鼠标左键)。

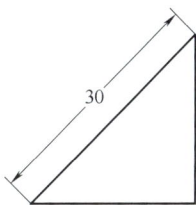

图 2.20 对齐标注

（3）基线标注

基线标注用于把已存在的一个线性尺寸的尺寸界限作为基线，引出多条尺寸线。

① 输入命令。

菜单栏：单击"注释"菜单，选择"基线"（ ）命令。

工具栏：单击"工具"菜单，选择"工具栏"→"AutoCAD"→"标注"命令，绘图区新增"标注"工具栏，选择"基线"（ ）命令。

功能区：单击"默认"选项卡，在"注释"功能区选择"基线"（ ）命令。

命令行：用键盘输入"DIMBASELINE"。

② 操作格式。以图 2.21 所示图形为例，执行基线标注命令之一，命令行提示如下：

> 指定基线标注:(拾取已存在的线性尺寸6)；
>
> 指定第二个尺寸界线原点或[选择(S)放弃(U)]<选择>:(指定第一个尺寸界线 A 点)；
>
> 指定第二个尺寸界线原点或[选择(S)放弃(U)]<选择>:(指定第二个尺寸界线 B 点)；
>
> 指定第二个尺寸界线原点或[选择(S)放弃(U)]<选择>:(指定第三个尺寸界线 C 点,按[Enter]键结束命令)。

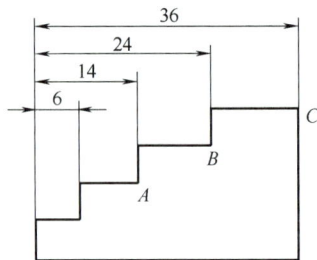

图 2.21　基线标注

（4）连续标注

连续标注用于在同一尺寸线水平或垂直方向连续标注尺寸。

① 输入命令。

菜单栏：单击"注释"菜单，选择"连续"（├┼┤）命令。

工具栏：单击"工具"菜单，选择"工具栏"→"AutoCAD"→"标注"命令，绘图区新增"标注"工具栏，选择"连续"（├┼┤）命令。

功能区：单击"默认"选项卡，在"注释"功能区选择"连续"（├┼┤）命令。

命令行：用键盘输入"DIMCONTINUE"。

② 操作格式。以图 2.22 所示图形为例，执行连续标注命令之一，命令行提示如下：

> 选择连续标注:（拾取已存在的线性尺寸 6）；
> 指定第二个尺寸界线原点或［选择（S）放弃（U）］＜选择＞:（指定第一个尺寸界线 A 点）；
> 指定第二个尺寸界线原点或［选择（S）放弃（U）］＜选择＞:（指定第二个尺寸界线 B 点）；
> 指定第二个尺寸界线原点或［选择（S）放弃（U）］＜选择＞:（指定第三个尺寸界线 C 点，按［Enter］键结束命令）。

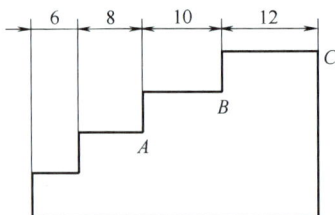

图 2.22　连续标注

注：标注连续尺寸，必须存在一个尺寸界线起点。进行连续标注时，默认上一个尺寸线终点作为连续标注的起点，依次类推。

（5）半径标注

半径标注用于对圆或圆弧的半径尺寸进行标注。

① 输入命令。

菜单栏：单击"注释"菜单，选择"半径"（⌒）命令。

工具栏：单击"工具"菜单，选择"工具栏"→"AutoCAD"→"标注"命令，绘图区新增"标注"工具栏，选择"半径"（⌒）命令。

功能区：单击"默认"选项卡，在"注释"功能区选择"半径"（⌒）命令。

命令行：用键盘输入"DIMRADIUS"。

② 操作格式。以图 2.23 所示图形为例，执行半径标注命令之一，命令行提示如下：

选择圆弧或圆:(拾取圆);

　指定尺寸线位置或[多行文字(M)文字(T)角度(A)]:(移动鼠标指定尺寸放置位置,单击鼠标左键,*R*8)。

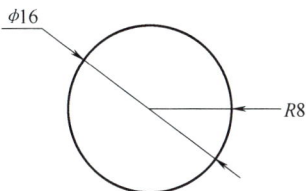

图 2.23 半径标注和直径标注

（6）直径标注

直径标注用于对圆或圆弧的直径尺寸进行标注。

① 输入命令。

菜单栏：单击"注释"菜单，选择"直径"（◎）命令。

工具栏：单击"工具"菜单，选择"工具栏"→"AutoCAD"→"标注"命令，绘图区新增"标注"工具栏，选择"直径"（◎）命令。

功能区：单击"默认"选项卡，在"注释"功能区选择"直径"（◎）命令。

命令行：用键盘输入"DIMDIAMETER"。

② 操作格式。以图 2.23 所示图形为例，执行直径标注命令之一，命令行提示如下：

选择圆弧或圆:(拾取圆);

　指定尺寸线位置或[多行文字(M)文字(T)角度(A)]:(移动鼠标指定尺寸放置位置,单击鼠标左键,*ϕ*16)。

（7）角度标注

角度标注用于对线段间的夹角大小进行标注。

① 输入命令。

菜单栏：单击"注释"菜单，选择"角度"（∧）命令。

工具栏：单击"工具"菜单，选择"工具栏"→"AutoCAD"→"标注"命令，绘图区新增"标注"工具栏，选择"角度"（∧）命令。

功能区：单击"默认"选项卡，在"注释"功能区选择"角度"（∧）命令。

命令行：用键盘输入"DIMANGULAR"。

② 操作格式。以图 2.24 所示图形为例，执行角度标注命令之一，命令行提示如下：

选择圆弧、圆、直线或<指定顶点>:(拾取直线 L1);

　选择第二条直线:(拾取直线 L2);

　指定标注弧线位置或[多行文字(M)文字(T)角度(A)象限点(O)]:(移动鼠标指定尺寸放置位置,单击鼠标左键)。

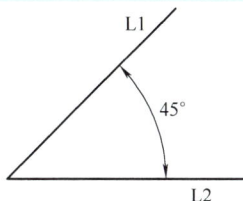

图 2.24 角度标注

2.2.3 任务实施

根据任务注释里的知识点对任务 2.1（见图 2.11）进行实施。

1. 绘制矩形框

单击"默认"选项卡，在"绘图"功能区选择"直线"（／）命令，按命令行提示操作。

> 指定第一个点：（在绘图区单击鼠标，指定 A 点）；
> 指定下一点或［放弃（U）］：（单击状态栏上的"正交"（ L ）按钮，向上移动光标确定直线前进方向，输入"50"，按［Enter］键）；
> 指定下一点或［放弃（U）］：（向右移动光标确定直线前进方向，输入"60"，按［Enter］键）；
> 指定下一点或［闭合（C）/放弃（U）］：（向下移动光标确定直线前进方向，输入"50"，按［Enter］键）；
> 指定下一点或［闭合（C）/放弃（U）］：（输入"C"，按［Enter］键，闭合图形）。

2. 确定圆心位置

（1）确定 $\phi 9$ 圆心位置

单击"默认"选项卡，在"修改"功能区选择"偏移"（ ⊂ ）命令，按命令行提示操作。

> 指定偏移距离或［通过（T）删除（E）图层（L）］<1.0000>：（输入"6"，按［Enter］键）；
> 指定要偏移的对象或［退出（E）放弃（U）］<退出>：（单击鼠标左键，选取矩形框上侧直线）；
> 指定要偏移的那一侧上的点或［退出（E）多个（M）放弃（U）］<退出>：（光标向下移动，单击鼠标左键）；
> 指定要偏移的对象或［退出（E）放弃（U）］<退出>：（单击鼠标左键，选取矩形框下侧直线）；
> 指定要偏移的那一侧上的点或［退出（E）多个（M）放弃（U）］<退出>：（光标向上移动，单击鼠标左键）；
> 指定要偏移的对象或［退出（E）放弃（U）］<退出>：（单击鼠标左键，选取矩形框左侧直线）；
> 指定要偏移的那一侧上的点或［退出（E）多个（M）放弃（U）］<退出>：（光标向右移动，单击鼠标左键）；
> 指定要偏移的对象或［退出（E）放弃（U）］<退出>：（单击鼠标左键，选取矩形框右侧直线）；
> 指定要偏移的那一侧上的点或［退出（E）多个（M）放弃（U）］<退出>：（光标向左移动，单击鼠标左键）；
> 指定要偏移的对象或［退出（E）放弃（U）］<退出>：（按［Enter］键或［Esc］键结束命令）。

如图 2.25 所示，4 条偏移线的相交点 a、b、c、d 都是 $\phi 9$ 的圆心。

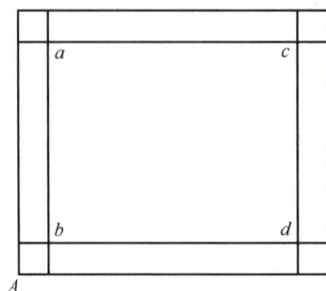

图 2.25　确定 $\phi 9$ 圆心位置

（2）确定 $\phi20$、$\phi26$ 圆心位置

① 单击"默认"选项卡，在"修改"功能区选择"偏移"（⊆）命令，按命令行提示操作。

> 指定偏移距离或［通过（T）删除（E）图层（L）］<1.0000>:（输入"30"，按［Enter］键）；
> 指定要偏移的对象或［退出（E）放弃（U）］<退出>:（单击鼠标左键，选取矩形框左侧直线）；
> 指定要偏移的那一侧上的点或［退出（E）多个（M）放弃（U）］<退出>:（光标向右移动，单击鼠标左键）；
> 指定要偏移的对象或［退出（E）放弃（U）］<退出>:（按［Enter］键退出）。

② 单击"默认"选项卡，在"修改"功能区选择"偏移"（⊆）命令，按命令行提示操作。

> 指定偏移距离或［通过（T）删除（E）图层（L）］<1.0000>:（输入"25"，按［Enter］键）；
> 指定要偏移的对象或［退出（E）放弃（U）］<退出>:（单击鼠标左键，选取矩形框上侧直线）；
> 指定要偏移的那一侧上的点或［退出（E）多个（M）放弃（U）］<退出>:（光标向下移动，单击鼠标左键）；
> 指定要偏移的对象或［退出（E）放弃（U）］<退出>:（按［Enter］键退出）。

如图 2.26 所示，两条偏移线的相交点 e 是 $\phi20$、$\phi26$ 的圆心。

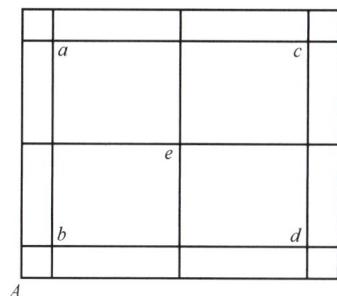

图 2.26　确定 $\phi20$、$\phi26$ 圆心位置

3. 绘制圆

（1）绘制 $\phi9$ 圆

单击"默认"选项卡，在"绘图"功能区选择"圆"（◯）命令，选择"圆心，直径"（⊘）子命令，按命令行提示操作。

> 指定圆的圆心或［三点（3P）两点（2P）相切、相切、半径（T）］:（在绘图区单击，指定 A 点）；
> 指定圆的半径或［直径（D）］:_d 指定圆的直径:（输入"9"，按［Enter］键）。

其余 3 个 $\phi9$ 圆的绘制方法同上。

（2）绘制 $\phi20$、$\phi26$ 圆

单击"默认"选项卡，在"绘图"功能区选择"圆"（◯）命令，选择"圆心，直径"（⊘）子命令，按命令行提示操作。

> 指定圆的圆心或［三点（3P）两点（2P）相切、相切、半径（T）］:（打开"对象捕捉"勾选交点，拾取 e 点）；
> 指定圆的半径或［直径（D）］:_d 指定圆的直径:（输入"20"，按［Enter］键）；
> 按［Enter］键，重复圆命令；

指定圆的圆心或[三点(3P)两点(2P)相切、相切、半径(T)]：（打开"对象捕捉"勾选交点，拾取 e 点）；

指定圆的半径或[直径(D)]：_d 指定圆的直径：（输入"26"，按[Enter]键）。

4. 绘制 R15 圆弧

单击"默认"选项卡，在"绘图"功能区选择"圆"（⊘）命令，选择"圆心，半径"（⊘）子命令，按命令行提示操作。

指定圆的圆心或[三点(3P)两点(2P)相切、相切、半径(T)]：（打开"对象捕捉"勾选交点，拾取外框左上角点）；

指定圆的半径或[直径(D)]：（输入"15"，按[Enter]键）。

采用快速修剪模式，单击"默认"选项卡，在"修改"功能区选择"修剪"（✂）命令，按命令行提示操作。

[剪切边(T)栏选(F)窗交(C)模式(O)投影(P)边(E)删除(R)]：（单击鼠标左键,拾取外框以外圆的部分）。

5. 标注

（1）线性标注

单击"默认"选项卡，在"注释"功能区选择"线性"（├─┤）命令；根据图2.11所示图形标注直线的距离。

（2）圆标注

单击"默认"选项卡，在"注释"功能区选择"直径"（⊘）命令；根据图2.11所示图形标注 $\phi9$、$\phi20$、$\phi26$ 圆的直径。

单击"默认"选项卡，在"注释"功能区选择"半径"（⟨）命令；根据图2.11所示图形标注 R15 圆弧的半径。

2.2.4 拓展练习

完成图2.27所示平面图形的绘制。

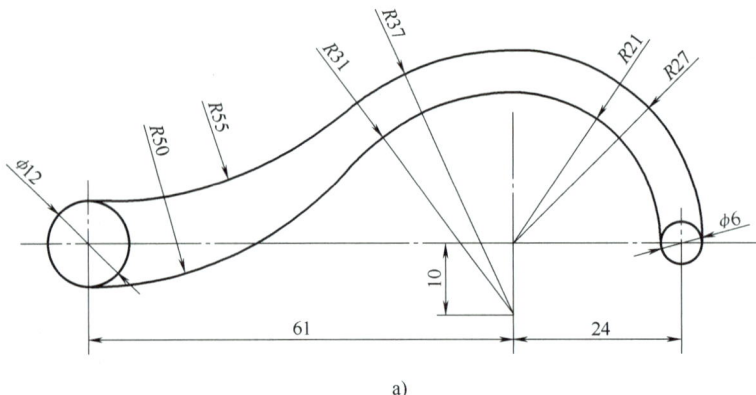

图 2.27 课后练习图

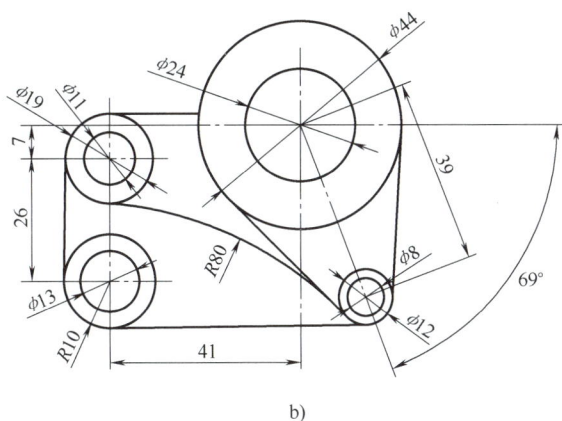

b)

图 2.27　课后练习图（续）

任务 2.3　绘制扇子——学习阵列、旋转、延伸命令和图层的设置

本任务将以绘制图 2.28 所示的扇子图形为例，讲解阵列、旋转和延伸命令的使用技巧与方法。

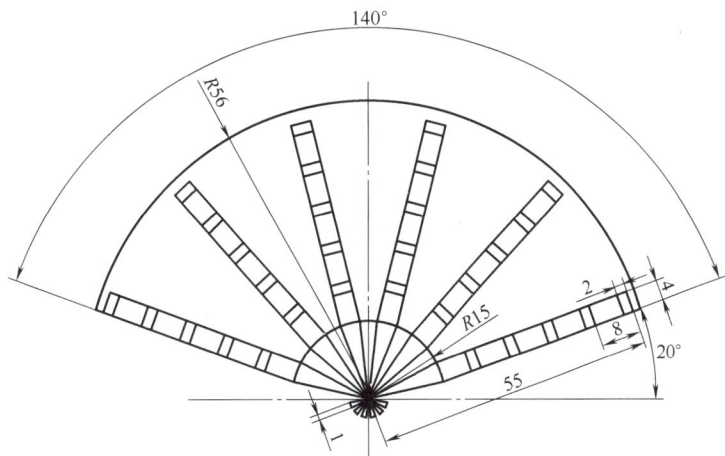

图 2.28　扇子

2.3.1　任务分解

1）如图 2.28 所示，R15 和 R56 是同心圆，可以通过对象捕捉圆心，使用"圆"命令进行绘制。

2）如图 2.28 所示，6 个扇骨可以使用"环形阵列"命令创建样式相同的阵列组。为了方便作图，在水平方向绘制第一个扇骨，其内部的横条可以使用"矩形阵列"命令创建长度相同的阵列组，然后使用"旋转"命令将水平扇骨旋转到 20°位置。

3）如图 2.28 所示，有三种线型，分别是主线型、中心线型、标注线型。为了方便绘图，需要将三种线型放置在不同的图层。

2.3.2 任务注释

1. 阵列命令

阵列命令是一种有规律的复制命令，可按指定的方式创建多个图形副本。阵列命令提供了3种阵列选项，分别为矩形阵列、环形阵列和路径阵列。本项目主要学习矩形阵列和环形阵列。

（1）矩形阵列

矩形阵列是指通过设置行数、列数等参数将图形呈矩形的排列方式进行复制。

① 输入命令。输入命令可以采用下列方法之一。

菜单栏：单击"修改"菜单，选择"阵列"→"矩形阵列"（▦）命令。

工具栏：单击"修改"工具栏，选择"矩形阵列"（▦）命令。

功能区：单击"默认"选项卡，在"修改"功能区选择"阵列"→"矩形阵列"（▦）命令。

命令行：用键盘输入"ARRAYRECT"。

②操作格式。执行"矩形阵列"命令后，命令行提示如下：

> 选择对象:(选择阵列的对象)。//拖拽鼠标框选对象或单击鼠标多次选择对象；
> 选择对象:(按[Enter]键)。

如图2.29所示，系统自动打开"阵列创建"选项卡，可以在该选项卡中进行参数设置。

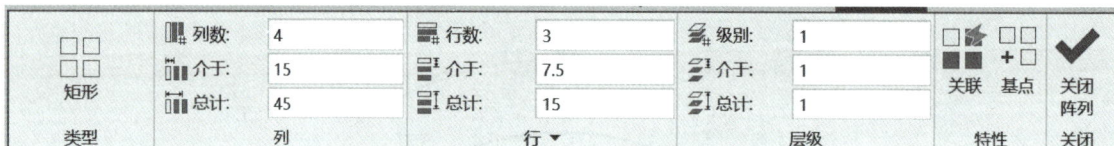

矩形	列数:	4	行数:	3	级别:	1	关联 基点	关闭阵列
	介于:	15	介于:	7.5	介于:	1		
	总计:	45	总计:	15	总计:	1		
类型		列		行 ▼		层级	特性	关闭

图2.29 矩形阵列的"阵列创建"选项卡

选项卡中各个选项说明如下。

"列数"：指定阵列中的列数。

"列"中的"介于"：指定列间距。如果指定正值，则图形对象沿 X 轴正轴方向阵列；指定负值，则图形对象沿 X 轴负轴方向阵列。

"列"中的"总计"：指定第一列到最后一列之间的总距离。

"行数"：指定阵列中的行数。

"行"中的"介于"：指定行间距。如果指定正值，则图形对象沿 Y 轴正轴方向阵列；指定负值，则图形对象沿 Y 轴负轴方向阵列。

"行"中的"总计"：指定第一行到最后一行之间的总距离。

"层级"：指定层数、层间距和层级的总距离。

"关联"：设置是否关联阵列对象。设置为关联，阵列对象自动创建为块。

"基点"：重新定义阵列的基点。

"关闭阵列"：退出阵列命令。

指定"列数"为"4"，"列"中的"介于"为"15"，"行数"为"3"，"行"中的"介于"为"7.5"，单击"关闭阵列"，可绘制出如图2.30所示的矩形阵列。

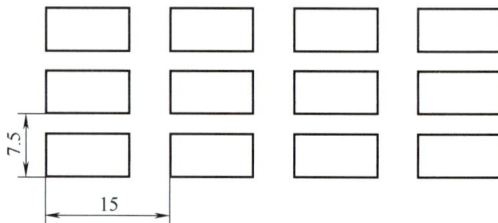

（2）环形阵列

图2.30 矩形阵列示例

环形阵列是指将图形按照指定的中心点和阵列数目以圆形排列。

① 输入命令。输入命令可以采用下列方法之一。

菜单栏：单击"修改"菜单，选择"阵列"→"环形阵列"（) 命令。

工具栏：单击"修改"工具栏，选择"环形阵列"（) 命令。

功能区：单击"默认"选项卡，在"修改"功能区选择"阵列"→"环形阵列"（) 命令。

命令行：用键盘输入"ARRAYPOLAR"。

② 操作格式。执行"环形阵列"命令后，命令行提示如下：

> 选择对象:（选取阵列的对象）;//拖拽鼠标框选对象或单击多次选择对象
>
> 选择对象:（按[Enter]键）;
>
> 指定阵列中心点或[基点（B）/旋转轴（A）]:（选取阵列的中心点并单击鼠标左键）。

如图 2.31 所示，系统自动打开"阵列创建"选项卡，可以在该选项卡中进行参数设置。

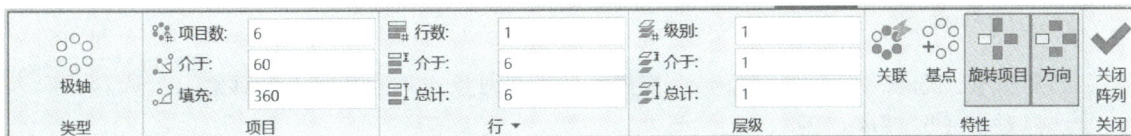

图 2.31　"环形阵列"的"阵列创建"选项卡

选项卡中各个选项说明如下。

"项目数"：指定环形阵列的项目个数，包括原对象。

"项目"中的"介于"：指定项目间的角度。如果指定正值，则图形对象逆时针阵列；指定负值，则图形对象顺时针阵列。

"填充"：指定第一项目和最后一项目间的角度。如果指定正值，则图形对象逆时针阵列；指定负值，则图形对象顺时针阵列。

"行数"：指定行数。

"行"中的"介于"：指定行间距。

"总计"：指定第一行和最后一行间的距离。

"层级"：指定层数、层间距和层级的总距离。

"关联"：设置是否关联阵列对象。设置为关联，阵列对象自动创建为块。

"基点"：重新定义阵列的基点。

"旋转项目"：设置环形阵列，图形对象本身是否绕其基点旋转。如果设置旋转项目，则项目绕基点旋转；不设置，则项目不绕基点旋转。环形阵列示例如图 2.32 所示。

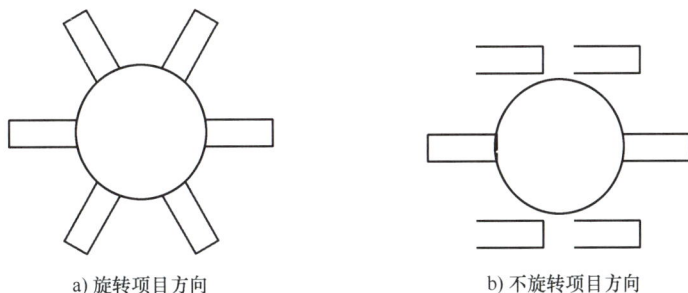

a) 旋转项目方向　　　　　　　　b) 不旋转项目方向

图 2.32　环形阵列示例

"方向"：设置环形阵列的环形方向。如果设置方向，则图形对象顺时针环形阵列；不设置，则图形对象逆时针环形阵列。

指定"项目数"为"6"，"项目"中的"介于"为"60"，"行数"为"1"，设置"旋转项目"和"方向"，绘制出如图2.32a所示的环形阵列。

2. 旋转命令

旋转命令用于将选定的对象围绕指定的基点旋转到一个绝对的角度。

（1）输入命令

输入命令可以采用下列方法之一。

菜单栏：单击"修改"菜单，选择"旋转"（◐）命令。

工具栏：单击"修改"工具栏，选择"旋转"（◐）命令。

功能区：单击"默认"选项卡，在"修改"功能区选择"旋转"（◐）命令。

命令行：用键盘输入"ROTATE"。

（2）操作格式

执行"旋转阵列"命令后，命令行提示如下：

> 选择对象：（选取要旋转的对象）；//拖拽鼠标框选对象或单击多次选择对象
>
> 选择对象：（按［Enter］键）；
>
> 指定基点：（拾取基点A点，单击鼠标左键）；
>
> 指定旋转角度或［复制（C）/参照（R）］：（输入旋转角度"30"，按［Enter］键）。

按照上述操作步骤完成将图形对象逆时针旋转30°，如图2.33所示。

注意：旋转角度逆时针取正值，顺时针取负值。

3. 延伸命令

延伸命令可以将图形对象延伸到指定的边界。

（1）输入命令

输入命令可以采用下列方法之一。

菜单栏：单击"修改"菜单，选择"延伸"（—→|）命令。

工具栏：单击"修改"工具栏，选择"延伸"（—→|）命令。

功能区：单击"默认"选项卡，在"修改"功能区选择"延伸"（—→|）命令。

命令行：用键盘输入"EXTEND"。

（2）操作格式

① 在标准延伸模式下，执行"延伸阵列"命令后，命令行提示如下：

> 选择对象或［模式（O）］<全部选择>：（拾取右边界线，按［Enter］键）；
>
> 选择要延伸的对象或按［Shift］键选择要修剪的对象或［栏选（F）/窗交（C）/投影（P）/边（E）/放弃（U）］：（分别拾取两条直线，按［Esc］键退出）。

按照上述操作步骤完成两条直线延伸到右边界直线，如图2.34所示。

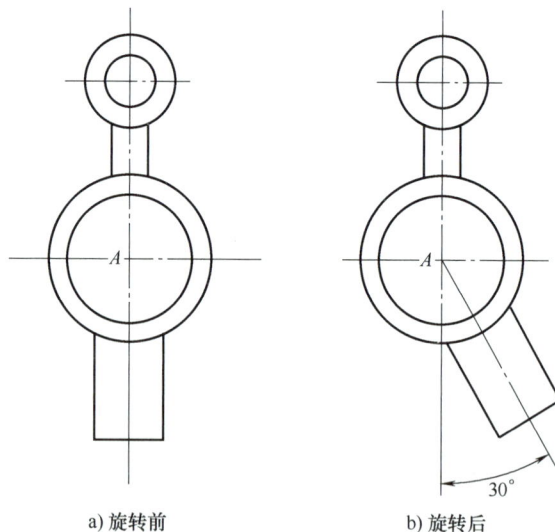

图 2.33　旋转命令示例

a) 旋转前　　　b) 旋转后

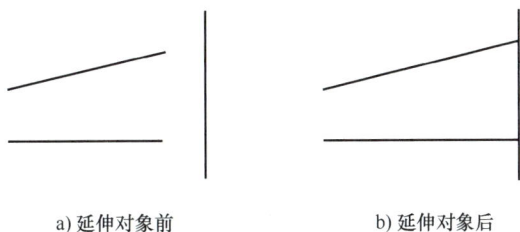

a) 延伸对象前　　　　　　　　b) 延伸对象后

图 2.34　延伸命令示例

② 在快速延伸模式下执行"延伸阵列"命令后，命令行提示如下：

［边界边（B）/窗交（C）/模式（O）/投影（P）］:（分别拾取两条直线靠近右边界线的部分，按［Esc］键退出）。

按照上述操作步骤同样完成两条直线延伸到右边界直线，如图 2.34 所示，但是操作步骤更加方便灵活。

注：在快速延伸模式下，拾取的图形对象上的部分一定要靠近边界。

小技巧：

1）可以通过对 TRIMEXTENDMODE 赋值，切换标准模式和快速模式。

TRIMEXTENDMODE 值为 0，为标准延伸模式。

TRIMEXTENDMODE 值为 1，为快速延伸模式。

或者执行"延伸"命令后进行模式选择，切换标准模式和快速模式：

选择对象或［模式（O）］<全部选择>:（单击［模式（O）］）。

输入延伸模式选项［快速（Q）/标准（S）］<快速（Q）>:（默认快速模式,单击标准模式,以切换标准模式）。

2）延伸命令和修剪命令的效果相反，两个命令在使用过程中可以通过按住［Shift］键相互转换。

4. 图层的设置

单击"图层"工具栏→"图层特性"（🖴）按钮，或单击"格式"菜单，选择"图层"命令，系统将自动打开"图层特性管理器"对话框，如图 2.35 所示。

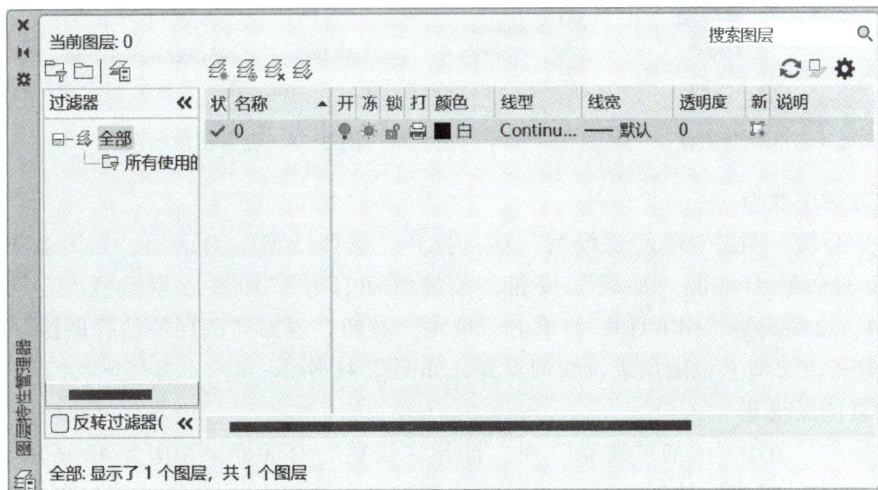

图 2.35　"图层特性管理器"对话框

（1）新建图层

单击"图层特性管理器"对话框中的"新建"（）按钮，新建一个图层，可以编辑图层的名称，输入名称"标注"。

利用同样的方法，可以新建多个图层，例如，"中心线""轮廓线"，如图2.36所示。

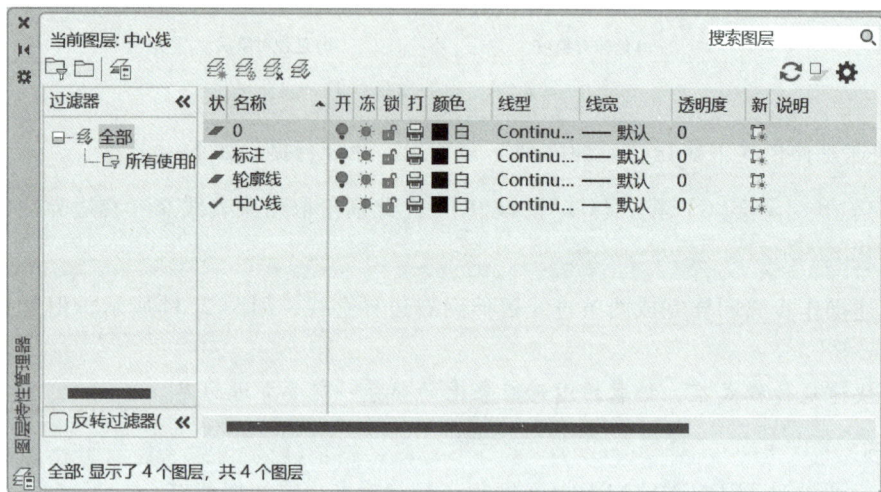

图2.36　新建图层

（2）设置图层颜色

单击"标注"层对应的"颜色"项，打开"选择颜色"对话框，如图2.37所示，选择该图层颜色为蓝色，单击"确定"按钮，返回"图层特性管理器"对话框。

利用同样的方法对其他图层进行颜色设置，如图2.38所示。

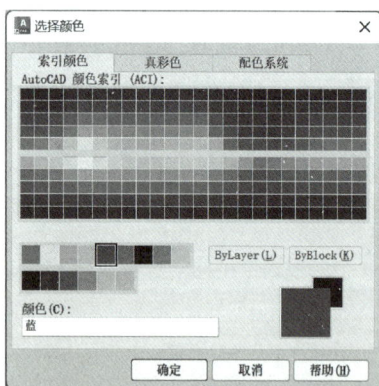

图2.37　"选择颜色"对话框

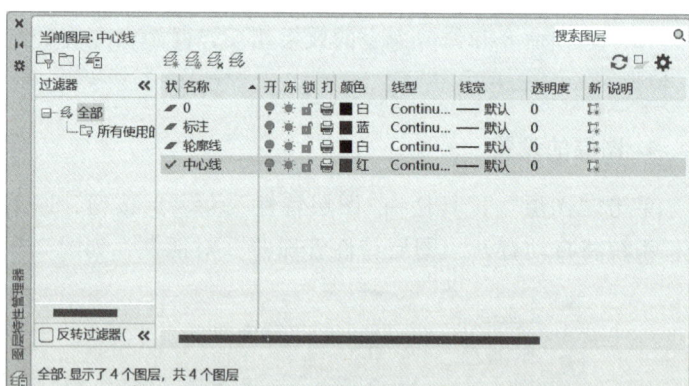

图2.38　设置图层颜色

（3）设置图层线型

单击"中心线"图层对应的"线型"项，打开"选择线型"对话框，如图2.39所示。在"选择线型"对话框中单击"加载"按钮，系统自动打开"加载或重载线型"对话框，如图2.40所示，选择线型"CENTER"，单击"确定"按钮，返回"图层特性管理器"对话框。

利用同样的方法对其他图层进行线型设置，如图2.41所示。

（4）设置图层线宽

单击"标注"图层对应的"线宽"项，打开"线宽"对话框，如图2.42所示。选择线宽"0.05mm"，单击"确定"按钮返回"图层特性管理器"对话框。选择该图层颜色为蓝色，单击"确定"按钮，返回"图层特性管理器"对话框。

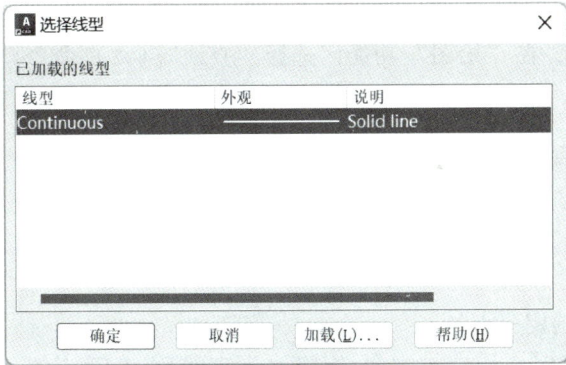

图2.39　"选择线型"对话框

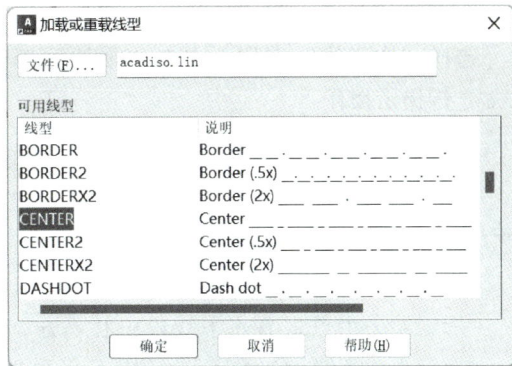

图2.40　"加载或重载线型"对话框

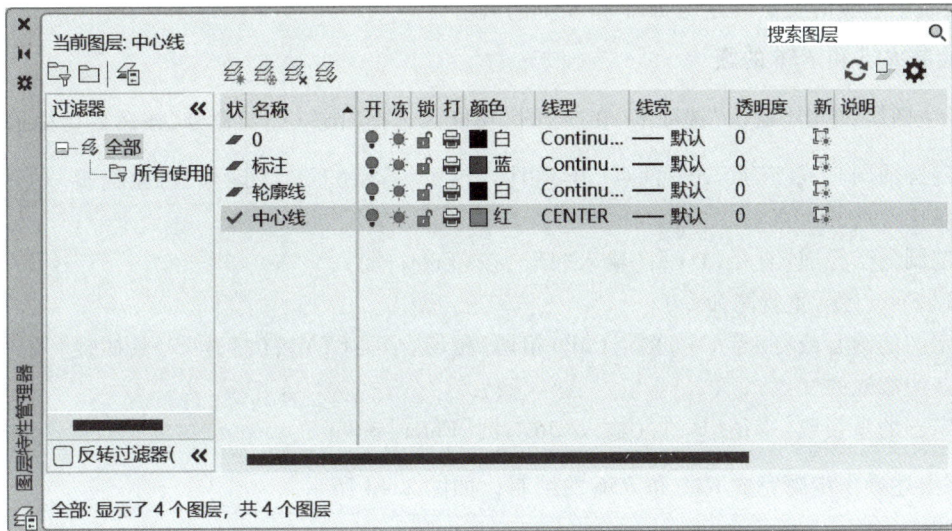

图2.41　设置图层线型

利用同样的方法对其他图层进行线宽设置，如图2.43所示。

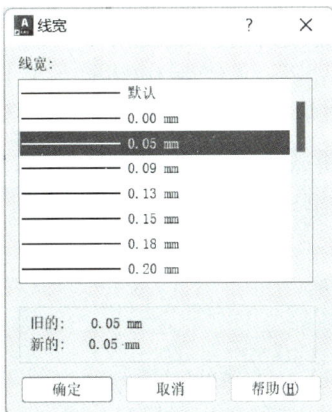

图2.42　"线宽"对话框

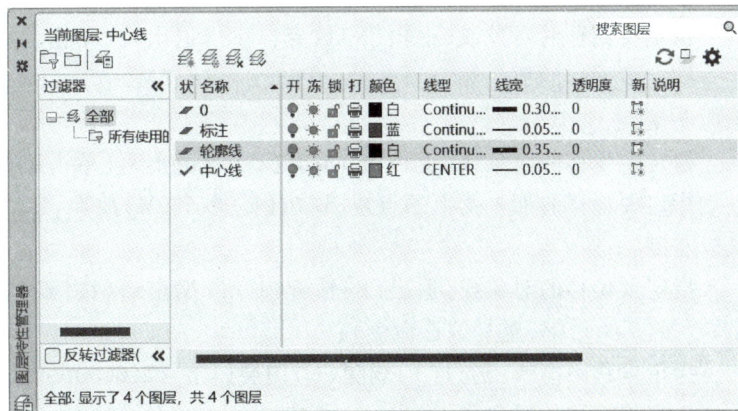

图2.43　设置图层线宽

2.3.3　任务实施

根据任务注释里的知识点对任务2.3（图2.28）进行实施，对图幅和图层进行设置。

1. 确定 *R*15 和 *R*56 的圆心

选择"中心线"图层，单击"默认"选项卡，在"绘图"功能区选择"直线"（／）命令，按命令行提示操作。

> 指定第一个点:(在绘图区单击,任意选定一点);
>
> 指定下一点或[放弃(U)]:(单击状态栏上的"正交"（└）按钮,向右移动光标确定直线前进方向,在适当的位置单击,按[Enter]键);
>
> (按[Enter]键,重复直线命令);
>
> 指定第一个点:(在水平线段中心上方,单击选定一点);
>
> 指定下一点或[放弃(U)]:(向下移动光标确定直线前进方向,穿过水平直线后,在适当的位置单击,按[Enter]键)。

将两条中心线的交点确定为 *R*15 和 *R*56 的圆心。

2. 绘制 *R*15 和 *R*56 的圆

选择主图层,单击"默认"选项卡,在"绘图"功能区选择"圆"（◯）命令,按命令行提示操作。

> 指定圆的圆心或[三点(3P)两点(2P)相切、相切、半径(T)]:(打开"对象捕捉"勾选交点,拾取两条中心线的交点);
>
> 指定圆的半径或[直径(D)]:(输入"15",按[Enter]键);
>
> (按[Enter]键,重复圆命令);
>
> 指定圆的圆心或[三点(3P)两点(2P)相切、相切、半径(T)]:(打开"对象捕捉"勾选交点,拾取两条中心线的交点);
>
> 指定圆的半径或[直径(D)]:(输入"56",按[Enter]键)。

按照上述操作步骤完成 *R*15 和 *R*56 的绘制,如图 2.44 所示。

3. 绘制扇骨

1）单击"默认"选项卡,在"修改"功能区选择"偏移"（◻）命令,按命令行提示操作。

> 指定偏移距离或[通过(T)删除(E)图层(L)]<1.0000>:(输入"2",按[Enter]键);
>
> 指定要偏移的对象或[退出(E)放弃(U)]<退出>:(单击鼠标左键,选取水平线段);
>
> 指定要偏移的那一侧上的点或[退出(E)多个(M)放弃(U)]<退出>:(光标向上移动,单击鼠标左键);
>
> 指定要偏移的对象或[退出(E)放弃(U)]<退出>:(单击鼠标左键,选取水平线段);
>
> 指定要偏移的那一侧上的点或[退出(E)多个(M)放弃(U)]<退出>:(光标向下移动,单击鼠标左键);
>
> 指定要偏移的对象或[退出(E)放弃(U)]<退出>:(按[Esc]键);
>
> (按[Enter]键,重复偏移命令);
>
> 指定偏移距离或[通过(T)删除(E)图层(L)]<2.0000>:(输入"55",按[Enter]键);
>
> 指定要偏移的对象或[退出(E)放弃(U)]<退出>:(单击鼠标左键,选取竖直线段);
>
> 指定要偏移的那一侧上的点或[退出(E)多个(M)放弃(U)]<退出>:(光标向右移动,单击鼠标左键);
>
> 指定要偏移的对象或[退出(E)放弃(U)]<退出>:(按[Esc]键);
>
> (按[Enter]键,重复偏移命令);

指定偏移距离或[通过(T)删除(E)图层(L)]<55.0000>:(输入"0.5",按[Enter]键);

指定要偏移的对象或[退出(E)放弃(U)]<退出>:(单击鼠标左键,选取水平线段);

指定要偏移的那一侧上的点或[退出(E)多个(M)放弃(U)]<退出>:(光标向上移动,单击鼠标左键);

指定要偏移的对象或[退出(E)放弃(U)]<退出>:(单击鼠标左键,选取水平线段);

指定要偏移的那一侧上的点或[退出(E)多个(M)放弃(U)]<退出>:(光标向下移动,单击鼠标左键);

指定要偏移的对象或[退出(E)放弃(U)]<退出>:(按[Esc]键)。

选中使用偏移命令绘制的直线,更改图层到主图层。

2）单击"默认"选项卡,在"修改"功能区选择"修剪"（✂）命令,修剪后的图形如图2.45所示。

3）单击"默认"选项卡,在"修改"功能区选择"偏移"（⊂）命令,偏移距离为2,偏移后的图形如图2.46所示。

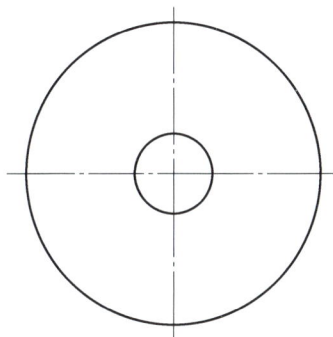

| 图2.44　R15和R56的圆 | 图2.45　修剪后的图形 | 图2.46　偏移后的图形 |

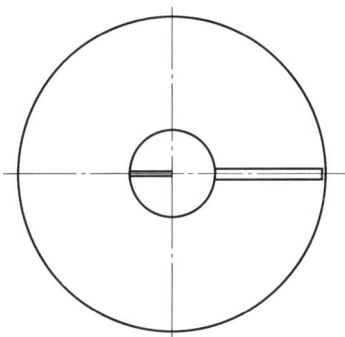

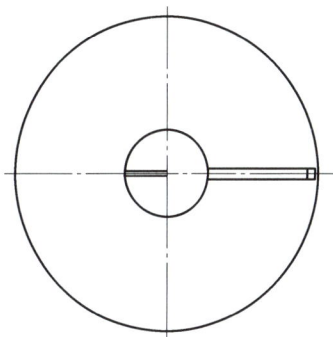

4）单击"默认"选项卡,在"修改"功能区选择"阵列"→"矩形阵列"（▦）命令,按命令行提示操作。

选择对象:(拖拽鼠标,选取要矩形阵列的线段);

选择对象:(按[Enter]键)。

如图2.47所示,系统自动打开"阵列创建"选项卡,在该选项卡中进行参数设置。其中,"列数"为"5","列"中的"介于"为"-8","行数"为"1"。单击"关闭阵列",完成矩形阵列创建,如图2.48所示。

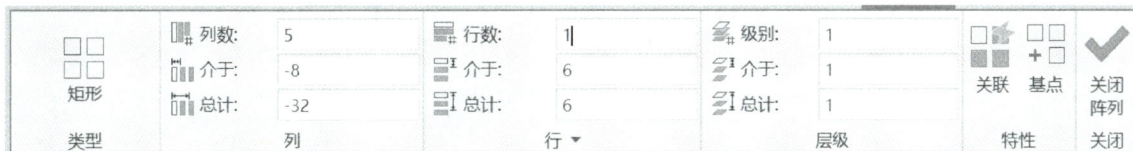

图2.47　矩形阵列"阵列创建"选项卡

5）单击"默认"选项卡,在"绘图"功能区选择"直线"（╱）命令,取消状态栏上的"正交"（⌐）模式,如图2.49所示,完成两条直线的绘制。

6）单击"默认"选项卡,在"修改"功能区选择"延伸"（⭲）命令,在快速模式下,按命令行提示操作。

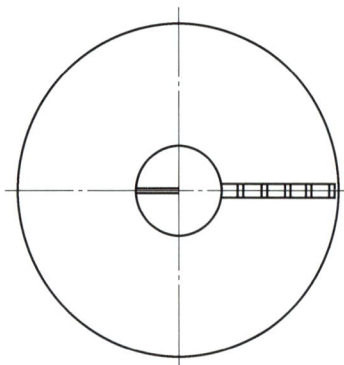

图 2.48　矩形阵列设置后的图形

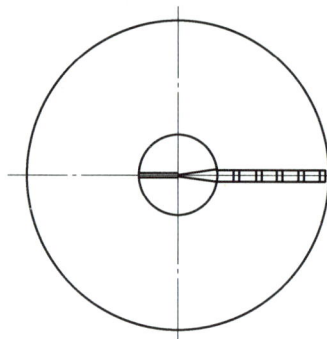

图 2.49　绘制直线后的图形

[边界边(B)/窗交(C)/模式(O)/投影(P)]:(分别拾取两条直线靠近上下边界线的部分,按[Esc]键退出)。

按照上述操作步骤将图形延伸为如图 2.50 所示。

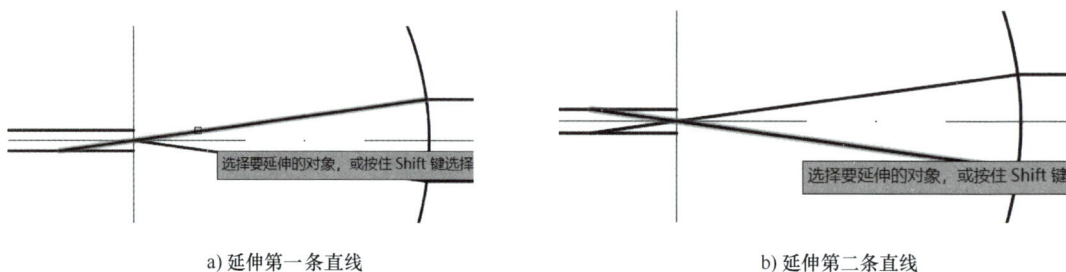

a)延伸第一条直线

b)延伸第二条直线

图 2.50　完成延伸命令后的图形

7)单击"默认"选项卡,在"绘图"功能区选择"直线"(╱)命令,按命令行提示操作。

指定第一个点:(拾取延伸线和上边界线的交点);

LINE 指定下一点或[放弃(U)]:(拾取延伸线和下边界线的交点,按[Enter]键)。

按照上述操作步骤完成图 2.51 所示的直线绘制。

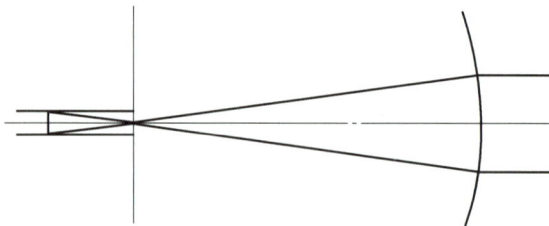

图 2.51　直线绘制后的图形

8)单击"默认"选项卡,在"修改"功能区选择"删除"(╱)命令,将图形修剪为如图 2.52 所示。

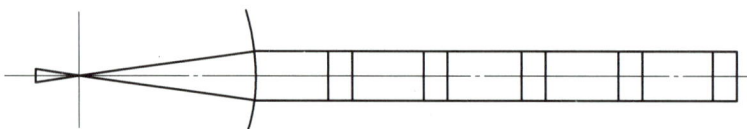

图 2.52　完成修剪命令后的完整扇骨图形

9）单击"默认"选项卡，在"修改"功能区选择"旋转"（⟲）命令，按命令行提示操作。

> 选择对象：（拖拽鼠标框选一个完整的扇骨）；
> 选择对象：（按［Enter］键）；
> 指定基点：（拾取 R15 的圆心，单击鼠标左键）；
> 指定旋转角度或［复制（C）/参照（R）］：（输入旋转角度"20"，按［Enter］键）。

按照上述操作步骤完成将图形对象逆时针旋转 20°，如图 2.53 所示。

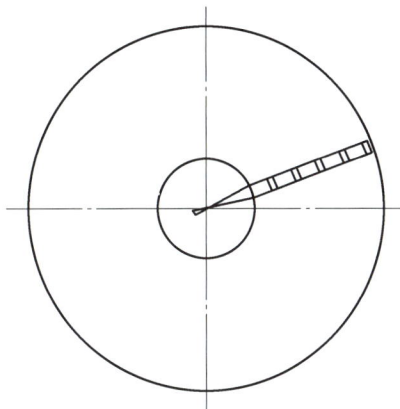

图 2.53 完成旋转命令后的图形

10）单击"默认"选项卡，在"修改"功能区选择"阵列"→"环形阵列"（⬡）命令，按命令行提示操作。

> 选择对象：（拖拽鼠标框选一个完整的扇骨）；
> 选择对象：（按［Enter］键）。

如图 2.54 所示，系统自动打开"阵列创建"选项卡，在该选项卡中进行参数设置。其中，"项目数"为"6"，"填充"为"140"，"行数"为"1"，设置"旋转项目"和"方向"，单击"关闭阵列"，完成环形阵列后的图形如图 2.55 所示。

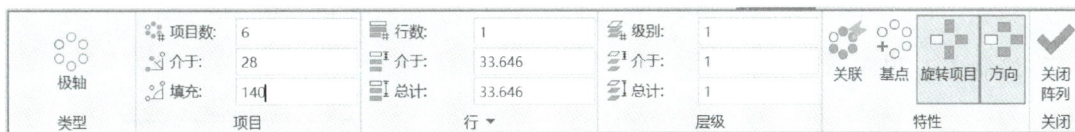

极轴	项目数：	6	行数：	1	级别：	1	关联	基点	旋转项目	方向	关闭阵列
	介于：	28	介于：	33.646	介于：	1					
	填充：	140	总计：	33.646	总计：	1					
类型	项目		行 ▾		层级		特性				关闭

图 2.54 环形阵列的"阵列创建"选项卡

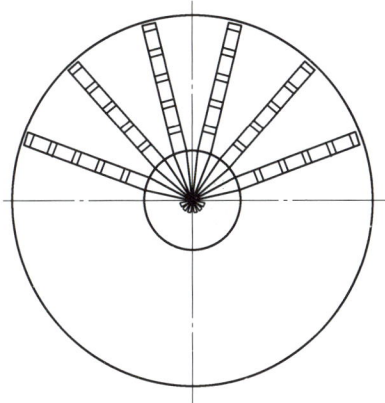

图 2.55 完成环形阵列后的图形

4. 扇面的绘制

1）单击"默认"选项卡，在"修改"功能区选择"延伸"（→）命令，在快速模式下，选中需要延伸的线段靠近延伸边界的部分，单击鼠标左键，完成延伸命令的图形如图2.56所示。

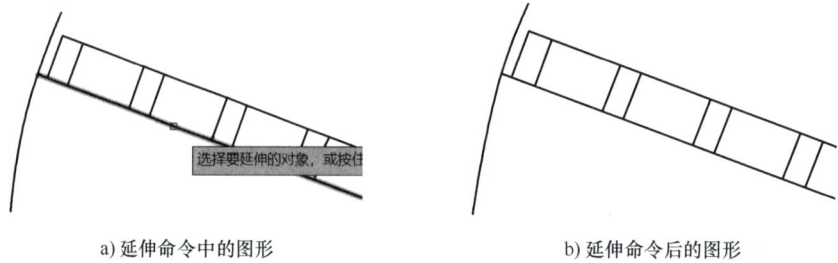

a) 延伸命令中的图形　　　　　　　　b) 延伸命令后的图形

图 2.56　完成延伸命令的图形

2）单击"默认"选项卡，在"修改"功能区选择"修剪"（✂）命令，将图形修剪为如图 2.57 所示。

2.3.4　拓展练习

1. 绘制图 2.58 所示的法兰盘。

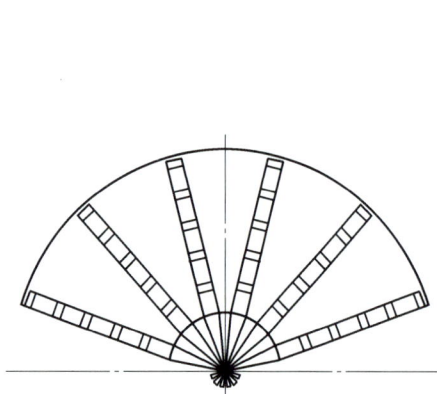

图 2.57　完成修剪命令后的图形

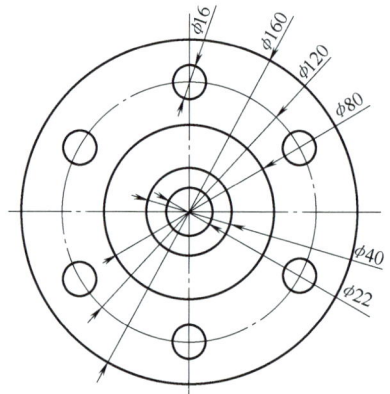

图 2.58　法兰盘

2. 绘制图 2.59 所示的图形。

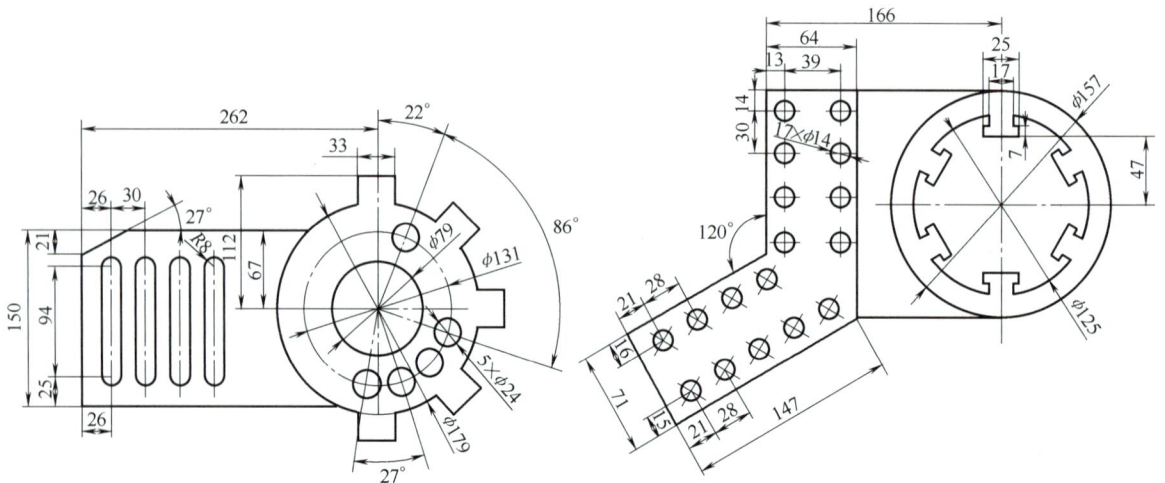

图 2.59　课后练习图

任务2.4　绘制扳手——学习正多边形、椭圆、移动命令

本任务将以绘制图2.60所示的扳手图形为例，讲解正多边形、椭圆和移动命令的使用技巧与方法。

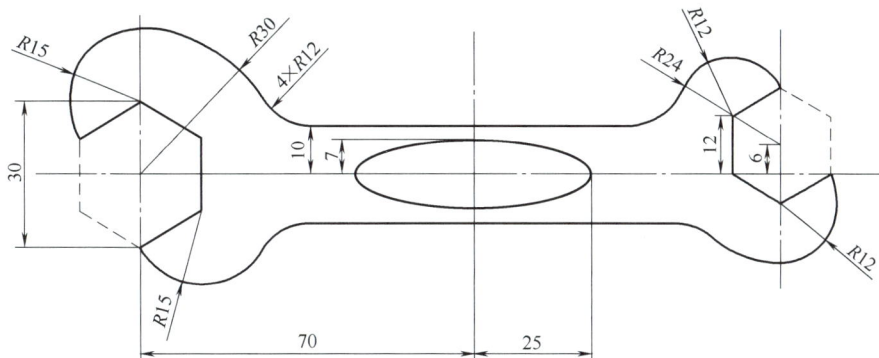

图2.60　扳手

2.4.1　任务分解

1）如图2.60所示，两个正六边形可以通过正多边形命令来绘制。

2）如图2.60所示，一个椭圆形可以通过椭圆命令来绘制。

3）如图2.60所示，右边的正六边形的中心点需要垂直上移6mm的距离，可以通过移动命令来绘制。

2.4.2　任务注释

1. 绘制正多边形

正多边形是由三条或三条以上长度相等的线段首尾相接形成的闭合图形。其边数范围在3~1024之间。

（1）输入命令

输入命令可以采用下列方法之一。

菜单栏：单击"绘图"菜单，选择"正多边形"（⬠）命令。

工具栏：单击"绘图"工具栏，选择"正多边形"（⬠）命令。

功能区：单击"默认"选项卡，在"绘图"功能区选择"正多边形"（⬠）命令。

命令行：用键盘输入"POLYGON"。

（2）操作格式

在AutoCAD 2024中，关于正多边形的绘制，系统提供了三种绘制方式，分别为"边长""内接圆""外切圆"。

① 边长方式。如图2.61所示，绘制一个边长为15的正六边形。执行"正多边形"命令后，命令行提示如下：

"_polygon"输入边的数目<4>:（输入"6"，按［Enter］键）；

指定正多边形的中心或［边（E）］:（输入"E"，按［Enter］键）；

指定边的第一个端点:（用鼠标在绘图区任意位置拾取一点）；

指定边的第二个端点:［打开状态栏上的"正交"（⌐）按钮,向右移动光标,输入"15",按［Enter］键］。

② 内接圆方式。如图 2.62 所示，绘制一个内接于 $R15$ 的正七边形。执行"正多边形"命令后，命令行提示如下：

> "_polygon"输入边的数目<4>:（输入"7"，按［Enter］键）；
>
> 指定正多边形的中心或［边（E）］:［打开状态栏上"对象捕捉"（□ ▼）并勾选"圆心"（✔ ◎ 圆心），单击鼠标左键，拾取 $R15$ 的圆心］；
>
> 输入选项［内接于圆（I）/外切于圆（C）］<I>:（默认为内接于圆方式，按［Enter］键）；
>
> 指定圆的半径:（输入"15"，按［Enter］键）。

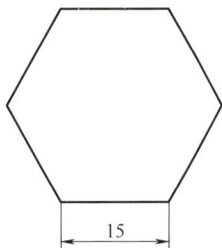

③ 外切圆方式。如图 2.63 所示，绘制一个外切于 $R15$ 的正八边形。执行"正多边形"命令后，命令行提示如下：

> "_polygon"输入边的数目<4>:（输入"8"，按［Enter］键）；
>
> 指定正多边形的中心或［边（E）］:［打开状态栏上"对象捕捉"（□ ▼）并勾选"圆心"（✔ ◎ 圆心），单击鼠标左键，拾取 $R15$ 的圆心］；
>
> 输入选项［内接于圆（I）/外切于圆（C）］<I>:（输入"C"，按［Enter］键）；
>
> 指定圆的半径:（输入"15"，按［Enter］键）。

图 2.61　边长方式 绘制正六边形	图 2.62　内接圆方式 绘制正七边形	图 2.63　外切圆方式 绘制正八边形

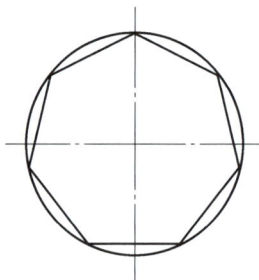

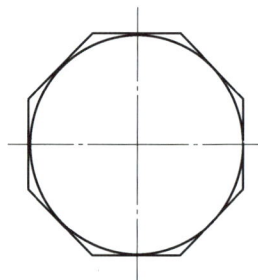

2. 绘制椭圆

椭圆由定义其长度和宽度的两条轴决定。较长的轴称为长轴，较短的轴称为短轴。

（1）输入命令

输入命令可以采用下列方法之一。

菜单栏：单击"绘图"菜单，选择"椭圆"（◯）命令。

工具栏：单击"绘图"工具栏，选择"椭圆"（◯）命令。

功能区：单击"默认"选项卡，在"绘图"功能区选择"椭圆"（◯）命令。

命令行：用键盘输入"ELLIPSE"。

（2）操作格式

在 AutoCAD 2024 中，关于椭圆的绘制，系统提供了两种绘制方式，分别为指定"圆心"和指定"轴、端点"。

① 指定圆心。如图 2.64 所示，绘制一个长轴为 20、短轴为 10 的椭圆。执行"椭圆"的"圆心"命令后，命令行提示如下：

> 指定椭圆的中心点:［打开状态栏上"对象捕捉"（□ ▼）并勾选"交点"（✔ ✕ 交点），单击鼠标左键，拾取交点］；

指定轴的端点：[打开状态栏上的"正交"（┗）按钮，向右移动光标，输入"10"，按[Enter]键]；//10为长轴的半轴长；

指定另一条半轴长度或[旋转（R）]：（输入"5"，按[Enter]键）//5为短轴的半轴长。

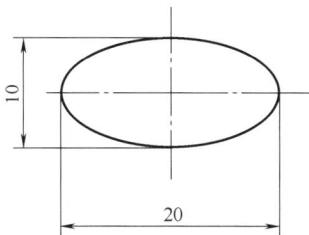

图 2.64　指定"圆心"绘制椭圆

② 指定轴、端点。如图 2.65 所示，同样绘制一个长轴为 20、短轴为 10 的椭圆。执行"椭圆"的"轴、端点"命令后，命令行提示如下：

指定椭圆的轴端点或[圆弧（A）/中心点（C）]：（在绘图区任意位置单击拾取一点）；

指定轴的另一个端点：[打开状态栏上的"正交"（┗）按钮，向右移动光标，输入"20"，按[Enter]键]；//20为长轴的长度

指定另一条半轴长度或[旋转（R）]：（输入"5"，按[Enter]键）//5为短轴的半轴长

注：当使用指定"轴、端点"方式绘制椭圆时，对椭圆的长轴和短轴标注尺寸，需要打开状态栏上"对象捕捉"（□ ▼）并勾选"象限点"（✓◇**象限点**），如图 2.66 所示。

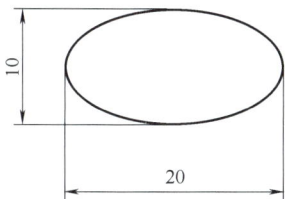

图 2.65　指定"轴、端点"绘制椭圆　　　图 2.66　标注以"轴、端点"方式绘制的椭圆的轴长

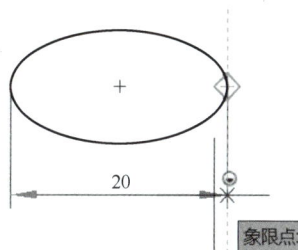

3. 移动命令

移动命令可以将选定的对象移动指定的位置、距离和角度。使用坐标、栅格捕捉、对象捕捉和其他工具可以精确移动对象。

（1）输入命令

输入命令可以采用下列方法之一。

菜单栏：单击"修改"菜单，选择"移动"（✦）命令。

工具栏：单击"修改"工具栏，选择"移动"（✦）命令。

功能区：单击"默认"选项卡，在"修改"功能区选择"移动"（✦）命令。

命令行：用键盘输入"MOVE"或"M"。

（2）操作格式

① 按指定位置移动。如图 2.67 所示，将选定的椭圆移动到指定的位置。执行移动命令后，命令行提示如下：

选择对象:(拾取要移动的椭圆对象,按[Enter]键);

指定基点或位移[位移(D)]<位移>:(拾取椭圆的中心点);

指定第二个点或(使用第一个点作为位移):(拾取目标点——交点A)。

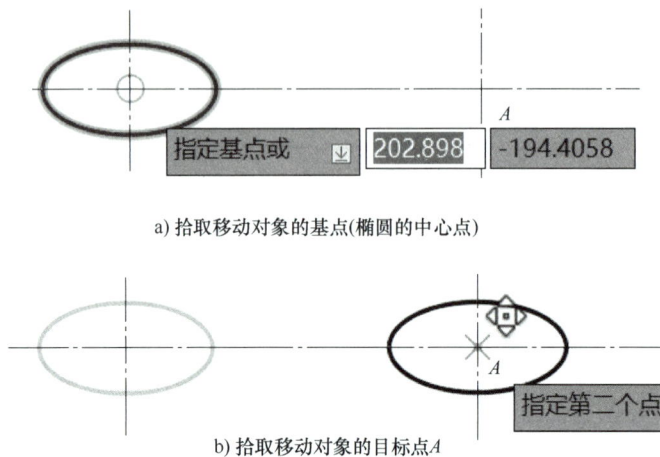

指定基点或 ↓ 202.898 -194.4058

a) 拾取移动对象的基点(椭圆的中心点)

指定第二个点

b) 拾取移动对象的目标点A

图2.67 指定位置移动对象

② 按指定位移移动。如图2.68所示,将选定的椭圆按指定位移移动。执行移动命令后,命令行提示如下:

选择对象:(拾取要移动的椭圆对象,按[Enter]键);

指定基点或位移[位移(D)]<位移>:(默认按位移移动,按[Enter]键);

指定位移<0.0000,0.0000,0.0000>:(输入"20,20,20",按[Enter]键)。

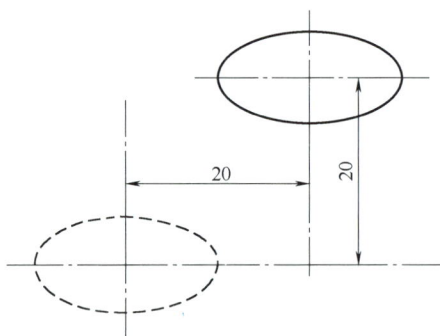

图2.68 指定位移移动对象

2.4.3 任务实施

根据任务注释里的知识点对任务2.4(图2.60)进行实施,对图幅和图层进行设置。

1. 确定正六边形和椭圆的中心点

1) 选择"中心线"图层,单击"默认"选项卡,在"绘图"功能区选择"直线"(╱)命令,按命令行提示操作。

指定第一个点:(在绘图区单击,任意选定一点);

指定下一点或[放弃(U)]:[单击状态栏上的"正交"(┗)按钮,向右移动光标确定直线前进方向,在适当的位置单击,按[Enter]键];

（按[Enter]键，重复直线命令）；

指定第一个点：（在水平线段左半部分上方单击选定一点）；

指定下一点或[放弃(U)]：（向下移动光标确定直线前进方向，穿过水平线段后，在适当的位置单击，按[Enter]键）。

2）单击"默认"选项卡，在"修改"功能区选择"偏移"（⊆）命令，按命令行提示操作。

指定偏移距离或[通过(T)删除(E)图层(L)]<1.0000>：（输入"70"，按[Enter]键）；

指定要偏移的对象或[退出(E)放弃(U)]<退出>：（单击鼠标左键，选取竖直线段）；

指定要偏移的那一侧上的点或[退出(E)多个(M)放弃(U)]<退出>：（光标向右移动，单击鼠标左键，按[Enter]键）；

（按[Enter]键，重复直线命令）；

指定偏移距离或[通过(T)删除(E)图层(L)]<70.0000>：（输入"135"，按[Enter]键）；

指定要偏移的对象或[退出(E)放弃(U)]<退出>：（单击鼠标左键，选取第一条竖直线段）；

指定要偏移的那一侧上的点或[退出(E)多个(M)放弃(U)]<退出>：（光标向右移动，单击鼠标左键，按[Enter]键）。

按照上述操作步骤，完成正六边形和椭圆的中心点的确定，如图2.69所示。

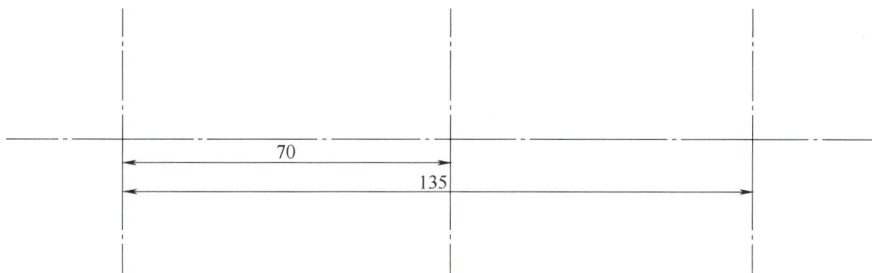

图2.69　确定正六边形和椭圆的中心点

2. 绘制扳手的正六边形内口

1）单击"默认"选项卡，在"绘图"功能区选择"正多边形"（⬠）命令，按命令行提示操作。

"_polygon"输入边的数目<4>：（输入"6"，按[Enter]键）；

指定正多边形的中心或[边(E)]：[打开状态栏上"对象捕捉"（□▾）并勾选"交点"（✓ ✕ **交点**），单击鼠标左键，拾取交点A]；

输入选项[内接于圆(I)/外切于圆(C)]<I>：（默认为内接于圆方式，按[Enter]键）；

指定圆的半径：（输入"15"，按[Enter]键）；

（按[Enter]键，重复"正多边形"命令）；

"_polygon"输入边的数目<6>：（按[Enter]键）；

指定正多边形的中心或[边(E)]：[打开状态栏上"对象捕捉"（□▾）并勾选"交点"（✓ ✕ **交点**），单击鼠标左键，拾取交点C]；

输入选项[内接于圆(I)/外切于圆(C)]<I>：（默认为内接于圆方式，按[Enter]键）；

指定圆的半径：（输入"12"，按[Enter]键）。

按照上述操作步骤完成绘制的图形如图 2.70 所示。

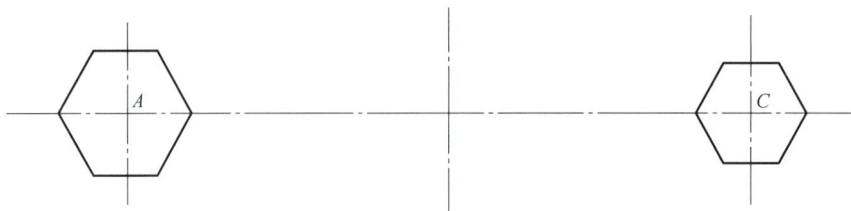

图 2.70　绘制扳手的正六边形内口

2）单击"默认"选项卡，在"修改"功能区选择"旋转"（⟳）命令，按命令行提示操作。

> 选择对象:(选取中心点为 A 的正六边形);
>
> 选择对象:(按[Enter]键);
>
> 指定基点:(拾取基点 A 点,单击鼠标左键);
>
> 指定旋转角度或[复制(C)/参照(R)]:(光标向上移动,旋转 90°,单击鼠标左键);
>
> (按[Enter]键,重复"正多边形"命令);
>
> 选择对象:(选取中心点为 C 的正六边形);
>
> 选择对象:(按[Enter]键);
>
> 指定基点:(拾取基点 C 点,单击鼠标左键);
>
> 指定旋转角度或[复制(C)/参照(R)]:(光标向上移动,旋转 90°,单击鼠标左键)。

按照上述操作步骤完成绘制的图形如图 2.71 所示。

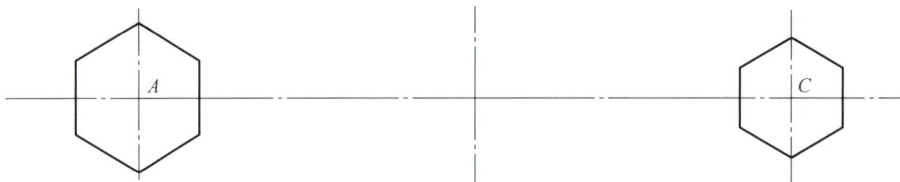

图 2.71　旋转命令后的图形

3）单击"默认"选项卡，在"修改"功能区选择"移动"（✛）命令，按命令行提示操作。

> 选择对象:(拾取要移动的正六边形,按[Enter]键);
>
> 指定基点或位移[位移(D)]<位移>:(拾取正六边形的左下角 D 点);
>
> 指定第二个点或(使用第一个点作为位移):[打开状态栏上"对象捕捉"（□▾）并勾选"交点"(✓ ⊠ 交点),单击鼠标左键,拾取交点]。

按照上述操作步骤完成绘制的图形如图 2.72 所示。

4）单击"默认"选项卡，在"绘图"功能区选择"圆"（◌）命令，选择"圆心，半径"子命令，按命令行提示操作。

> 指定圆的圆心或[三点(3P)两点(2P)相切、相切、半径(T)]:[打开状态栏上"对象捕捉"
> （□▾）并勾选"端点"(✓ ◢ 端点),单击鼠标左键,拾取端点 R];
>
> 指定圆的半径或[直径(D)]:(输入"15",按[Enter]键);
>
> (按[Enter]键,重复圆命令);
>
> 指定圆的圆心或[三点(3P)两点(2P)相切、相切、半径(T)]:[打开状态栏上"对象捕捉"

（▢▾）并勾选"端点"（✔ ／ **端点**），单击鼠标左键,拾取端点 S;

　　指定圆的半径或[直径(D)]:(输入"15",按[Enter]键);

　　(按[Enter]键,重复圆命令);

　　指定圆的圆心或[三点(3P)两点(2P)相切、相切、半径(T)]:[打开状态栏上"对象捕捉"

（▢▾）并勾选"交点"（✔ ✕ **交点**），单击鼠标左键,拾取交点 A];

　　指定圆的半径或[直径(D)]:(输入"30",按[Enter]键)。

a) 拾取对象的基点

b) 拾取对象的目标点

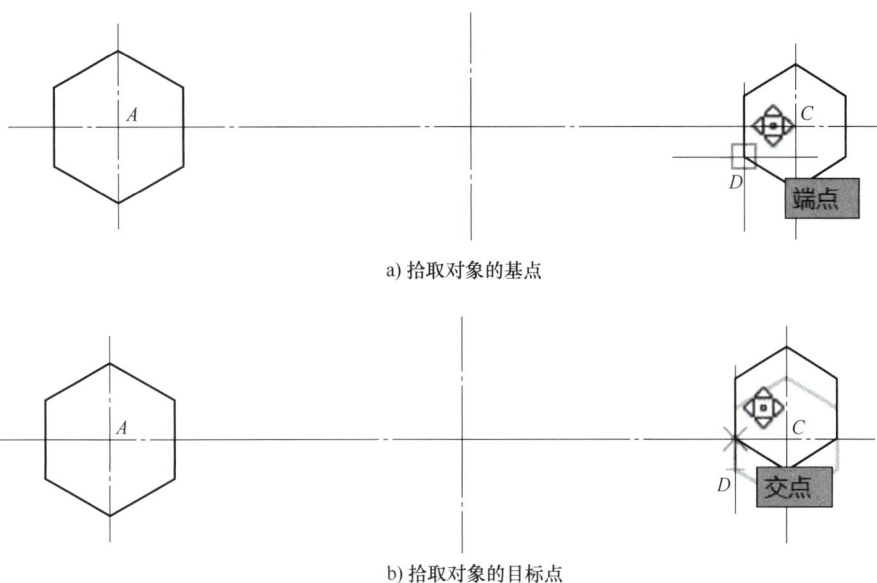

图 2.72　指定移动位置移动图形

按同样的步骤绘制如图 2.73 所示的另外三个圆。

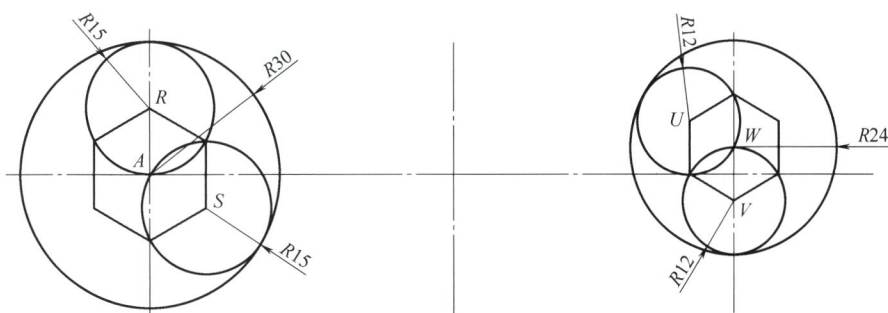

图 2.73　圆命令后的图形

5) 单击"默认"选项卡, 在"修改"功能区选择"修剪"（✂）命令, 按照任务 2.4 的要求, 修剪后的图形如图 2.74 所示。

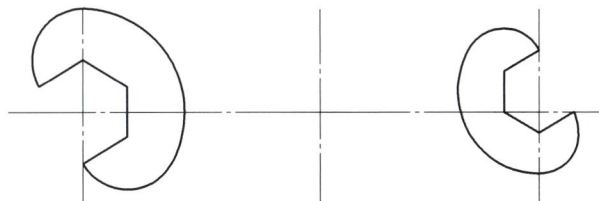

图 2.74　修剪后的图形

3. 绘制扳手的手柄

1）单击"默认"选项卡，在"修改"功能区选择"偏移"（▱）命令，按命令行提示操作。

> 指定偏移距离或[通过(T)删除(E)图层(L)]<1.0000>:（输入"10"，按[Enter]键）；
>
> 指定要偏移的对象或[退出(E)放弃(U)]<退出>:（单击鼠标左键，选取要偏移的水平中心线）；
>
> 指定要偏移的那一侧上的点或[退出(E)多个(M)放弃(U)]<退出>:（光标移动到水平中心线上方，单击鼠标左键）；
>
> 指定要偏移的对象或[退出(E)放弃(U)]<退出>:（单击鼠标左键，选取要偏移的水平中心线）；
>
> 指定要偏移的那一侧上的点或[退出(E)多个(M)放弃(U)]<退出>:（光标移动到水平中心线下方，单击鼠标左键）。

单击"默认"选项卡，在"修改"功能区选择"修剪"（✂）命令，按照任务 2.4 的要求修剪后的图形如图 2.75 所示。

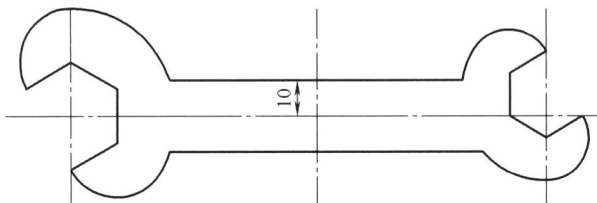

图 2.75　手柄修剪后的图形

2）单击"默认"选项卡，在"绘图"功能区选择"椭圆"命令，选择"圆心"子命令，按命令行提示操作。

> 指定椭圆的中心点:[打开状态栏上"对象捕捉"（▱ ▾）并勾选"交点"（✓ ⤫ **交点**），单击鼠标左键，拾取交点 B]；
>
> 指定轴的端点:[打开状态栏上的"正交"（⌐）按钮，向右移动光标，输入"25"，按[Enter]键]；
>
> 指定另一条半轴长度或[旋转(R)]:（输入"7"，按[Enter]键）。

按照上述操作步骤完成的图形如图 2.76 所示。

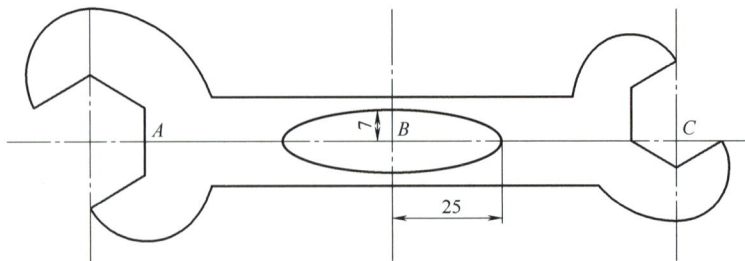

图 2.76　执行椭圆命令后的图形

3）单击"默认"选项卡，在"绘图"功能区选择"圆"（◯）命令，选择"相切、相切、半径"子命令，按命令行提示操作。

> 指定对象与圆的第一个切点:[打开状态栏上的"对象捕捉"（▱ ▾），并勾选"切点"

（✔ ⟲ **切点**），单击拾取左上侧圆弧的切点]；

　　指定对象与圆的第二个切点：（单击拾取手柄上方线段的切点）；

　　指定圆的半径<当前值>：（输入"12"，按［Enter］键）。

按照上述操作步骤完成的图形如图 2.77 所示。

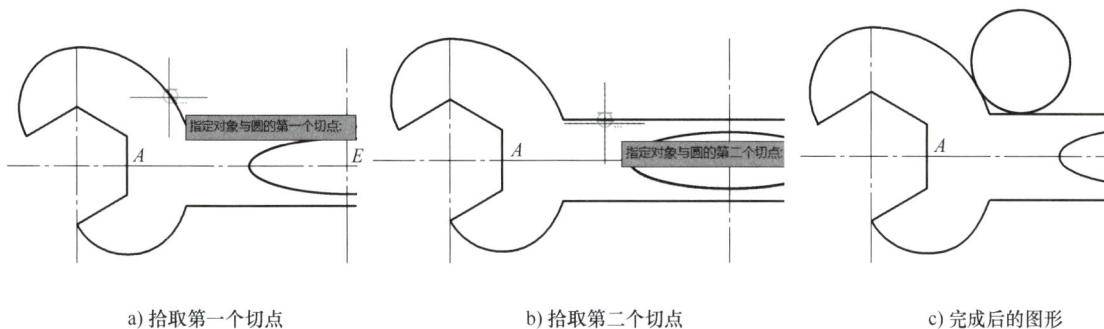

a）拾取第一个切点　　　　　　　　b）拾取第二个切点　　　　　　　　c）完成后的图形

图 2.77　执行圆命令后的图形

按同样的步骤拾取不同的切点，指定相同的半径，绘制如图 2.78 所示的另外三个圆。

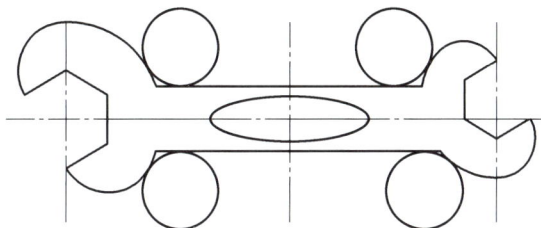

图 2.78　圆命令执行后的图形

4）单击"默认"选项卡，在"修改"功能区选择"修剪"（✂）命令，按照任务 2.4 的要求，修剪后的图形如图 2.79 所示。

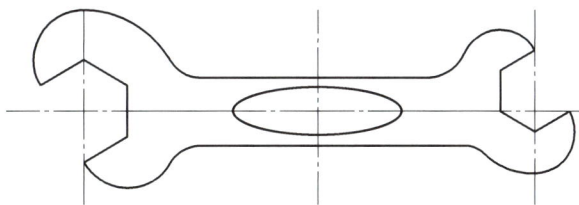

图 2.79　修剪后的图形

按照上述三个步骤完成扳手的图形绘制。

　　小技巧：两个图形间的圆滑连接，可以使用"相切、相切、半径"圆命令+修剪命令实现，大部分情况下可以使用"圆角"命令替代，可使绘图变得方便快捷。"圆角"命令会在后面的任务中学习。

2.4.4　拓展练习

绘制如图 2.80 所示的图形。

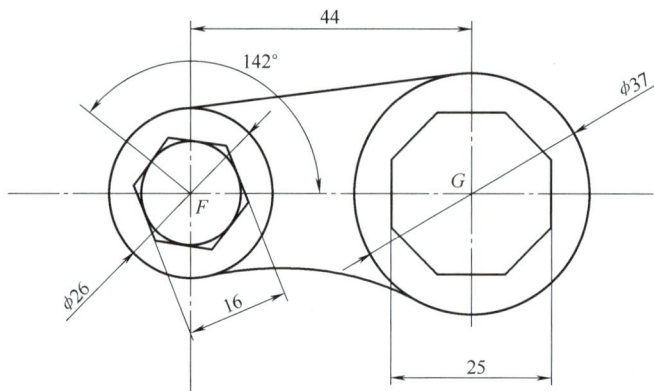

a) 课后练习图1

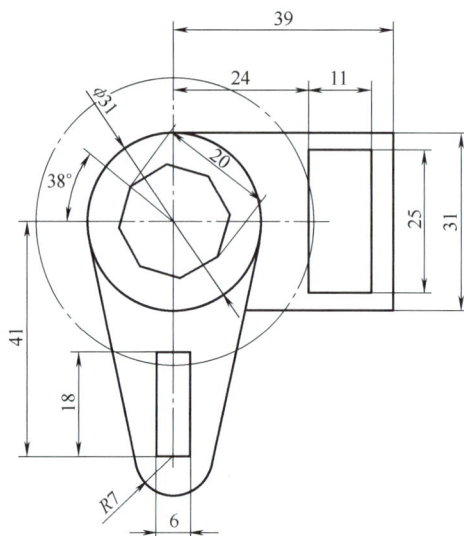

b) 课后练习图2

图 2.80　课后练习图

任务 2.5　绘制棘轮——学习点、图案填充命令

本任务将以绘制图 2.81 所示的棘轮图形为例，讲解点、图案填充命令的使用技巧与方法。

2.5.1　任务分解

1）如图 2.81 所示，棘轮的齿轮具有相同的形状，且等距离围绕内圆排列。可以使用"点"命令在内圆上等距离分段，且使用"环形阵列"命令围绕圆心环形阵列。

2）如图 2.81 所示，棘轮的齿轮具有特殊的图案，可以使用"图案填充"命令给棘轮的齿轮添加图案。

2.5.2　任务注释

1. 点样式

AutoCAD 2024 提供了 20 种不同样式的点，可以

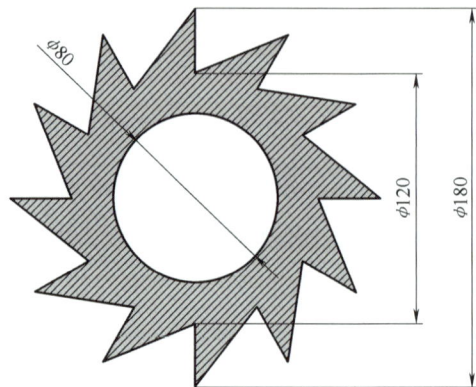

图 2.81　棘轮

根据任务需要进行设置。

（1）输入命令

输入命令可以采用下列方法之一。

菜单栏：单击"格式"菜单，选择"点样式"（ ）命令。

命令行：用键盘输入"DDPTYPE"。

（2）操作格式

执行"点样式"命令后，系统自动打开"点样式"对话框，如图2.82所示。

对话框各功能如下。

"点样式"：提供了20种点样式，可以根据任务要求任选一种。

"点大小"：设定点的显示大小。可以相对于屏幕设定点的大小，也可以用绝对单位设定点的大小。

"相对于屏幕设定大小"：按屏幕尺寸的百分比设定点的显示大小。当进行缩放时，点的显示大小并不改变。

"按绝对单位设定大小"：按"点大小"下指定的实际单位设定点显示的大小。进行缩放时，显示的点大小随之改变。

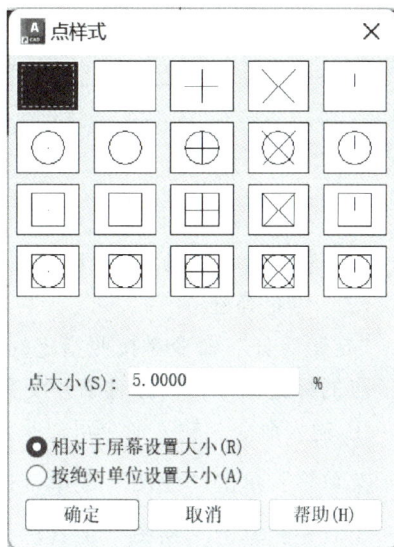

图2.82　"点样式"对话框

2. 点命令

（1）单点和多点

单点：一次命令可以绘制一个点对象。

多点：一次命令可以连续绘制多个点对象，直到按［Esc］键结束命令为止。

① 输入命令。输入命令可以采用下列方法之一。

菜单栏：单击"绘图"菜单，选择"单点"或"多点"（ ）命令。

工具栏：单击"绘图"工具栏，选择"单点"或"多点"（ ）命令。

功能区：单击"默认"选项卡，在"绘图"功能区选择"单点"或"多点"（ ）命令。

命令行：用键盘输入"POINT"。

② 操作格式。执行"单点"或"多点"命令后，命令行提示如下：

指定点:(在指定位置单击鼠标左键)。

（2）定数等分

"定数等分"命令用于按照指定的等分数目等分对象，对象被等分的结果仅仅是在等分点处放置了点的标记符号，而源对象并没有被等分为多个对象。

① 输入命令。输入命令可以采用下列方法之一。

菜单栏：单击"绘图"菜单，选择"定数等分"（ ）命令。

工具栏：单击"绘图"工具栏，选择"定数等分"（ ）命令。

功能区：单击"默认"选项卡，在"绘图"功能区选择"定数等分"（ ）命令。

命令行：用键盘输入"DIVIDE"。

② 操作格式。选择点样式为（ ），如图2.83所示，对长度为100的线段定数等分为5等份。执行"定数等分"命令后，命令行提示如下：

选择要定数等分的对象:（拾取长度为100的线段）；

输入线段数目或［块（B）］:（输入"5"，按［Enter］键）。

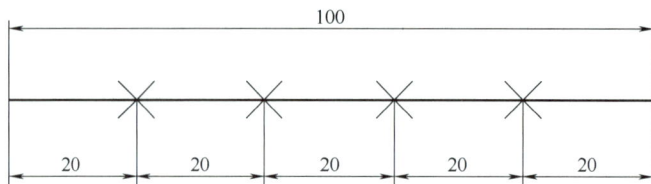

图 2.83　定数等分的图形

注：等分数范围为2～32767。

（3）定距等分

"定距等分"命令是按照指定的等分距离等分对象。对象被等分的结果仅仅是在等分点处放置了点的标记符号，而源对象并没有被等分为多个对象。

① 输入命令。输入命令可以采用下列方法之一。

菜单栏：单击"绘图"菜单，选择"定距等分"（◇）命令。

工具栏：单击"绘图"工具栏，选择"定距等分"（◇）命令。

功能区：单击"默认"选项卡，在"绘图"功能区选择"定距等分"（◇）命令。

命令行：用键盘输入"MEASURE"。

② 操作格式。选择点样式为（⊠），如图2.84所示，对长度为100的线段以长度为30的距离进行等分。执行"定距等分"命令后，命令行提示如下：

选择要定距等分的对象:（拾取长度为100的线段）；

指定线段长度或［块（B）］:（输入"30"，按［Enter］键）。

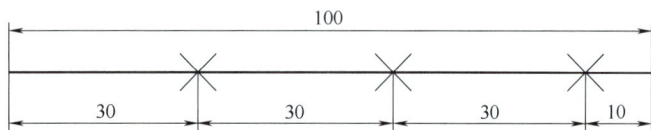

图 2.84　定距等分的图形

3. 图案填充命令

"图案填充"命令用于填充封闭区域或指定边界内进行填充。

（1）输入命令

输入命令可以采用下列方法之一。

菜单栏：单击"绘图"菜单，选择"图案填充"（▨）命令。

工具栏：单击"绘图"工具栏，选择"图案填充"（▨）命令。

功能区：单击"默认"选项卡，在"绘图"功能区选择"图案填充"（▨）命令。

命令行：用键盘输入"BHATCH"。

（2）操作格式

执行"图案填充"命令后，系统自动打开"图案填充创建"选项卡，如图2.85所示。

选项卡中的各个选项说明如下。

① 边界面板。边界面板用于拾取点、添加或删除边界对象等。

拾取点：根据围绕指定点构成封闭区域的现有对象来确定边界，如图2.86所示。如果所选

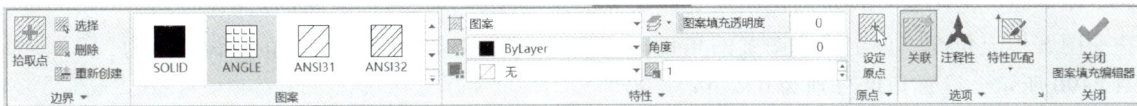

图 2.85 "图案填充创建"选项卡

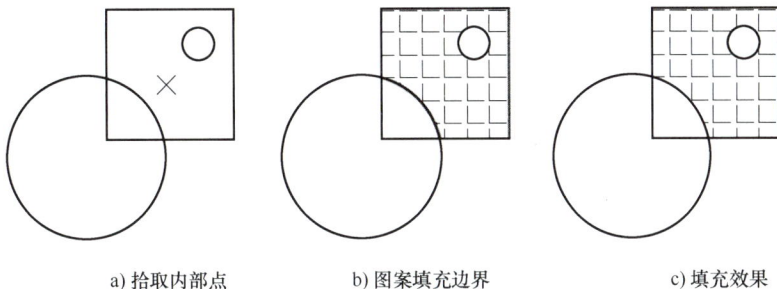

a) 拾取内部点 b) 图案填充边界 c) 填充效果

图 2.86 "拾取点"边界确定

区域边界不封闭，系统会提示信息，如图 2.87 所示。

选择：根据构成封闭区域的选定对象确定边界。可用于所选对象组成不封闭的区域边界，但在不封闭处会发生填充断裂或不均匀现象，如图 2.88 所示。

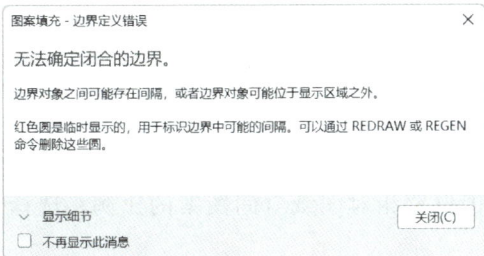

图 2.87 "拾取点"边界定义错误

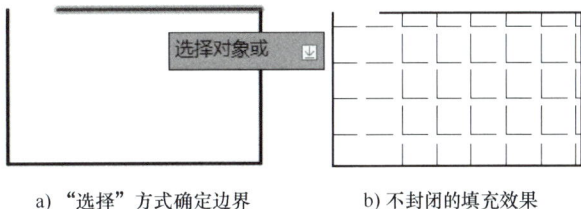

a) "选择"方式确定边界 b) 不封闭的填充效果

图 2.88 "选择"方式边界不封闭的填充效果

删除：（仅当从"图案填充和渐变色"对话框中添加图案填充时可用）删除在当前活动的"图案填充"命令执行期间添加的填充图案。

重新创建：围绕选定的图案填充或填充对象创建多线段或面域，并使其与图案填充对象相关联。

显示边界对象：暂时关闭对话框，并使用当前的图案填充或填充设置显示当前定义的边界。如果未定义边界，则此选项不可用。

② 图案面板。图案面板用于选择要应用的填充图案的外观。通过拖动上下滑动块可查看更多图案的预览，如图 2.89 所示。

③ 特性面板。特性面板用于设置图案的特性，包括图案填充的类型、颜色、背景色、透明度、角度、填充比例和笔宽等。

图案填充类型：有 4 种填充类型，分别为实体、渐变色、图案和用户定义。

图案填充颜色：为填充的图案选择颜色。

背景色：填充区域内为除填充图案外的区域选择颜色。

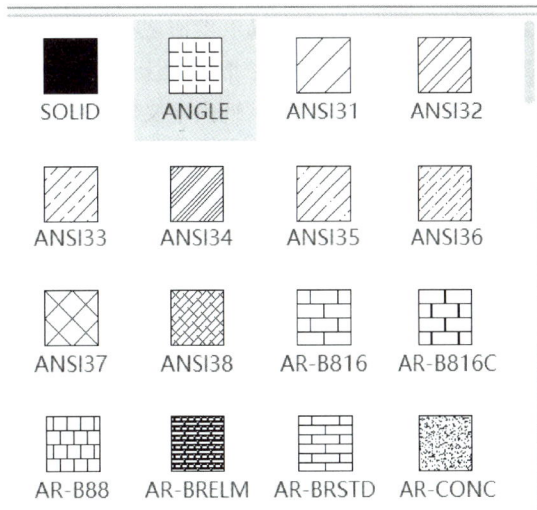

图 2.89 图案面板里的图案

图案填充透明度：设定新图案填充或填充的透明度，替代当前对象的透明度。

图案填充角度：设定填充图案的角度（相对坐标系 X 轴的角度），角度默认值为"0"。如图 2.90 所示，设置角度分别为 0°、45°、90°。

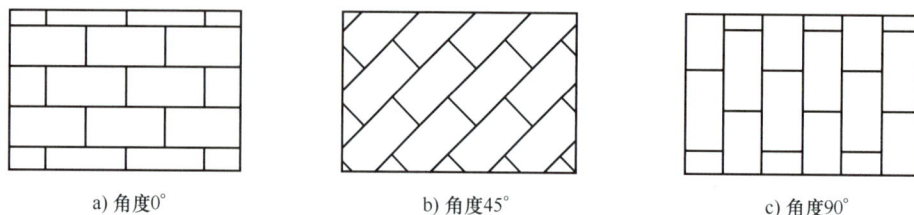

a) 角度0°　　　　　　　b) 角度45°　　　　　　　c) 角度90°

图 2.90　填充图案的角度

图案填充比例：放大或缩小填充图案的比例。图案过密，比例值变大；图案过疏，比例值变小。如图 2.91 所示，设置比例分别为 0.025、0.05、0.1。

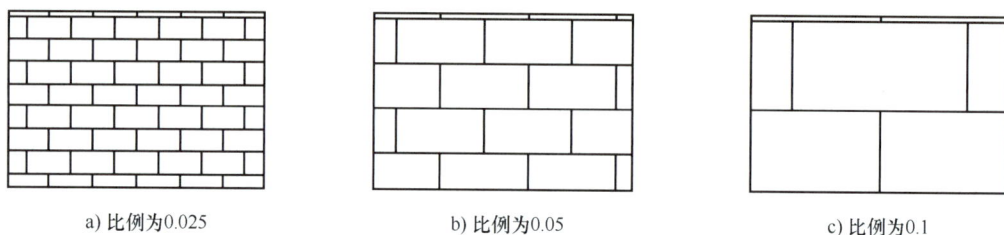

a) 比例为0.025　　　　　　b) 比例为0.05　　　　　　c) 比例为0.1

图 2.91　图案填充的比例

图案填充图层：从用户定义的图层中为定义的图案指定当前图层。

相对图纸空间：在图纸空间中，此选项被激活。用于设置相对图纸空间图案的比例。选择此选项，将自动更改比例。

双向：当图案填充类型为"用户定义"时，此选项被激活。使用相互垂直的两组平行线填充图案。

ISO 笔宽：基于选定笔宽缩放 ISO 预定义图案（此选项等同于填充比例功能）。仅当用户制定了 ISO 图案时才可以使用此选项。

④ 原点面板。原点面板用于控制填充图案生成的起始位置。默认情况下，所有图案填充原点都对应于当前坐标系的原点。

在原点面板上，执行以下操作之一。

单击"设定原点"以拾取图形上的原点。

展开下拉菜单，以从一组预定义原点中进行选择，如图 2.92 所示。

如图 2.93 所示，如果创建砖图案，则可以通过指定新的原点在图案填充区域的左下角（　）开始绘制完整的砖。

图 2.92　原点面板设置

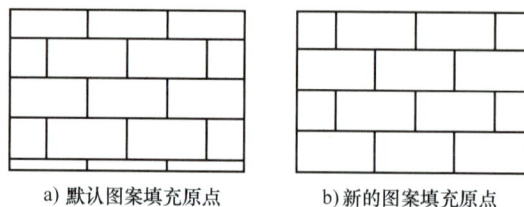

a)默认图案填充原点　　　　　b)新的图案填充原点

图 2.93　设定图案填充原点

⑤ 选项面板。选项面板用于控制几个常用的图案填充或填充选项。

关联：控制图案填充或填充的关联，关联的图案填充或填充在用户修改其边界时将会更新。如图 2.94b 所示，在关联状态下，拉伸矩形的一个夹点，填充图案会随边界的变化而自动填充；如图 2.94c 所示，在不关联状态下，填充图案不会随边界的变化而自动填充。

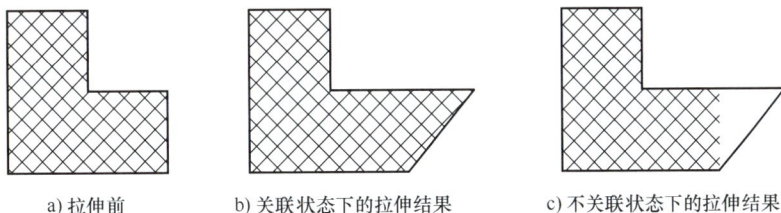

| a) 拉伸前 | b) 关联状态下的拉伸结果 | c) 不关联状态下的拉伸结果 |

图 2.94　关联设置示例

注：关联与不关联的修改是单向的，只有关联可以修改为不关联，不能将不关联修改为关联。

注释性：指定图案填充为注释性。此特性会自动完成缩放注释过程，从而使注释能够以正确的大小在图纸上打印或表示。

特性匹配：一种方法是"使用当前原点"特性匹配，另一种方法是"使用原图案填充的原点"特性匹配。

选择图案填充对象：(拾取砖头图案填充)。

如图 2.95 所示，原本的五角星图案填充被特性匹配为砖头图案填充。

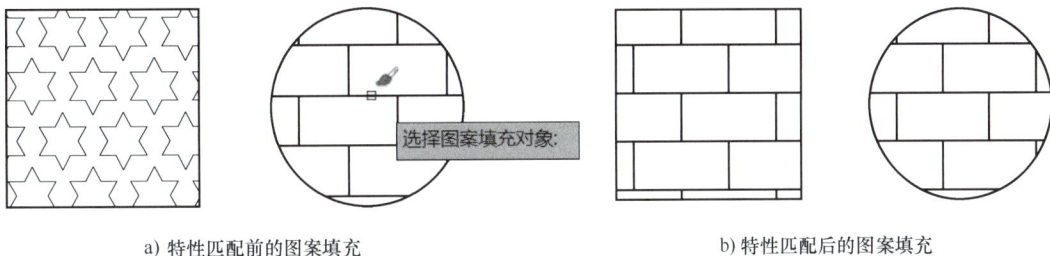

| a) 特性匹配前的图案填充 | b) 特性匹配后的图案填充 |

图 2.95　"特性匹配"示例

独立的图案填充：控制当指定了几个单独的闭合边界时，是创建单个图案填充对象，还是创建多个图案填充对象。当创建了两个或两个以上的填充图案时，此选项才可用。

孤岛检测：位于图案填充边界内的封闭区域或文字对象将视为孤岛。孤岛检测的 4 种方式：普通、外部、忽略、无。

如图 2.96b 所示，普通孤岛检测是指从最外边界向里面填充图案，遇到与之相交的内部边界，断开填充图案，再遇到下一个内部边界时，继续填充图案。

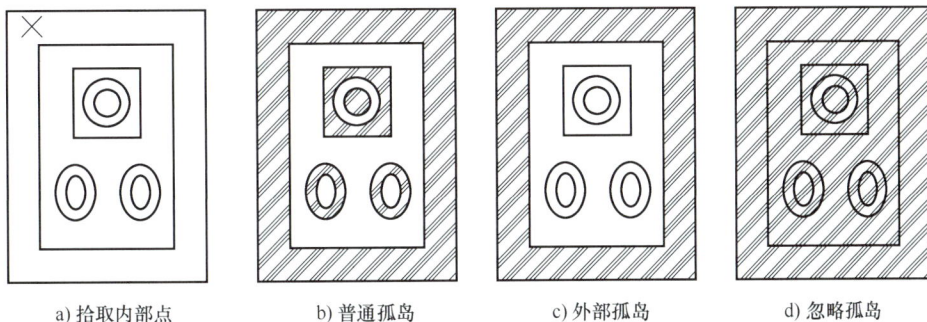

| a) 拾取内部点 | b) 普通孤岛 | c) 外部孤岛 | d) 忽略孤岛 |

图 2.96　孤岛检测

如图2.96c所示，外部孤岛检测是指从最外边界向里面填充图案，遇到与之相交的内部边界，断开填充图案，并不再继续往里面绘制。

如图2.96d所示，忽略孤岛检测是指忽略所有的孤岛，所有内部结构都被填充覆盖。

绘图次序：指定图案填充的绘图顺序，图案填充可以放在图案填充边界及其他对象之后或之前，包括不更改、后置、前置、置于边界之后和置于边界之前。

2.5.3 任务实施

根据任务注释里的知识点对任务2.5（图2.81）进行实施，对图幅和图层进行设置。

1. 绘制 $\phi80$、$\phi120$ 和 $\phi180$ 同心圆

单击"默认"选项卡，在"绘图"功能区选择"圆"（⊙）命令，选择"圆心，半径"子命令，按命令行提示操作。

> 指定圆的圆心或[三点(3P)两点(2P)相切、相切、半径(T)]:(在绘图区上任取一点);
> 指定圆的半径或[直径(D)]:(输入"40",按[Enter]键);
> (按[Enter]键,重复圆命令);
> 指定圆的圆心或[三点(3P)两点(2P)相切、相切、半径(T)]:[打开状态栏上"对象捕捉"
> (□▾)并勾选"圆心"(✔ ⊙ 圆心),拾取圆心,单击鼠标左键];
> 指定圆的半径或[直径(D)]:(输入"60",按[Enter]键)。

利用同样的方法绘制直径为180的圆，如图2.97所示。

2. 点样式的设置

单击"格式"菜单，选择"点样式"（⁚）命令，系统自动打开"点样式"对话框，选择"×"样式，如图2.98所示。

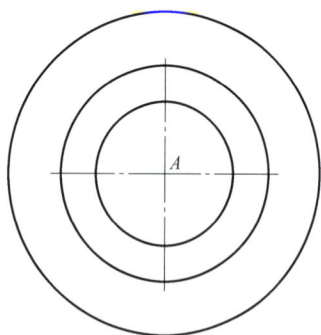

图2.97　同心圆的绘制

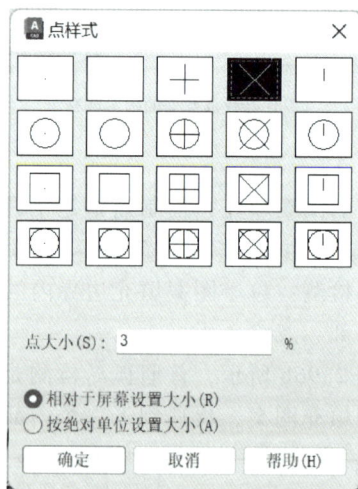

图2.98　点样式的设置

3. 定数等分圆

单击"绘图"工具栏，选择"定数等分"（⚲）命令，按命令行提示操作。

> 选择要定数等分的对象:(选择$\phi120$圆);
> 输入线段数目或[块(B)]:(输入"12",按[Enter]键);
> (按[Enter]键,重复定数等分命令);

选择要定数等分的对象：（选择ϕ180圆）；

输入线段数目或［块（B）］：（输入"12"，按［Enter］键）。

4. 连接棘轮

1）如图2.99所示，完成棘轮一个轮齿的连接，单击"默认"选项卡，在"绘图"功能区选择"直线"（／）命令，按命令行提示操作。

指定第一个点：［打开状态栏上"对象捕捉"（▢▼）并勾选"节点"（✓ □ **节点**），拾取 B 点，单击鼠标左键］；

指定下一点或［放弃（U）］：（拾取 C 点，单击鼠标左键，按［Enter］键）；

（按［Enter］键，重复直线命令）；

指定下一点或［放弃（U）］：（拾取 B 点，单击鼠标左键）；

指定下一点或［放弃（U）］：（拾取 D 点，单击鼠标左键，按［Enter］键）。

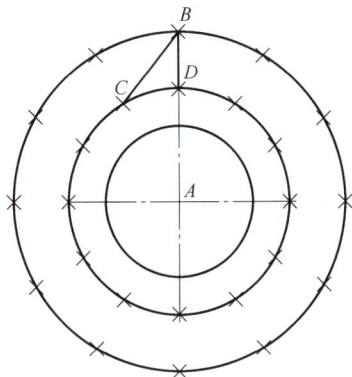

图 2.99 棘轮的一个轮齿

2）执行"环形阵列"命令后，按命令行提示操作。

选择对象：（选取棘轮的一个轮齿）；

选择对象：（按［Enter］键）；

指定阵列中心点或［基点（B）/旋转轴（A）］：（拾取同心圆的圆心 A 点，单击鼠标左键）。

如图2.100所示，系统自动打开"阵列创建"选项卡，可以在该选项卡中进行参数设置。

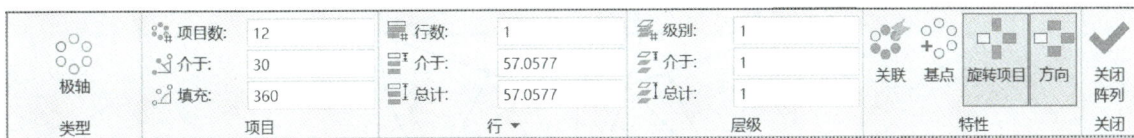

图 2.100 棘轮环形阵列的"阵列创建"选项卡

5. 点的隐藏和辅助圆的删除

1）单击"格式"菜单，选择"点样式"（ ⁙ ）命令，系统自动打开"点样式"对话框，选择"空"样式，如图2.101所示。

2）单击"默认"选项卡，在"修改"功能区选择"删除"（ ✐ ）命令，删除ϕ120和ϕ180同心圆。

6. 图案填充

单击"默认"选项卡,在"绘图"功能区选择"图案填充"(▨)命令,按命令行提示操作。

> 指定点:(在棘轮的齿轮处,单击鼠标左键)。

系统自动打开"图案填充创建"选项卡,选择图案为"ANS131",颜色为红色,如图 2.102 所示。

按照上述步骤完成棘轮的图形绘制。

2.5.4 拓展练习

1. 运用定数等分或定距等分的方法将直尺的刻度分成 20 等份,如图 2.103 所示。

2. 绘制图 2.104 所示的图形。

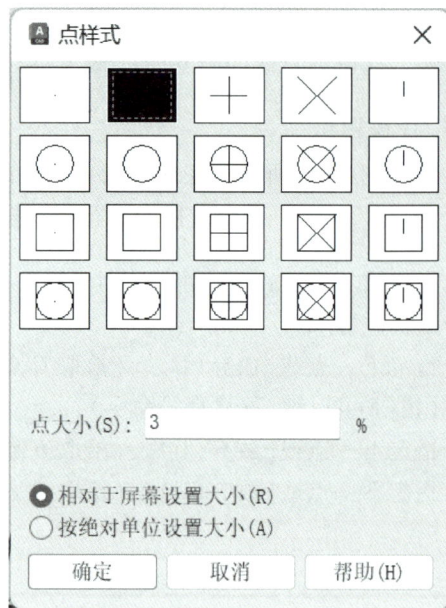

图 2.101 点样式的隐藏

图 2.102 棘轮的"图案填充创建"选项卡

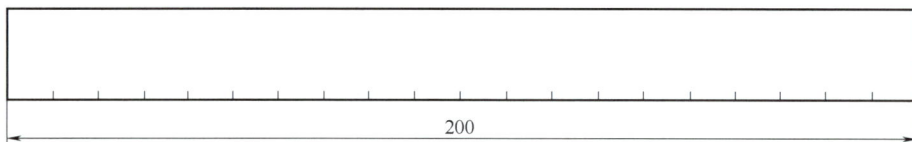

图 2.103 直尺

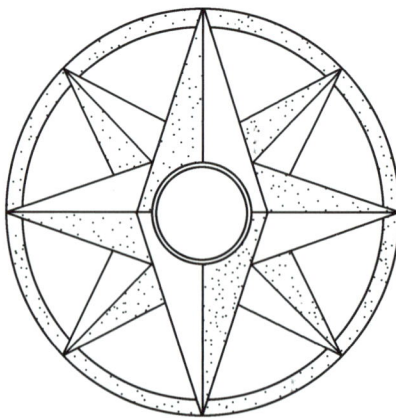

图 2.104 课后练习图

任务 2.6 绘制吊钩——学习倒角、圆角命令

本任务将以绘制图 2.105 所示的吊钩图形为例,讲解倒角、圆角命令的使用技巧与方法。

2.6.1 任务分解

1）如图 2.105 所示，吊钩的最上端有一个 $C2$ 的倒角，需要使用"倒角"命令进行绘制。

2）如图 2.105 所示，吊钩中有 $R2$、$R24$、$R36$ 大小的多个圆角，需要使用"圆角"命令进行绘制。

3）如图 2.105 所示，吊钩需要确定 $R14$、$R24$、$R29$、$\phi24$ 大小的多个圆的圆心位置，这些圆通过相切方式组合在一起，再通过"修剪"命令修剪掉多余的线段。

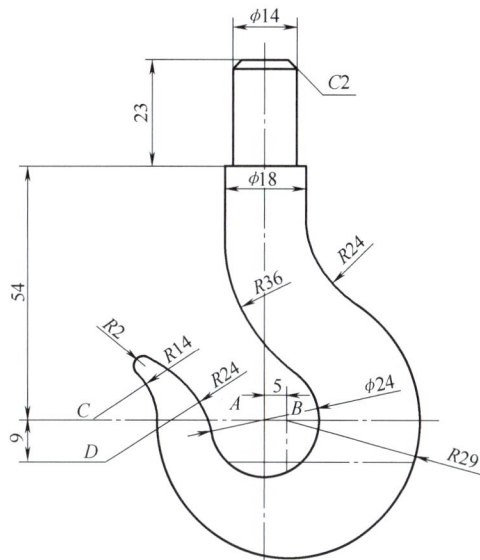

2.6.2 任务注释

1. 倒角命令

倒角命令用于实现使用一条线段连接两个非平行的图线，用于倒角的图线一般有直线、多线段、矩形、多边形等，不能使用倒角的图线有圆、圆弧、椭圆和椭圆弧。

（1）输入命令

输入命令可以采用下列方法之一。

菜单栏：单击"修改"菜单，选择"倒角"（ ⌐ ）命令。

工具栏：单击"修改"工具栏，选择"倒角"（ ⌐ ）命令。

功能区：单击"默认"选项卡，在"修改"功能区选择"倒角"（ ⌐ ）命令。

命令行：用键盘输入"CHAMFER"。

（2）操作格式

在 AutoCAD 2024 中，系统提供了多种倒角方式。指定距离方式和指定距离、角度方式最为常用。

① 指定距离方式。如图 2.106 所示，单击"默认"选项卡，在"修改"功能区选择"倒角"（ ⌐ ）命令，命令行提示如下：

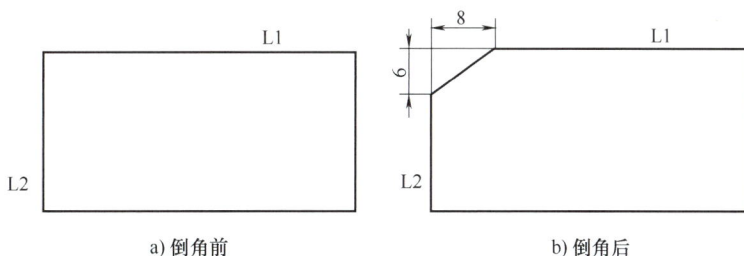

图 2.105　吊钩

图 2.106　指定距离倒角示例

a) 倒角前　　　　　　　b) 倒角后

选择第一条直线或［放弃（U）/多段线（P）/距离（D）/角度（A）/修剪（T）/方式（E）/多个（M）］:（输入"D"，按［Enter］键）；

指定第一个倒角距离<0.0000>:（输入"8"，按［Enter］键）；

指定第二个倒角距离<8.0000>:（输入"6"，按［Enter］键）；

　　选择第一条直线或[放弃(U)/多段线(P)/距离(D)/角度(A)/修剪(T)/方式(E)/多个(M)]:(选取 L1 直线,单击鼠标左键);

　　选择第二条直线或按住[Shift]键选择直线以应用角点或[距离(D)/角度(A)/方法(M)]:(选取 L2 直线,单击鼠标左键)。

　　② 指定距离、角度方式。如图 2.107 所示,单击"默认"选项卡,在"修改"功能区选择"倒角"(　) 命令,命令行提示如下:

　　选择第一条直线或[放弃(U)/多段线(P)/距离(D)/角度(A)/修剪(T)/方式(E)/多个(M)]:(输入"A",按[Enter]键);

　　指定第一条直线的倒角长度<0.0000>:(输入"8",按[Enter]键);

　　指定第一条直线的倒角角度<0>:(输入"30",按[Enter]键);

　　选择第一条直线或[放弃(U)/多段线(P)/距离(D)/角度(A)/修剪(T)/方式(E)/多个(M)]:(选取 L3 直线,单击鼠标左键);

　　选择第二条直线或按住[Shift]键选择直线以应用角点或[距离(D)/角度(A)/方法(M)]:(选取 L4 直线,单击鼠标左键)。

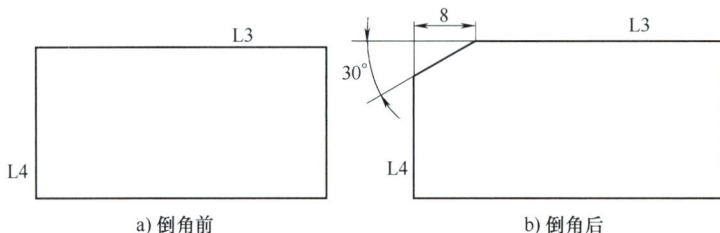

a) 倒角前　　　　　　　　　　b) 倒角后

图 2.107　指定距离、角度倒角示例

　　③ 注意事项。如图 2.108 所示,在使用倒角命令选取直线时,注意单击直线的位置,单击的位置不同,倒角的效果不同。

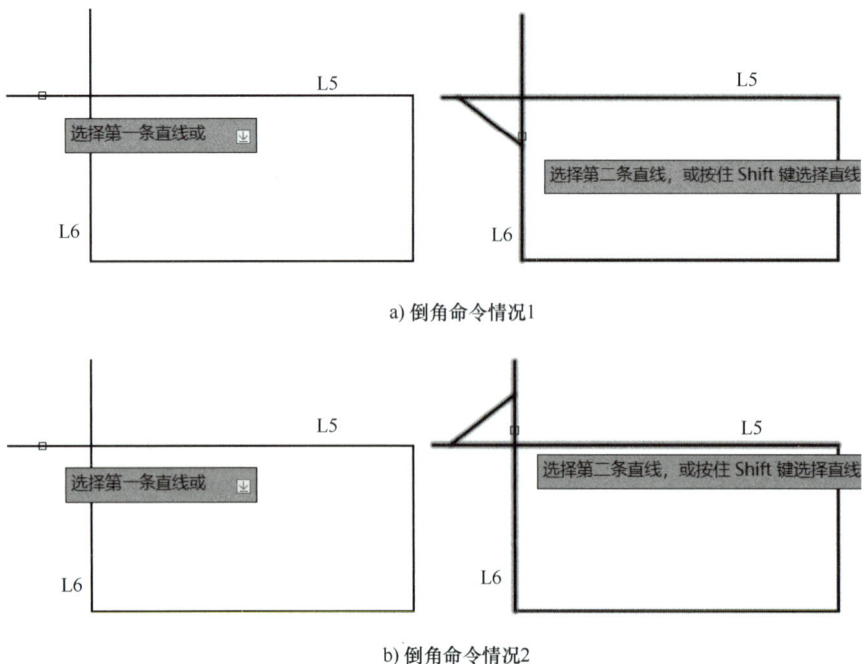

a) 倒角命令情况1

b) 倒角命令情况2

图 2.108　倒角命令的不同情况

c) 倒角命令情况3

d) 倒角命令情况4

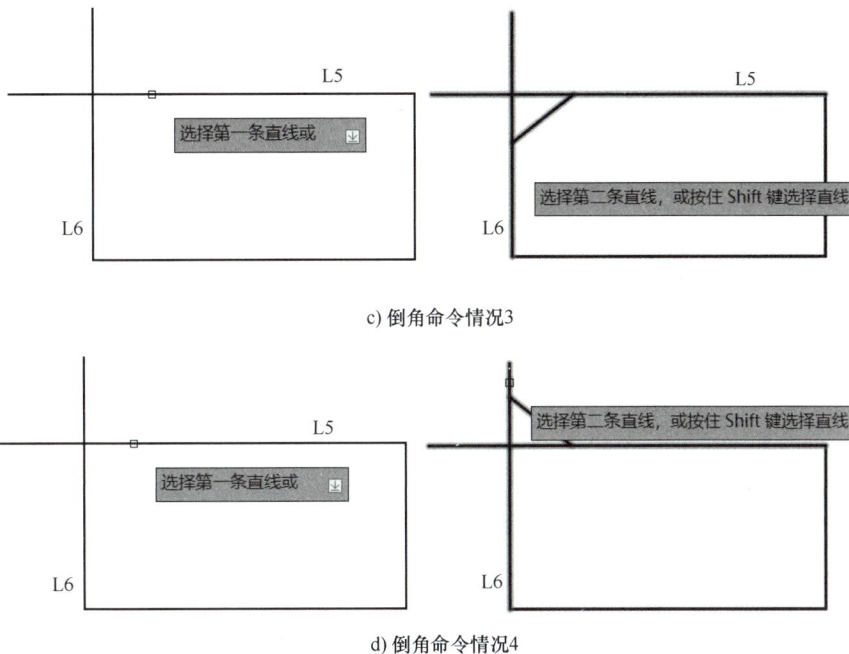

图 2.108　倒角命令的不同情况（续）

倒角命令行的其他提示如下。

修剪（T）：倒角后是否保留原拐角边，如图 2.109 所示，修剪和不修剪模式的倒角区别。

图 2.109　修剪和不修剪的倒角命令

多个（M）：在指定相同的距离或指定相同的距离和角度的情况下，对多个对象进行倒角。

2. 圆角命令

圆角命令用于通过二维相切圆弧连接两个对象。

（1）输入命令

输入命令可以采用下列方法之一。

菜单栏：单击"修改"菜单，选择"圆角"（　）命令。

工具栏：单击"修改"工具栏，选择"圆角"（　）命令。

功能区：单击"默认"选项卡，在"修改"功能区选择"圆角"（　）命令。

命令行：用键盘输入"FILLET"。

（2）操作格式

如图 2.110 所示，单击"默认"选项卡，在"修改"功能区选择"圆角"（　）命令，命令行提示如下：

选择第一个对象或［放弃（U）/多段线（P）/半径（R）/修剪（T）/多个（M）］：（输入"T"，按［Enter］键）；

输入修剪模式选项[修剪(T)/不修剪(N)]<不修剪>:(输入"T",按[Enter]键);

选择第一个对象或[放弃(U)/多段线(P)/半径(R)/修剪(T)/多个(M)]:(输入"R",按[Enter]键);

指定圆角半径<0.0000>:(输入"5",按[Enter]键);

选择第一个对象或[放弃(U)/多段线(P)/半径(R)/修剪(T)/多个(M)]:(输入"M",按[Enter]键);

选择第一个对象或[放弃(U)/多段线(P)/半径(R)/修剪(T)/多个(M)]:(选取L7直线,单击鼠标左键);

选择第二个对象或按住[Shift]键选择对象以应用角点或[半径(R)]:(选取L8直线,单击鼠标左键);

选择第一个对象或[放弃(U)/多段线(P)/半径(R)/修剪(T)/多个(M)]:(选取L8直线,单击鼠标左键);

选择第二个对象或按住[Shift]键选择对象以应用角点或[半径(R)]:(选取L9直线,单击鼠标左键);

选择第一个对象或[放弃(U)/多段线(P)/半径(R)/修剪(T)/多个(M)]:(选取L9直线,单击鼠标左键);

选择第二个对象或按住[Shift]键选择对象以应用角点或[半径(R)]:(选取L10直线,单击鼠标左键);

选择第一个对象或[放弃(U)/多段线(P)/半径(R)/修剪(T)/多个(M)]:(选取L7直线,单击鼠标左键);

选择第二个对象或按住[Shift]键选择对象以应用角点或[半径(R)]:(选取L10直线,单击鼠标左键);

选择第一个对象或[放弃(U)/多段线(P)/半径(R)/修剪(T)/多个(M)]:(按[Enter]键退出圆角命令)。

2.6.3　任务实施

根据任务注释里的知识点对任务2.6(图2.105)进行实施,对图幅和图层进行设置。

1.绘制直线段和倒角

1)在"中心线"图层单击"默认"选项卡,在"绘图"功能区选择"直线"(／)命令,按命令行提示操作。

图2.110　圆角命令示例

指定第一个点:(在绘图区任意位置拾取一点);

指定下一点或[放弃(U)]:[单击状态栏上的"正交"(⌐)按钮,向右移动光标确定直线前进方向,输入"80",按[Enter]键];

(按[Enter]键,重复直线命令);

指定第一个点:(在已绘制的线段上方任意位置拾取一点);

指定下一点或[放弃(U)]:(向下移动光标确定直线前进方向,输入"120",按[Enter]键)。

两条线段的交点即为任务2.6(图2.105)的A点。

2)单击"默认"选项卡,在"修改"功能区选择"偏移"(⊂)命令,按命令行提示操作。

指定偏移距离或[通过(T)/删除(E)/图层(L)]<0.0000>:(输入"54",按[Enter]键);

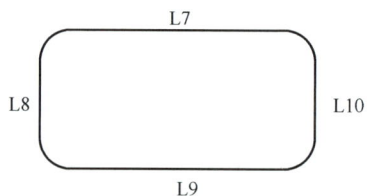

选择要偏移的对象或[退出(E)/放弃(U)]<退出>:(拾取水平直线,单击鼠标左键);

指定要偏移的那一侧上的点或[退出(E)/多个(M)/放弃(U)]<退出>:(光标向上移动,单击鼠标左键);

选择要偏移的对象或[退出(E)/放弃(U)]<退出>:(按[Esc]键退出);

(按[Enter]键,重复偏移命令);

指定偏移距离或[通过(T)/删除(E)/图层(L)]<54.0000>:(输入"23",按[Enter]键);

选择要偏移的对象或[退出(E)/放弃(U)]<退出>:(拾取L11直线,单击鼠标左键);

指定要偏移的那一侧上的点或[退出(E)/多个(M)/放弃(U)]<退出>:(光标向上移动,单击鼠标左键);

选择要偏移的对象或[退出(E)/放弃(U)]<退出>:(按[Esc]键退出);

(按[Enter]键,重复偏移命令);

指定偏移距离或[通过(T)/删除(E)/图层(L)]<23.0000>:(输入"7",按[Enter]键);

选择要偏移的对象或[退出(E)/放弃(U)]<退出>:(拾取垂直直线,单击鼠标左键);

指定要偏移的那一侧上的点或[退出(E)/多个(M)/放弃(U)]<退出>:(光标向左移动,单击鼠标左键);

选择要偏移的对象或[退出(E)/放弃(U)]<退出>:(拾取垂直线段,单击鼠标左键);

指定要偏移的那一侧上的点或[退出(E)/多个(M)/放弃(U)]<退出>:(光标向右移动,单击鼠标左键);

选择要偏移的对象或[退出(E)/放弃(U)]<退出>:(按[Esc]键退出);

(按[Enter]键,重复偏移命令);

指定偏移距离或[通过(T)/删除(E)/图层(L)]<7.0000>:(输入"9",按[Enter]键);

选择要偏移的对象或[退出(E)/放弃(U)]<退出>:(拾取竖直线段,单击鼠标左键);

指定要偏移的那一侧上的点或[退出(E)/多个(M)/放弃(U)]<退出>:(光标向左移动,单击鼠标左键);

选择要偏移的对象或[退出(E)/放弃(U)]<退出>:(拾取竖直线段,单击鼠标左键);

指定要偏移的那一侧上的点或[退出(E)/多个(M)/放弃(U)]<退出>:(光标向右移动,单击鼠标左键);

选择要偏移的对象或[退出(E)/放弃(U)]<退出>:(按[Esc]键退出)。

选中L11、L12、L13、L14、L15、L16直线放到主图层上。按照上述步骤绘制的图形如图2.111所示。

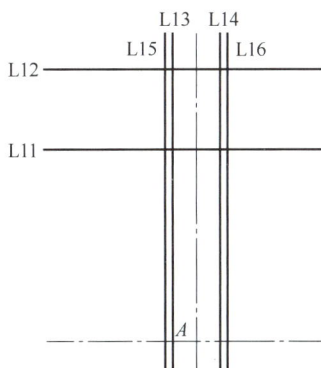

图2.111 执行偏移命令后的图形

3)单击"默认"选项卡,在"修改"功能区选择"倒角"(⌐)命令,按命令行提示操作。

选择第一条直线或[放弃(U)/多段线(P)/距离(D)/角度(A)/修剪(T)/方式(E)/多个(M)]:(输入"T",按[Enter]键);

输入修剪模式选项[修剪(T)/不修剪(N)]<修剪>:(输入"T",按[Enter]键);

选择第一条直线或[放弃(U)/多段线(P)/距离(D)/角度(A)/修剪(T)/方式(E)/多个(M)]:(输入"D",按[Enter]键);

指定第一个倒角距离<0.0000>:(输入"2",按[Enter]键);

指定第二个倒角距离<0.0000>:(输入"2",按[Enter]键);

选择第一条直线或[放弃(U)/多段线(P)/距离(D)/角度(A)/修剪(T)/方式(E)/多个(M)]:(输入"M",按[Enter]键);

选择第一条直线或[放弃(U)/多段线(P)/距离(D)/角度(A)/修剪(T)/方式(E)/多个(M)]:(选取 L12 直线,按[Enter]键);

选择第二条直线或按住[Shift]键选择直线以应用角点或[距离(D)/角度(A)/方法(M)]:(选取 L13 直线,按[Enter]键);

选择第一条直线或[放弃(U)/多段线(P)/距离(D)/角度(A)/修剪(T)/方式(E)/多个(M)]:(选取 L12 直线,按[Enter]键);

选择第二条直线或按住[Shift]键选择直线以应用角点或[距离(D)/角度(A)/方法(M)]:(选取 L14 直线,按[Enter]键);

选择第一条直线或[放弃(U)/多段线(P)/距离(D)/角度(A)/修剪(T)/方式(E)/多个(M)]:(按[Esc]键,取消倒角命令)。

注:在使用倒角命令选取直线时,注意单击直线的位置。

单击"默认"选项卡,在"绘图"功能区选择"直线"(／)命令,按命令行提示操作。

指定第一个点:[打开状态栏上"对象捕捉"(□ ▼)并勾选"端点"(✓ ／ **端点**),拾取左边倒角点,单击鼠标左键];

指定下一点或[放弃(U)]:(拾取右边倒角点,单击鼠标左键,按[Enter]键)。

按照上述步骤绘制的图形如图 2.112 所示。

4)单击"默认"选项卡,在"修改"功能区选择"修剪"(✂)命令,修剪后的图形如图 2.113 所示。

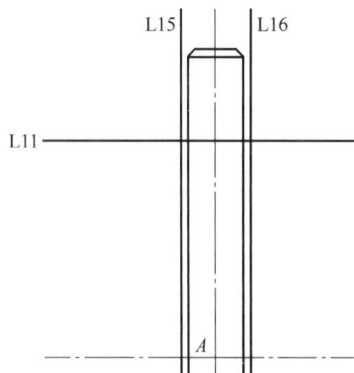

图 2.112　执行倒角命令后的图形

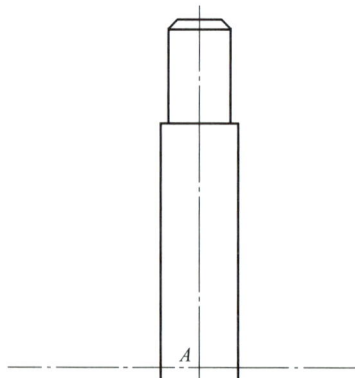

图 2.113　修剪后的图形

2. 确定 $\phi24$、$R29$、$R14$、$R24$ 的圆心位置

(1)确定 $\phi24$ 的圆心位置

$\phi24$ 的圆心为如图 2.113 所示的 A 点。

（2）确定 $R29$ 的圆心位置

单击"默认"选项卡，在"修改"功能区选择"偏移"（⊂）命令，按命令行提示操作。

> 指定偏移距离或[通过(T)/删除(E)/图层(L)]<通过>:（输入"5"，按[Enter]键）；
> 选择要偏移的对象或[退出(E)/放弃(U)]<退出>:（选取竖直直线，单击鼠标左键）；
> 指定要偏移的那一侧上的点或[退出(E)/多个(M)/放弃(U)]<退出>:（光标向右移动，单击鼠标左键）；
> 选择要偏移的对象或[退出(E)/放弃(U)]<退出>:（按[Esc]键退出）。

如图 2.114 所示，偏移后的竖直直线与水平直线相交于 B 点，即为 $R29$ 的圆心。

（3）确定 $R14$ 的圆心位置

如图 2.105 所示，$R14$ 和 $R29$ 的两个圆外切，所以 $R14$ 的圆心位置和 $R29$ 的圆心位置距离为 $14+29=43$。

单击"默认"选项卡，在"修改"功能区选择"偏移"（⊂）命令，按命令行提示操作。

> 指定偏移距离或[通过(T)/删除(E)/图层(L)]<5.0000>:（输入"43"，按[Enter]键）；
> 选择要偏移的对象或[退出(E)/放弃(U)]<退出>:（选取过 B 点的竖直直线，单击鼠标左键）；
> 指定要偏移的那一侧上的点或[退出(E)/多个(M)/放弃(U)]<退出>:（光标向左移动，单击鼠标左键）；
> 选择要偏移的对象或[退出(E)/放弃(U)]<退出>:（按[Esc]键退出）。

如图 2.114 所示，偏移后的直线与水平直线相交于 C 点，即为 $R14$ 的圆心。

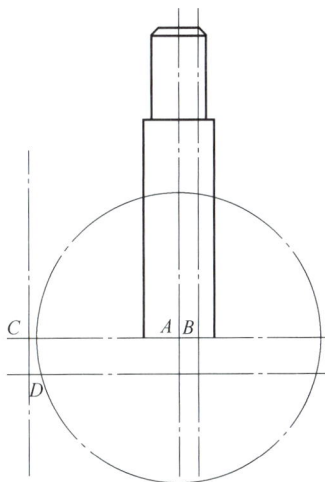

图 2.114　$\phi24$、$R29$、$R14$、$R24$ 的圆心位置

（4）确定 $R24$ 的圆心位置

如图 2.105 所示，$R24$ 和 $\phi24$ 的两个圆外切，所以 $R24$ 的圆心位置和 $\phi24$ 的圆心位置距离为 $24+12=36$。

单击"默认"选项卡，在"修改"功能区选择"偏移"（⊂）命令，按命令行提示操作。

> 指定偏移距离或[通过(T)/删除(E)/图层(L)]<43.0000>:（输入"9"，按[Enter]键）；
> 选择要偏移的对象或[退出(E)/放弃(U)]<退出>:（选取水平直线，单击鼠标左键）；
> 指定要偏移的那一侧上的点或[退出(E)/多个(M)/放弃(U)]<退出>:（光标向下移动，单击鼠标左键）；

选择要偏移的对象或［退出(E)/放弃(U)］＜退出＞:(按［Esc］键退出)。

单击"默认"选项卡,在"绘图"功能区选择"圆"(⌒)命令,按命令行提示操作。

指定圆的圆心或［三点(3P)/两点(2P)/切点、切点、半径(T)］:(拾取 A 点);
指定圆的半径或［直径(D)］:(输入"36",按［Enter］键)。

如图 2.114 所示,偏移后的水平直线与 R36 的圆相交于 D 点,即为 R24 的圆心。

3. 绘制 $\phi24$、R29、R14、R24 的圆

单击"默认"选项卡,在"绘图"功能区选择"圆"(⌒)命令,按命令行提示操作。

指定圆的圆心或［三点(3P)/两点(2P)/切点、切点、半径(T)］:[打开状态栏上"对象捕捉"(□▾)并勾选"交点"(✔ ╳ 交点),拾取交点 A,单击鼠标左键];
指定圆的半径或［直径(D)］＜0.0000＞:(输入"12",按［Enter］键);
指定圆的圆心或［三点(3P)/两点(2P)/切点、切点、半径(T)］:(拾取交点 B,单击鼠标左键);
指定圆的半径或［直径(D)］＜12.0000＞:(输入"29",按［Enter］键);
指定圆的圆心或［三点(3P)/两点(2P)/切点、切点、半径(T)］:(拾取交点 C,单击鼠标左键);
指定圆的半径或［直径(D)］＜29.0000＞:(输入"14",按［Enter］键);
指定圆的圆心或［三点(3P)/两点(2P)/切点、切点、半径(T)］:(拾取交点 D,单击鼠标左键);
指定圆的半径或［直径(D)］＜14.0000＞:(输入"24",按［Enter］键)。

按照上述步骤完成 4 个圆的绘制,如图 2.115 所示。

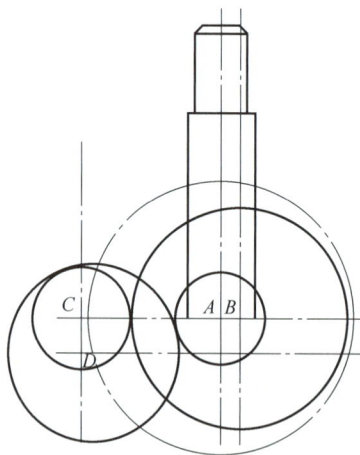

图 2.115　执行圆命令后的图形

4. 绘制 R2、R24 和 R36 的圆角

单击"默认"选项卡,在"修改"功能区选择"圆角"(⌒)命令,按命令行提示操作。

选择第一个对象或［放弃(U)/多段线(P)/半径(R)/修剪(T)/多个(M)］:(输入"T",按［Enter］键);
输入修剪模式选项［修剪(T)/不修剪(N)］＜修剪＞:(输入"T",按［Enter］键);

选择第一个对象或[放弃(U)/多段线(P)/半径(R)/修剪(T)/多个(M)]:(输入"R",按[Enter]键);

指定圆角半径<5.0000>:(输入"2",按[Enter]键);

选择第一个对象或[放弃(U)/多段线(P)/半径(R)/修剪(T)/多个(M)]:(单击鼠标左键,选取 R14 的圆);

选择第二个对象或按住[Shift]键选择对象以应用角点或[半径(R)]:(单击鼠标左键,选取 R24 的圆);

(按[Enter]键,重复圆角命令);

选择第一个对象或[放弃(U)/多段线(P)/半径(R)/修剪(T)/多个(M)]:(输入"R",按[Enter]键);

指定圆角半径<2.0000>:(输入"24",按[Enter]键);

选择第一个对象或[放弃(U)/多段线(P)/半径(R)/修剪(T)/多个(M)]:(单击鼠标左键,选取最右边竖直直线);

选择第二个对象或按住[Shift]键选择对象以应用角点或[半径(R)]:(单击鼠标左键,选取 R29 的圆);

(按[Enter]键,重复圆角命令);

选择第一个对象或[放弃(U)/多段线(P)/半径(R)/修剪(T)/多个(M)]:(输入"R",按[Enter]键);

指定圆角半径<24.0000>:(输入"36",按[Enter]键);

选择第一个对象或[放弃(U)/多段线(P)/半径(R)/修剪(T)/多个(M)]:(单击鼠标左键,选取最左边竖直直线)。

选择第二个对象或按住[Shift]键选择对象以应用角点或[半径(R)]:(单击鼠标左键,选取 Φ24 的圆)。

按照上述步骤完成三个圆角的绘制,如图 2.116 所示。

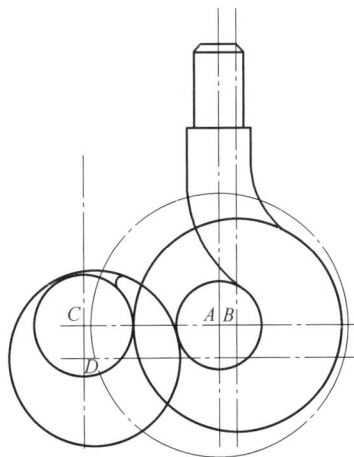

图 2.116　执行圆角命令后的图形

利用修剪和删除命令删除多余的线条,完成任务 2.6（图 2.109）吊钩的绘制。

2.6.4　拓展练习

绘制图 2.117 所示的平面图形。

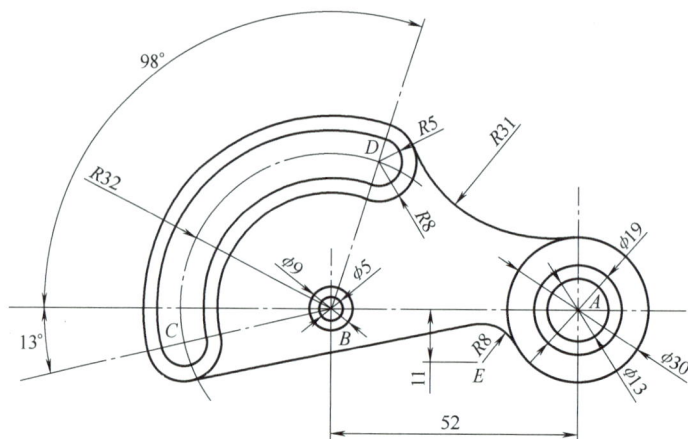

a) 课后练习题1

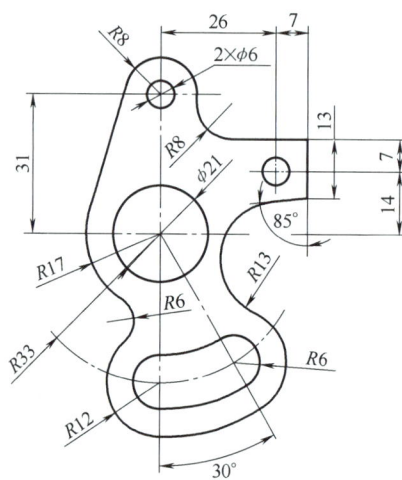

b) 课后练习题2

图 2.117　课后练习题

任务 2.7　绘制螺丝刀柄——学习镜像、复制、缩放命令

本任务将以绘制图 2.118 所示的螺丝刀柄图形为例，讲解镜像、复制、缩放命令的使用技巧与方法。

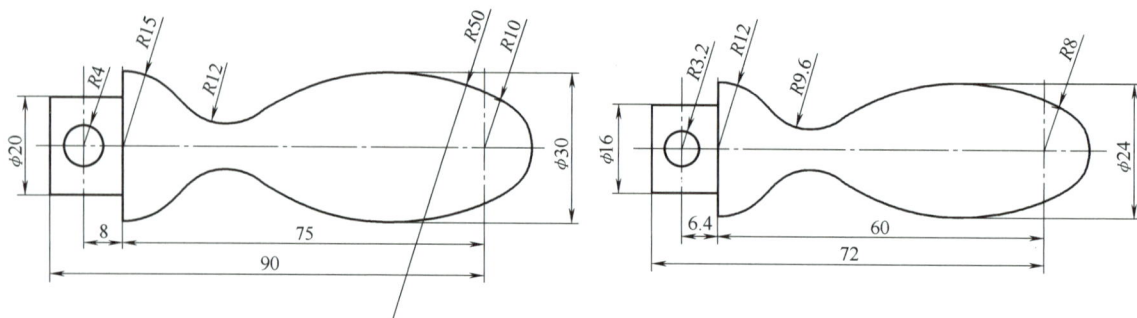

a) 螺丝刀柄1

b) 螺丝刀柄2

图 2.118　螺丝刀柄

2.7.1 任务分解

1）如图 2.118 所示，螺丝刀柄是轴对称的，需要使用"镜像"命令进行绘制。

2）如图 2.118 所示，螺丝刀柄 2 由螺丝刀柄 1 等比例缩小至 80% 得到，需要使用"复制"和"缩放"命令进行绘制。

2.7.2 任务注释

1. 镜像命令

镜像命令用于将选择的图形以镜像线对称复制。

（1）输入命令

输入命令可以采用下列方法之一。

菜单栏：单击"修改"菜单，选择"镜像"（△）命令。

工具栏：单击"修改"工具栏，选择"镜像"（△）命令。

功能区：单击"默认"选项卡，在"修改"功能区选择"镜像"（△）命令。

命令行：用键盘输入"MIRROR"。

（2）操作格式

以图 2.119 所示的图形为例，执行上面命令之一，命令行提示如下：

> 选择对象：（拾取要镜像的线条，按[Enter]键）；
> 指定镜像线的第一点：（拾取点 A）；
> 指定镜像线的第二点：（拾取点 B）；
> 要删除源对象吗？[是(Y)/否(N)]<否>:（系统默认"N"，按[Enter]键）。

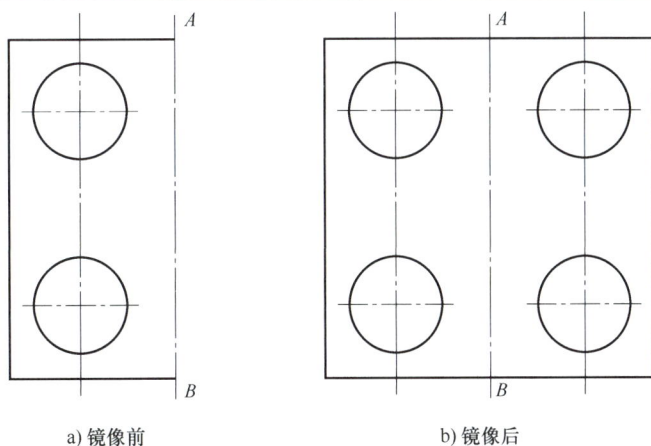

a) 镜像前   b) 镜像后

图 2.119 镜像示例

2. 复制命令

复制命令用于复制单个或多个相同对象。

（1）输入命令

输入命令可以采用下列方法之一。

菜单栏：单击"修改"菜单，选择"复制"（　）命令。

工具栏：单击"修改"工具栏，选择"复制"（　）命令。

功能区：单击"默认"选项卡，在"修改"功能区选择"复制"（　）命令。

命令行：用键盘输入"COPY"。

（2）操作格式

在AutoCAD 2024中，系统提供了指定距离和指定位置两种复制方式。

① 指定距离。以图2.120所示的图形为例执行复制命令，命令行提示如下：

> 选择对象：（选取圆，按［Enter］键）。
>
> 指定基点或［位移(D)/模式(O)］＜位移＞：（按［Enter］键）。
>
> 指定位移＜0.0000,0.0000,0.0000＞：（输入"30,30,30"，按［Enter］键）。

② 指定位置。以图2.121所示的图形为例执行复制命令，系统提示如下：

> 选择对象：（选取圆，按［Enter］键）；
>
> 指定基点或［位移(D)/模式(O)］＜位移＞：［打开状态栏上"对象捕捉"（□▾）并勾选"圆心"（✔ ◎ 圆心），拾取圆心E］；
>
> 指定第二个点或［阵列(A)］＜使用第一个点作为位移＞：（选取F点）；
>
> 指定第二个点或［阵列(A)/退出(E)/放弃(U)］＜退出＞：（选取G点）；
>
> 指定第二个点或［阵列(A)/退出(E)/放弃(U)］＜退出＞：（选取H点）；
>
> 指定第二个点或［阵列(A)/退出(E)/放弃(U)］＜退出＞：（按［Esc］键退出）。

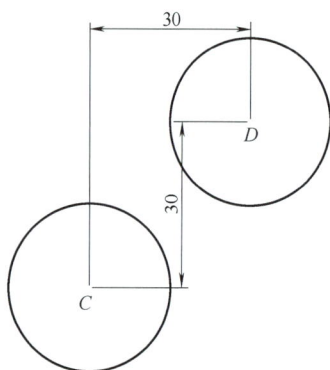

图 2.120　指定距离复制示例　　　　　图 2.121　指定位置复制示例

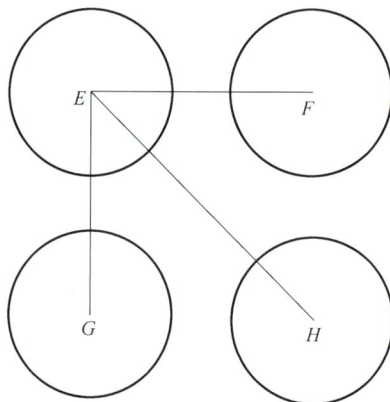

注：如果不需要对图形对象进行水平方向或垂直方向的复制，则需要关闭状态栏里的正交开关。

3. 缩放命令

缩放命令用于将对象进行等比例放大或缩小，使用此命令可以创建形状相同、大小不同的图形结构。

（1）输入命令

输入命令可以采用下列方法之一。

菜单栏：单击"修改"菜单，选择"缩放"（□）命令。

工具栏：单击"修改"工具栏，选择"缩放"（□）命令。

功能区：单击"默认"选项卡，在"修改"功能区选择"缩放"（□）命令。

命令行：用键盘输入"SCALE"。

（2）操作格式

在AutoCAD 2024中，系统提供了按比例因子缩放和按参照对象缩放两种缩放方式。

① 按比例因子缩放。以图2.122所示的图形为例执行缩放命令，命令行提示如下：

选择对象:(选择要缩放的图形,如图 2.122a 所示);

指定基点:(选择基点 P);

指定比例因子或[复制(C)/参照(R)]:(输入"2",按[Enter]键)。

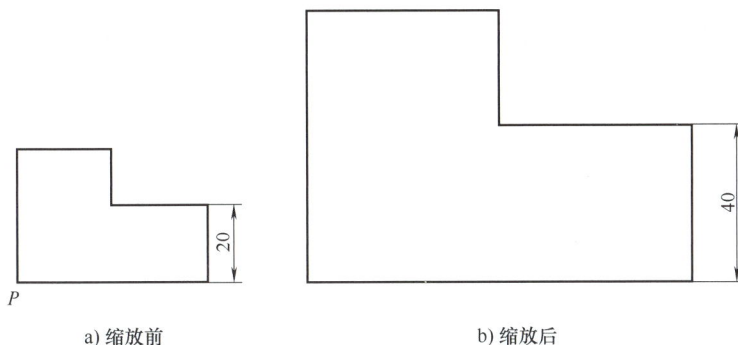

a) 缩放前   b) 缩放后

图 2.122 缩放示例

注:比例因子即为缩放倍数。当比例因子小于 1 时,缩小对象;当比例因子大于 1 时,放大对象。当选择"C"时,缩放时保留源对象。

② 按参照对象缩放。同样以如图 2.122 所示的图形为例,执行缩放令,命令行提示如下:

选择对象:(选择要缩放的图形,如图 2.122a 所示);

指定基点:(选择基点 P);

指定比例因子或[复制(C)/参照(R)]:(输入"R",按[Enter]键);

指定参照长度<1.0000>:(输入"20",源对象中任意一个已知长度,按[Enter]键);

指定新的长度或[点(P)]<1.0000>:(输入"40",输入缩放后该尺寸的大小"40")。

2.7.3 任务实施

根据任务注释里的知识点对任务 2.7(图 2.118)进行实施,对图幅和图层进行设置。

1. 确定 $R4$、$R15$、$R10$ 圆的圆心位置

1)在"中心线"图层单击"默认"选项卡,在"绘图"功能区选择"直线"(╱)命令,按命令行提示操作。

指定第一个点:(在绘图区任意位置拾取一点);

指定下一点或[放弃(U)]:[单击状态栏上的"正交"(┗)按钮,向右移动光标确定直线前进方向,输入"100",按[Enter]键];

(按[Enter]键,重复直线命令);

指定第一个点:(在已绘制的直线右边上方任意位置拾取一点);

指定下一点或[放弃(U)]:(向下移动光标确定直线前进方向,输入"50",按[Enter]键)。

2)单击"默认"选项卡,在"修改"功能区选择"偏移"(◫)命令,按命令行提示操作。

指定偏移距离或[通过(T)/删除(E)/图层(L)]<0.0000>:(输入"75",按[Enter]键);

选择要偏移的对象或[退出(E)/放弃(U)]<退出>:(拾取竖直直线,单击鼠标左键);

指定要偏移的那一侧上的点或[退出(E)/多个(M)/放弃(U)]<退出>:(光标向左移动,单击鼠标左键);

选择要偏移的对象或［退出（E）/放弃（U）］＜退出＞:（按［Enter］键）；

（按［Enter］键，重复偏移命令）；

指定偏移距离或［通过（T）/删除（E）/图层（L）］＜75.0000＞:（输入"8"，按［Enter］键）；

选择要偏移的对象或［退出（E）/放弃（U）］＜退出＞:（拾取左边竖直线段，单击鼠标左键）；

指定要偏移的那一侧上的点或［退出（E）/多个（M）/放弃（U）］＜退出＞:（光标向左移动，单击鼠标左键）；

选择要偏移的对象或［退出（E）/放弃（U）］＜退出＞:（按［Esc］键）。

按照上述步骤，水平直线与三条竖直直线相交的点即为 $R4$、$R15$、$R10$ 圆的圆心，如图 2.123 所示。

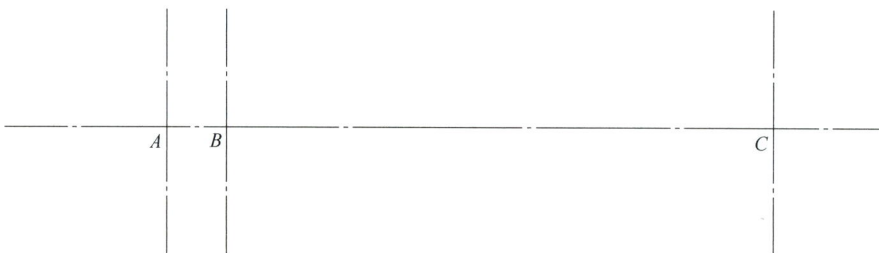

图 2.123　$R4$、$R15$、$R10$ 圆的圆心位置

2. 绘制 $R4$、$R15$、$R10$ 的圆

1）在主图层单击"默认"选项卡，在"绘图"功能区选择"圆"（ ⊙ ）命令，按命令行提示操作。

指定圆的圆心或［三点（3P）/两点（2P）/切点、切点、半径（T）］:[打开状态栏上"对象捕捉"（ □ ▾）并勾选"交点"（ ✓ ✕ **交点** ），拾取第一个交点，单击鼠标左键]；

指定圆的半径或［直径（D）］＜0.0000＞:（输入"4"，按［Enter］键）；

（按［Enter］键，重复圆命令）；

指定圆的圆心或［三点（3P）/两点（2P）/切点、切点、半径（T）］:（拾取第二个交点，单击鼠标左键）；

指定圆的半径或［直径（D）］＜4.0000＞:（输入"15"，按［Enter］键）；

（按［Enter］键，重复圆命令）；

指定圆的圆心或［三点（3P）/两点（2P）/切点、切点、半径（T）］:（拾取第三个交点，单击鼠标左键）；

指定圆的半径或［直径（D）］＜15.0000＞:（输入"10"，按［Enter］键）。

2）单击"默认"选项卡，在"修改"功能区选择"偏移"（ ⊂ ）命令，按命令行提示操作。

指定偏移距离或［通过（T）/删除（E）/图层（L）］＜8.0000＞:（输入"15"，按［Enter］键）；

选择要偏移的对象或［退出（E）/放弃（U）］＜退出＞:（选取水平直线，单击鼠标左键）；

指定要偏移的那一侧上的点或［退出（E）/多个（M）/放弃（U）］＜退出＞:（光标向上移动，单击鼠标左键）；

选择要偏移的对象，或［退出（E）/放弃（U）］＜退出＞:（按［Esc］键，退出偏移命令）。

按照上述步骤绘制的图形如图 2.124 所示。

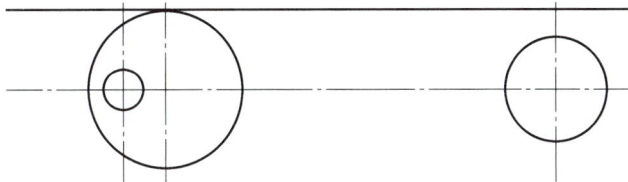

图 2.124　执行圆命令后的图形

3. 绘制连接圆弧

单击"默认"选项卡，在"绘图"功能区选择"圆"（⊙）命令，选择"相切、相切、半径"（◐）子命令，按命令行提示操作。

> 指定圆的圆心或［三点(3P)/两点(2P)/切点、切点、半径(T)］:_ttr;
>
> 指定对象与圆的第一个切点:［打开状态栏上"对象捕捉"（□ ▾）并勾选"切点"
> (✔️ ⟳ **切点**)，拾取上方水平直线的切点，单击鼠标左键］;
> 指定对象与圆的第二个切点:（拾取 R10 圆的切点，单击鼠标左键）;
> 指定圆的半径<0.0000>:（输入"50"，按［Enter］键）;
> （按［Enter］键，重复"相切、相切、半径"圆命令）;
> 指定圆的圆心或［三点(3P)/两点(2P)/切点、切点、半径(T)］:_ttr;
> 指定对象与圆的第一个切点:（拾取 R15 的圆的切点，单击鼠标左键）;
> 指定对象与圆的第二个切点:（拾取 R50 的圆的切点，单击鼠标左键）;
> 指定圆的半径<50.0000>:（输入"12"，按［Enter］键）。

通过修剪和删除命令，得到如图 2.125 所示的绘制图形。

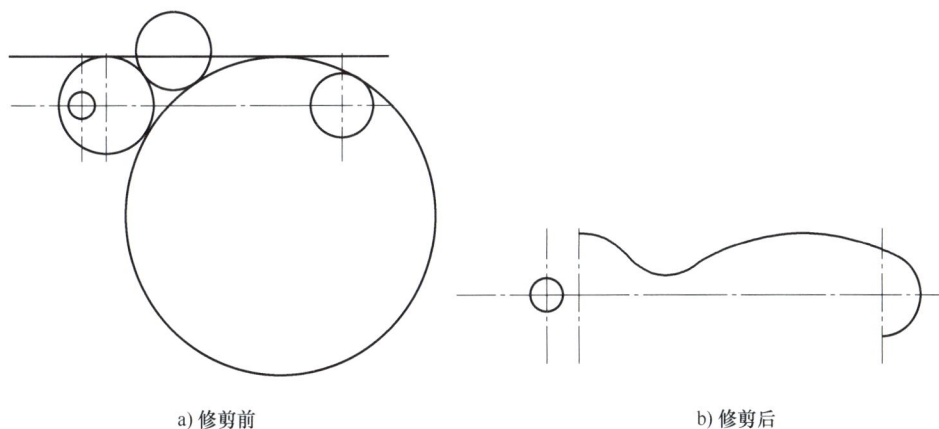

a) 修剪前　　　　　　　　　　　　　　　b) 修剪后

图 2.125　执行修剪命令后的图形

4. 绘制连接直线

1）单击"默认"选项卡，在"修改"功能区选择"偏移"（⊏）命令，按命令行提示操作。

> 指定偏移距离或［通过(T)/删除(E)/图层(L)］<15.0000>:（输入"10"，按［Enter］键）;
> 选择要偏移的对象或［退出(E)/放弃(U)］<退出>:（选取水平直线，单击鼠标左键）;
> 指定要偏移的那一侧上的点或［退出(E)/多个(M)/放弃(U)］<退出>:（光标向上移动，单击鼠标左键）;

选择要偏移的对象或[退出(E)/放弃(U)]<退出>:(按[Esc]键退出)。

2)单击"默认"选项卡,在"绘图"功能区选择"直线"（/）命令,按命令行提示操作。

指定第一个点:[打开状态栏上"对象捕捉"（□▾）并勾选"交点"（✓ ╳ 交点）,拾取交点 D,单击鼠标左键];

指定下一点或[放弃(U)]:[单击状态栏上的"正交"（╚）按钮,向下移动光标确定直线前进方向,输入"15",按[Enter]键];

指定下一点或[放弃(U)]:(按[Enter]键);

(按[Enter]键,重复直线命令);

指定第一个点:(拾取交点 F,单击鼠标左键);

指定下一点或[放弃(U)]:(向左移动光标确定直线前进方向,输入"15",按[Enter]键);

指定下一点或[放弃(U)]:(向下移动光标确定直线前进方向,输入"10",按[Enter]键);

指定下一点或[闭合(C)/放弃(U)]:(按[Enter]键)。

按照上述步骤绘制的图形如图2.126所示。

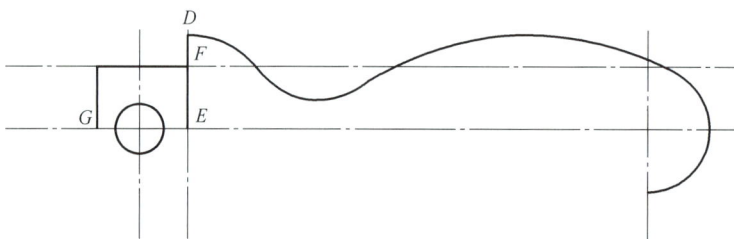

图2.126　直线命令后的图形

5. 螺丝刀柄的镜像

单击"默认"选项卡,在"修改"功能区选择"镜像"（△）命令,按命令行提示操作。

选择对象:(全选如图2.126所示主图层上所有图形,按[Enter]键);

指定镜像线的第一点:(拾取图2.126所示的 G 点,单击鼠标左键);

指定镜像线的第二点:(拾取图2.126所示的 E 点,单击鼠标左键);

要删除源对象吗?[是(Y)/否(N)]<否>:(按[Enter]键)。

至此,完成任务2.7（图2.118）螺丝刀柄的绘制。

6. 螺丝刀柄的缩放

单击"默认"选项卡,在"修改"功能区选择"缩放"（□）命令,按命令行提示操作。

选择对象:(选择要缩放的图形,如图2.118a所示);

指定基点:(选择左下角的点);

指定比例因子或[复制(C)/参照(R)]:(输入"0.8",按[Enter]键)。

2.7.4　拓展练习

绘制图2.127所示的图形。

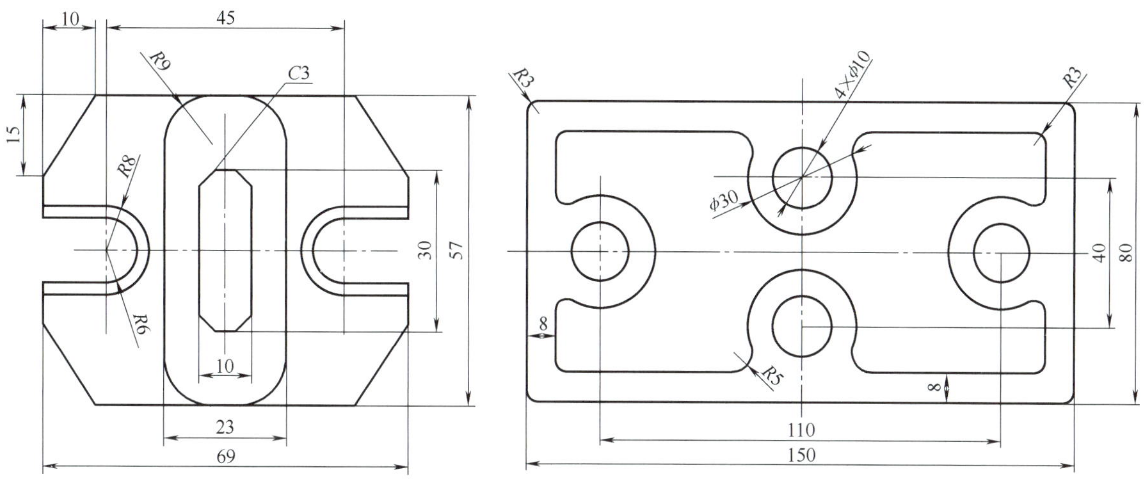

a)　　　　　　　　b)

图 2.127　课后练习题

任务 2.8　绘制角铁——学习面域命令

本任务将以绘制图 2.128 所示的角铁图形为例，讲解面域命令的使用技巧与方法。

2.8.1　任务分解

如图 2.128 所示，角铁的形状是由一个三角形，首先减去三个半圆形，然后再和三个圆形合并，这些与“面域”命令的“差集”和“并集”相关。

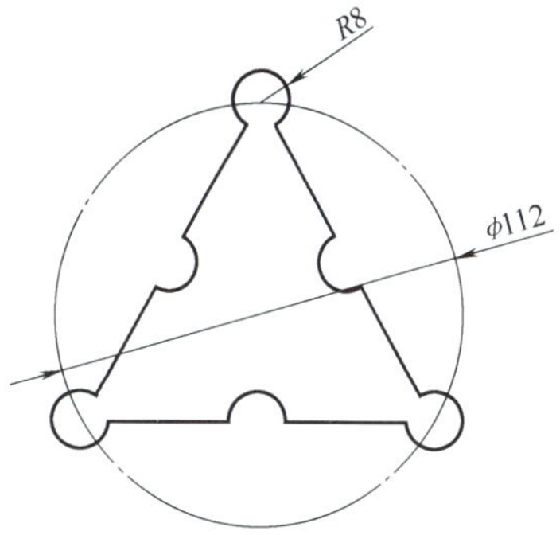

图 2.128　角铁

2.8.2　任务注释

1. 面域命令

面域是具有物理特性（例如，质心）的二维封闭区域。可以将现有面域合并到单个复杂面域。

在 AutoCAD 2024 中，系统提供了使用“面域”工具和使用“边界”工具创建面域两种方法。

（1）使用“面域”工具创建面域

① 输入命令。输入命令可以采用下列方法之一。

菜单栏：单击“绘图”菜单，选择“面域”（ ）命令。

工具栏：单击“绘图”工具栏，选择“面域”（ ）命令。

功能区：单击“默认”选项卡，在“绘图”功能区选择“面域”（ ）命令。

命令行：用键盘输入“REGION”。

② 操作格式。执行上面命令之一，命令行提示如下：

选择对象：(选取 1 个或多个用于转换成面域的封闭图形，按[Enter]键)。

（2）使用“边界”工具创建面域

① 输入命令。输入命令可以采用下列方法之一。

菜单栏：单击"绘图"菜单，选择"边界"（▯）命令。

工具栏：单击"绘图"工具栏，选择"边界"（▯）命令。

功能区：单击"默认"选项卡，在"绘图"功能区选择"图案填充"（▨）→"边界"（▯）命令。

命令行：用键盘输入"BOUNDRAY"。

② 操作格式。执行上面命令之一，系统弹出"边界创建"对话框，如图 2.129 所示。

在"对象类型"下拉列表中，选择"面域"；单击"拾取点"按钮，选择封闭的线框；单击"确定"按钮，完成面域的创建。

注："面域"的创建，选取的一定是封闭的图形，若选取图 2.130 所示的不封闭图形，则面域创建不成功。图 2.131 所示为面域创建不成功的提示。

图 2.129 "边界创建"对话框

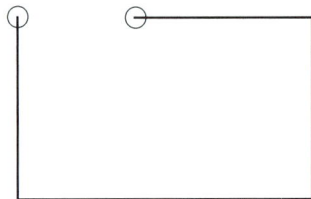

图 2.130 不封闭的图形

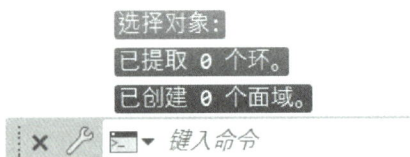

a) 使用"面域"工具创建

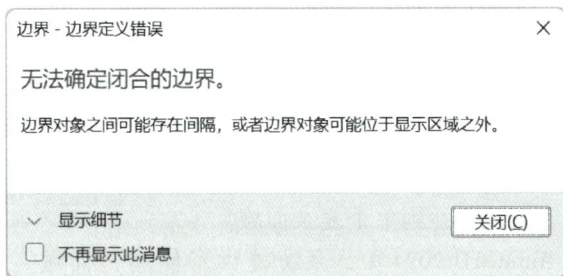

b) 使用"边界"工具创建

图 2.131 选择不封闭图形创建面域

2. 面域的布尔运算

面域的布尔运算包括并集、交集和差集。

（1）并集

利用"并集"工具可以合并两个或两个以上的面域。以图 2.132 所示图形为例，单击"修改"菜单，在"实体编辑"功能区选择"并集"（▨）命令，命令行提示如下：

选择对象：（选取所有的圆，按［Enter］键）。

（2）交集

利用"交集"工具可以获得两个或两个以上面域之间的公共部分。如果没有公共部分，整

a) 并集运算前　　　　　　　　b) 并集运算后

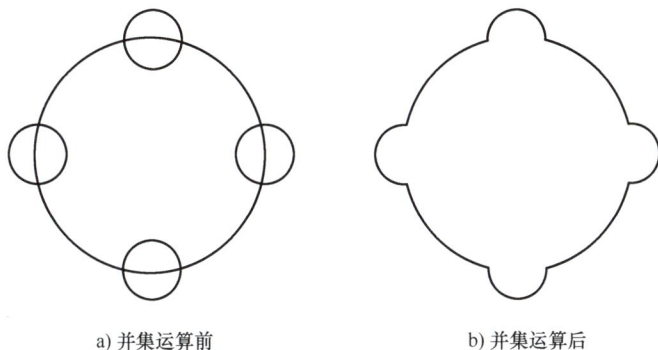

图 2.132　面域并集运算

个面域全部清除。以图 2.133 所示图形为例，单击"修改"菜单，在"实体编辑"功能区选择"交集"（▧）命令，命令行提示如下：

　　选择对象：（选取所有的圆，按［Enter］键）。

（3）差集

利用"差集"工具可以将一个面域从另一个面域中去除。以图 2.134 所示图形为例，单击"修改"菜单，在"实体编辑"功能区选择"差集"（▧）命令，命令行提示如下：

　　选择对象：（选取去除的面域——大圆，按［Enter］键）；
　　选择要减去的实体、曲面和面域……
　　选择对象：（依次选取 4 个小圆，按［Enter］键）；

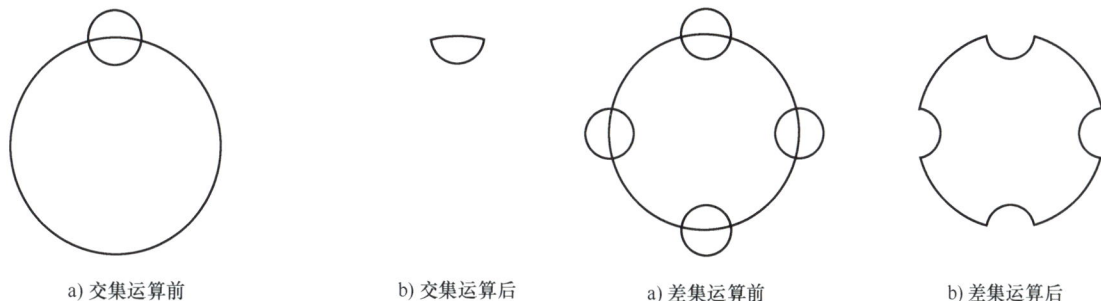

a) 交集运算前　　　　　b) 交集运算后

图 2.133　面域交集运算

a) 差集运算前　　　　　b) 差集运算后

图 2.134　面域差集运算

2.8.3　任务实施

根据任务注释里的知识点对任务 2.8（图 2.128）进行实施，对图幅和图层进行设置。

1. 绘制三角形

单击"默认"选项卡，在"绘图"功能区选择"正多边形"（⬠）命令，按命令行提示操作。

　　"_polygon"输入边的数目<4>：（输入"3"，按［Enter］键）；
　　指定正多边形的中心或［边（E）］：（在绘图区任意选取一点）；
　　输入选项［内接于圆（I）/外切于圆（C）］<I>：（默认为内接于圆方式，按［Enter］键）；
　　指定圆的半径：［打开状态栏上的"正交"（⌐）按钮，输入"56"，按［Enter］键］。

2. 绘制圆

1）单击"默认"选项卡，在"绘图"功能区选择"圆"（⊙）命令，选择"圆心，半径"子命令，按命令行提示操作。

> 指定圆的圆心或[三点(3P)两点(2P)相切、相切、半径(T)]：[打开状态栏上"对象捕捉"（□ ▾）并勾选"端点"（✔ ◢ **端点**），拾取三角形的一个顶点，单击鼠标左键]；
>
> 指定圆的半径或[直径(D)]：（输入"8"，按[Enter]键）。

2）单击"默认"选项卡，在"修改"功能区选择"复制"（⬚）命令，按命令行提示操作。

> 选择对象：（选取圆，按[Enter]键）；
> 指定基点或[位移(D)/模式(O)]<位移>：（选取圆心）；
> 指定第二个点或[阵列(A)]<使用第一个点作为位移>：（选取三角形的另一个顶点）；
> 指定第二个点或[阵列(A)/退出(E)/放弃(U)]<退出>：（选取三角形的第三个顶点）；
> 指定第二个点或[阵列(A)/退出(E)/放弃(U)]<退出>：[打开状态栏上"对象捕捉"（□ ▾）并勾选"中点"（✔ ◢ **中点**），选取三角形一边的中点]；
> 指定第二个点或[阵列(A)/退出(E)/放弃(U)]<退出>：（选取三角形另一边的中点）；
> 指定第二个点或[阵列(A)/退出(E)/放弃(U)]<退出>：（选取三角形第三条边的中点）；
> 指定第二个点或[阵列(A)/退出(E)/放弃(U)]<退出>：（按[Esc]键退出）。

按照上述步骤绘制的图形如图2.135所示。

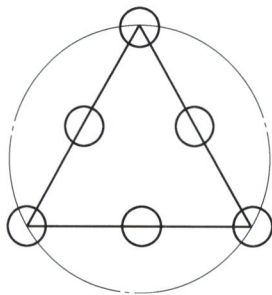

图2.135　绘制圆

3. 创建面域

单击"默认"选项卡，在"绘图"功能区选择"面域"（⬚）命令，按命令行提示操作。

> 选择对象：（选取三角形和6个圆形，按[Enter]键）。

系统提示已创建7个面域。

4. 面域的布尔运算

1）单击"修改"菜单，在"实体编辑"功能区选择"并集"（⬚）命令，按命令行提示操作。

> 选择对象：（选取三角形和以三角形顶点为圆心的3个圆，按[Enter]键）。

2）单击"修改"菜单，在"实体编辑"功能区选择"差集"（⬚）命令，按命令行提示操作。

选择对象:(选取三角形,按[Enter]键);

选择对象:(选取以三角形各边中点为圆心的 3 个圆,按[Enter]键)。

按照上述步骤完成任务 2.8（图 2.136）角铁的绘制。

2.8.4　拓展练习

完成图 2.137 所示图形的绘制。

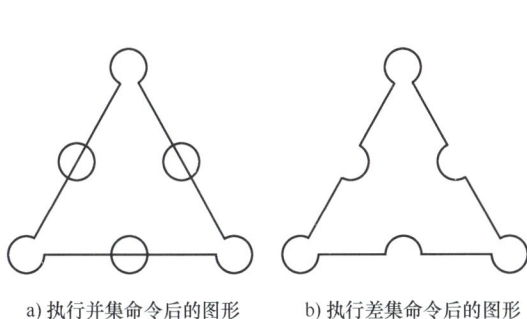

a) 执行并集命令后的图形　　　b) 执行差集命令后的图形

图 2.136　执行面域布尔运算后的图形

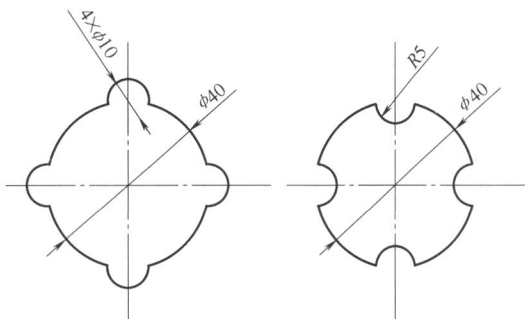

图 2.137　课后练习题

任务2.9　绘制摇杆——学习圆弧、拉伸命令

本任务将以绘制图 2.138 所示的摇杆图形为例，讲解圆弧和拉伸命令的使用技巧与方法。

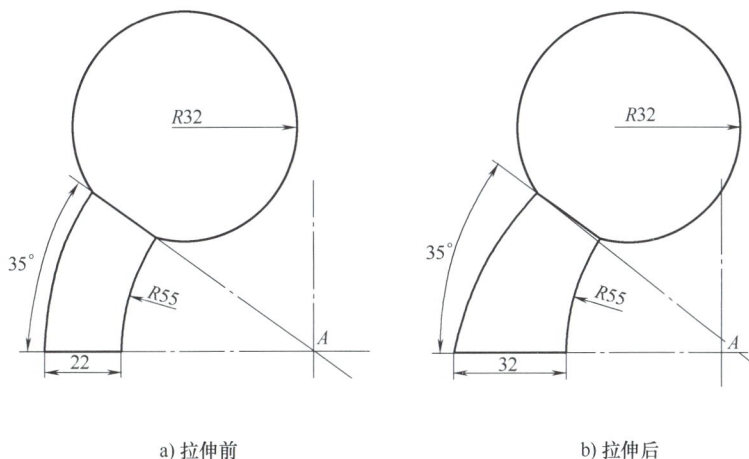

a) 拉伸前　　　　　　　　　　　b) 拉伸后

图 2.138　摇杆

2.9.1　任务分解

1）如图 2.138a 所示，$R55$ 的圆弧为已知圆心的圆，可以使用"圆"命令进行绘制。与 $R55$ 的圆弧距离 22 的圆弧，可以使用"偏移"命令进行绘制。

2）如图 2.138a 所示，$R32$ 的圆弧已知其上两点和半径，需要使用"起点、端点、半径"圆弧命令进行绘制。

3）图 2.138b 所示的图形在图 2.138a 所示图形的基础上向右拉伸了 10 的距离，需要使用"拉伸"命令进行绘制。

2.9.2 任务注释

1. 圆弧命令

通过指定圆心、端点、起点、半径、角度、弦长和方向值的各种组合，可以创建圆弧。在 AutoCAD 2024 中，系统提供了 11 种绘制圆弧的方式，如图 2.139 所示。

（1）三点方式

三点方式指通过指定三点绘制圆弧。

① 输入命令。输入命令可以采用下列方法之一。

菜单栏：单击"绘图"菜单，选择"圆弧"→"三点"（ ⌒ ）命令。

工具栏：单击"绘图"工具栏，选择"圆弧"→"三点"（ ⌒ ）命令。

功能区：单击"默认"选项卡，在"绘图"功能区选择"圆弧"→"三点"（ ⌒ ）命令。

命令行：用键盘输入"ARC"。

② 操作格式。以图 2.140 所示图形为例，执行上述命令之一，命令行提示如下：

> 指定圆弧的起点或[圆心(C)]:(拾取 A 点,单击鼠标左键);
> 指定圆弧的第二个点或[圆心(C)/端点(E)]:(拾取 B 点,单击鼠标左键);
> 指定圆弧的端点:(拾取 C 点,单击鼠标左键)。

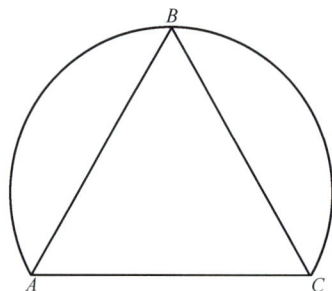

图 2.139 绘制圆弧的 11 种方式

图 2.140 "三点"方式绘制圆弧

（2）起点、圆心、端点和圆心、起点、端点方式

通过起点、圆心及用于确定端点的第三点绘制圆弧。使用不同的选项，可以先指定起点，也可以先指定圆心。如果先指定起点，则是"起点、圆心、端点"（ ⌒ ）方式；如果先指定圆心，则是"圆心、起点、端点"（ ⌒ ）方式。

以图 2.141 所示图形为例，单击"默认"选项卡，在"绘图"功能区选择"圆弧"→"起点、圆心、端点"（ ⌒ ）命令，命令行提示如下：

> 指定圆弧的起点或[圆心(C)]:(拾取 A 点,单击鼠标左键);
> 指定圆弧的第二个点或[圆心(C)/端点(E)]:_c;
> 指定圆弧的圆心:(拾取 B 点,单击鼠标左键);
> 指定圆弧的端点(按住[Ctrl]键以切换方向)或[角度(A)/弦长(L)]:指定圆弧的起点或[圆心(C)]:(拾取 C 点,单击鼠标左键)。

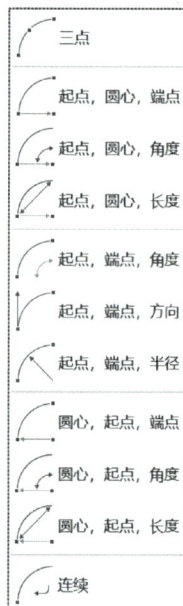

（3）起点、圆心、角度，圆心、起点、角度和起点、端点、角度方式

使用起点、圆心和夹角绘制圆弧。使用不同的选项，可以先指定起点，也可以先指定圆心。如果先指定起点，则是"起点、圆心、角度"（ ）方式；如果先指定圆心，则是"圆心、起点、角度"（ ）方式。如果已知两个端点但不能捕捉到圆心，可以使用"起点、端点、角度"（ ）方式。

以图2.142所示图形为例，单击"默认"选项卡，在"绘图"功能区选择"圆弧"→"起点、圆心、角度"（ ）命令，命令行提示如下：

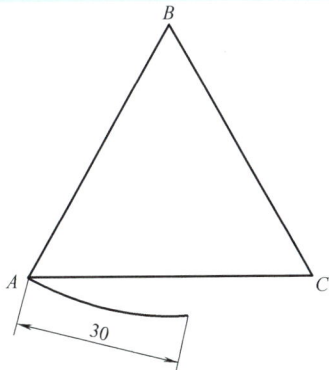

图2.141　"起点、圆心、端点"方式绘制圆弧

> 指定圆弧的起点或［圆心（C）］:（拾取A点，单击鼠标左键）；
> 指定圆弧的第二个点或［圆心（C）/端点（E）］:_c；
> 指定圆弧的圆心:（拾取B点，单击鼠标左键）；
> 指定圆弧的端点（按住［Ctrl］键以切换方向）或［角度（A）/弦长（L）］:_a；
> 指定夹角（按住［Ctrl］键以切换方向）:（输入"30"，按［Enter］键）。

注：默认状态下，角度方向设置为逆时针。如果输入正值，绘制的圆弧从起点绕圆心沿逆时针方向绘出；如果输入负值，则沿顺时针方向绘出。

（4）起点、圆心、长度和圆心、起点、长度方式

使用起点、圆心和弦长可绘制圆弧。使用不同的选项，可以先指定起点，也可以先指定圆心。如果先指定起点，则是"起点、圆心、长度"（ ）方式；如果先指定圆心，则是"圆心、起点、长度"（ ）方式。

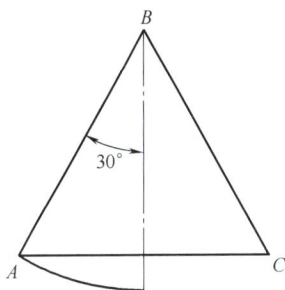

图2.142　"起点、圆心、角度"方式绘制圆弧

以图2.143所示图形为例，单击"默认"选项卡，在"绘图"功能区选择"圆弧"→"起点、圆心、长度"（ ）命令，命令行提示如下：

> 指定圆弧的起点或［圆心（C）］:（拾取A点，单击鼠标左键）；
> 指定圆弧的第二个点或［圆心（C）/端点（E）］:_c；
> 指定圆弧的圆心:（拾取B点，单击鼠标左键）；
> 指定圆弧的端点（按住［Ctrl］键以切换方向）或［角度（A）/弦长（L）］:_l；
> 指定弦长（按住［Ctrl］键以切换方向）:（输入"30"，按［Enter］键）。

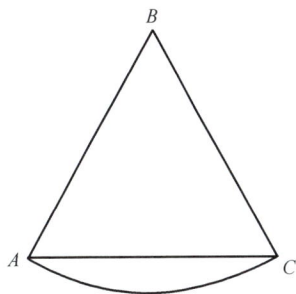

图2.143　"起点、圆心、长度"方式绘制圆弧

注：默认状态下，弦长如果输入正值，绘制的圆弧从起点绕圆心沿递时针方向绘出；如果输入负值，则沿顺时针方向绘出。

（5）起点、端点、半径方式

使用起点、端点和半径绘制圆弧。以图2.144所示图形为例，单击"默认"选项卡，在"绘图"功能区选择"圆弧"→"起点、端点、半径"（ ⌒ ）命令；命令行提示如下：

> 指定圆弧的起点或[圆心(C)]:(拾取 A 点,单击鼠标左键);
> 指定圆弧的第二个点或[圆心(C)/端点(E)]:_e;
> 指定圆弧的端点:(拾取 B 点,单击鼠标左键);
> 指定圆弧的中心点(按住[Ctrl]键以切换方向)或[角度(A)/方向(D)/半径(R)]:_r;
> 指定圆弧的半径(按住[Ctrl]键以切换方向):(输入"30",按[Enter]键)。

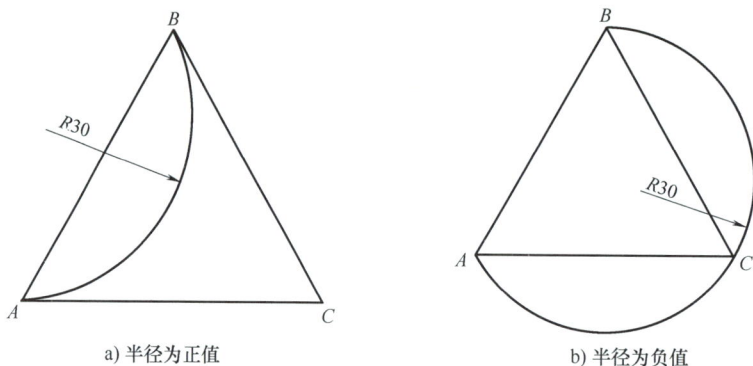

图 2.144 "起点、端点、半径"方式绘制圆弧

a) 半径为正值　　　　　b) 半径为负值

注：默认状态下，半径如果输入正值，则绘制的圆弧为小圆弧；如果输入负值，则绘制的圆弧为大圆弧。

2. 椭圆弧命令

椭圆弧命令是椭圆命令的一部分，和椭圆不同的是，它的起点和终点没有闭合。绘制椭圆弧时需要确定的参数有椭圆弧所在椭圆的两条轴及椭圆弧的起点和终点的角度。

（1）输入命令

输入命令可以采用下列方法之一。

菜单栏：单击"绘图"菜单，选择"椭圆"→"椭圆弧"（ ⌒ ）命令。

工具栏：单击"绘图"工具栏，选择"椭圆弧"（ ⌒ ）命令。

功能区：单击"默认"选项卡，在"绘图"功能区选择"椭圆"→"椭圆弧"（ ⌒ ）命令。

（2）操作格式

以图2.145所示图形为例，执行以上命令之一，命令行提示如下：

> 指定椭圆的轴端点或[圆弧(A)/中心点(C)]:_a;
> 指定椭圆弧的轴端点或[中心点(C)]:(输入"C",按[Enter]键);
> 指定椭圆弧的中心点:(拾取中心点 A,单击鼠标左键);
> 指定轴的端点:[单击状态栏上的"正交"（ ⌐ ）按钮,向右移动光标确定直线前进方向,输入"30",按[Enter]键];
> 指定另一条半轴长度或[旋转(R)]:(向上移动光标确定直线前进方向,输入"15",按[Enter]键);

指定起点角度或[参数(P)]:(输入"-150",按[Enter]键);

指定端点角度或[参数(P)/夹角(I)]:(输入"120",按[Enter]键)。

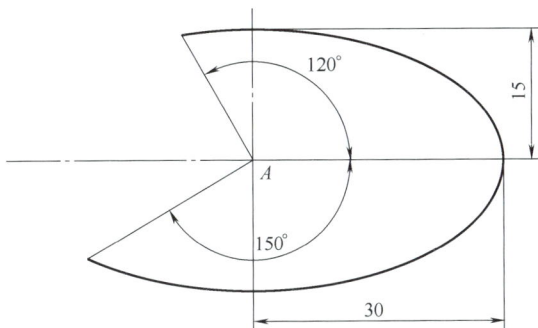

图 2.145 椭圆弧绘制示例

3. 拉伸命令

拉伸命令用于将对象进行拉伸或移动。执行该命令必须使用窗口方式选择对象（从右上角向左下角拉出窗口）。如果整个对象位于窗口内，则执行结果是移动对象；如果对象与选择窗口相交，则执行结果时拉伸或压缩对象。

（1）输入命令

输入命令可以采用下列方法之一。

菜单栏：单击"修改"菜单，选择"拉伸"（　）命令。

工具栏：单击"修改"工具栏，选择"拉伸"（　）命令。

功能区：单击"默认"选项卡，在"修改"功能区选择"拉伸"（　）命令。

命令行：用键盘输入"STRETCH"。

（2）操作格式

以图 2.146 所示图形为例，执行上述命令之一，命令行提示如下：

STRETCH 选择对象:(选择图 2.146b 所示粗实线部分的对象,按[Enter]键);

指定基点或[位移(D)]<位移>:(选择如图 2.146b 所示左下角的点);

指定第二个点或 <使用第一个点作为位移>:(输入"20",按[Enter]键)。

a) 拉伸前　　　　　　　　b) 交叉窗口选择拉伸对象　　　　　　　　c) 拉伸后

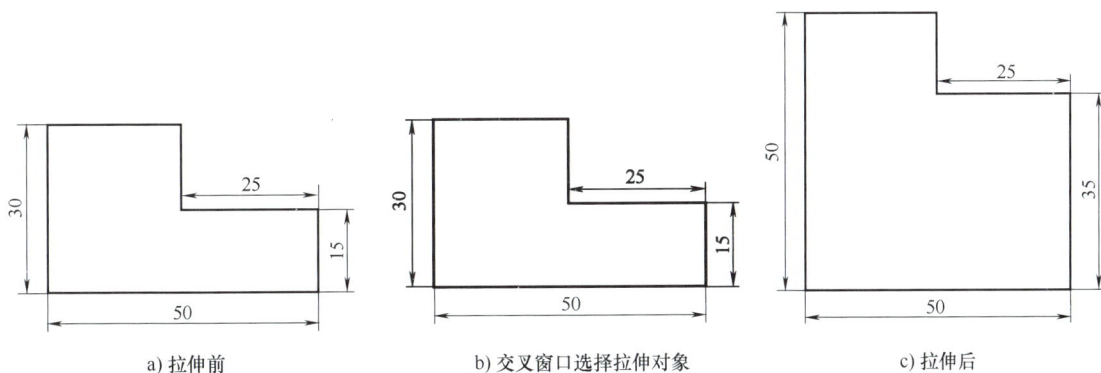

图 2.146 拉伸命令示例

2.9.3 任务实施

根据任务注释里的知识点对任务 2.9（图 2.138）进行实施，对图幅和图层进行设置。

1. 绘制 R55 和与其距离 22 的圆弧

1）在"中心线"图层单击"默认"选项卡，在"绘图"功能区选择"直线"（╱）命令，按命令行提示操作。

指定第一个点:（在绘图区任意位置拾取一点）；

指定下一点或［放弃(U)］:［单击状态栏上的"正交"（┗）按钮,向右移动光标确定直线前进方向,在合适位置单击鼠标左键,按［Enter］键］；

（按［Enter］键,重复直线命令）；

指定第一个点:（在已绘制的直线上方任意位置拾取一点）；

指定下一点或［放弃(U)］:（向下移动光标确定直线前进方向,在合适位置单击鼠标左键,按［Enter］键）。

如图 2.147 所示，两条中心线的交点即为 R55 的圆心位置。

2）单击"默认"选项卡，在"绘图"功能区选择"圆"（⌒）命令，选择"圆心,半径"子命令，按命令行提示操作。

指定圆的圆心或［三点(3P)两点(2P)相切、相切、半径(T)］:（打开"对象捕捉"勾选交点,拾取交点,单击鼠标左键）；

指定圆的半径或［直径(D)］:（输入"55",按［Enter］键）。

3）单击"默认"选项卡，在"修改"功能区选择"偏移"（⊂）命令，按命令行提示操作。

指定偏移距离或［通过(T)/删除(E)/图层(L)］<0.0000>:（输入"22",按［Enter］键）；

选择要偏移的对象或［退出(E)/放弃(U)］<退出>:（拾取 R55 的圆,单击鼠标左键）；

指定要偏移的那一侧上的点或［退出(E)/多个(M)/放弃(U)］<退出>:（鼠标向外移动,单击鼠标左键）；

选择要偏移的对象或［退出(E)/放弃(U)］<退出>:（按［Esc］键退出）。

按照上述步骤得到如图 2.147 所示的图形。

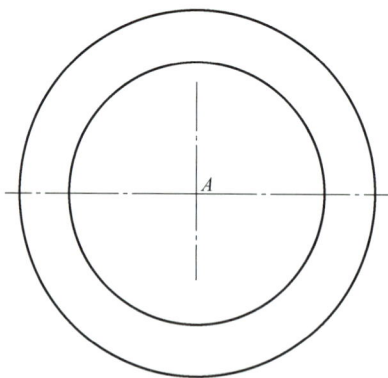

图 2.147　绘制圆

2. 绘制直线

1）单击"默认"选项卡，在"绘图"功能区选择"直线"（╱）命令，按命令行提示操作。

指定第一个点:（拾取水平中心线与外圈圆的左侧交点,单击鼠标左键）；

指定下一点或[放弃(U)]:(拾取水平中心线与内圈圆的左侧交点,单击鼠标左键,按[Enter]键)。

2）单击"默认"选项卡,在"修改"功能区选择"旋转"(↻)命令,按命令行提示操作。

选择对象:(拾取水平中心线,单击鼠标左键);
指定基点:(拾取圆心 A,单击鼠标左键);
指定旋转角度或[复制(C)/参照(R)]<325>:(输入"-35",按[Enter]键)。

3）单击"默认"选项卡,在"绘图"功能区选择"直线"(╱)命令,按命令行提示操作。

指定第一个点:(拾取旋转后的中心线与外圈圆的左侧交点,单击鼠标左键);
指定下一点或[放弃(U)]:[关闭状态栏上的"正交"(┗)按钮,拾取旋转后的中心线与内圈圆的左侧交点,单击鼠标左键,按[Enter]键]。

3. 绘制 R32 的圆弧

1）单击"默认"选项卡,在"绘图"功能区选择"圆弧"→"起点、端点、半径"(╱)命令,按命令行提示操作。

指定圆弧的起点或[圆心(C)]:(拾取旋转后的中心线与外圈圆的左侧交点,单击鼠标左键);
指定圆弧的第二个点或[圆心(C)/端点(E)]:_e;
指定圆弧的端点:(拾取旋转后的中心线与内圈圆的左侧交点,单击鼠标左键);
指定圆弧的中心点(按住[Ctrl]键以切换方向)或[角度(A)/方向(D)/半径(R)]:_r;
(按住[Ctrl]键切换方向);
指定圆弧的半径(按住[Ctrl]键以切换方向):(输入"32",按[Enter]键)。

按照上述步骤得到的图形如图 2.148 所示。

2）通过修剪命令,完成图 2.138a 的绘制。

4. 摇杆的拉伸

单击"默认"选项卡,在"修改"功能区选择"拉伸"(┗┛)命令,按命令行提示操作。

STRETCH 选择对象:(选择图 2.149 所示对象,按[Enter]键);
指定基点或[位移(D)]<位移>:(选择图 2.149 所示左下角的点);
指定第二个点或<使用第一个点作为位移>:(输入"10",按[Enter]键)。

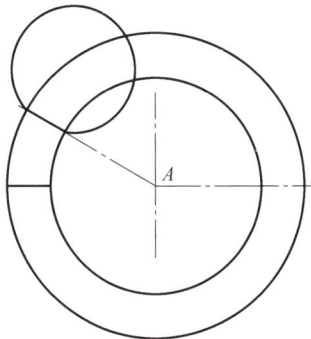

图 2.148　执行圆弧命令后的图形　　　　　图 2.149　选择拉伸对象

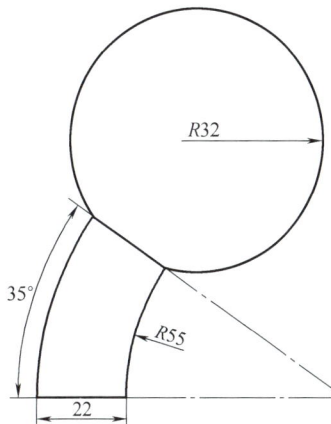

至此，完成图 2.138b 的绘制。

2.9.4　拓展练习

完成图 2.150 所示的图形绘制。

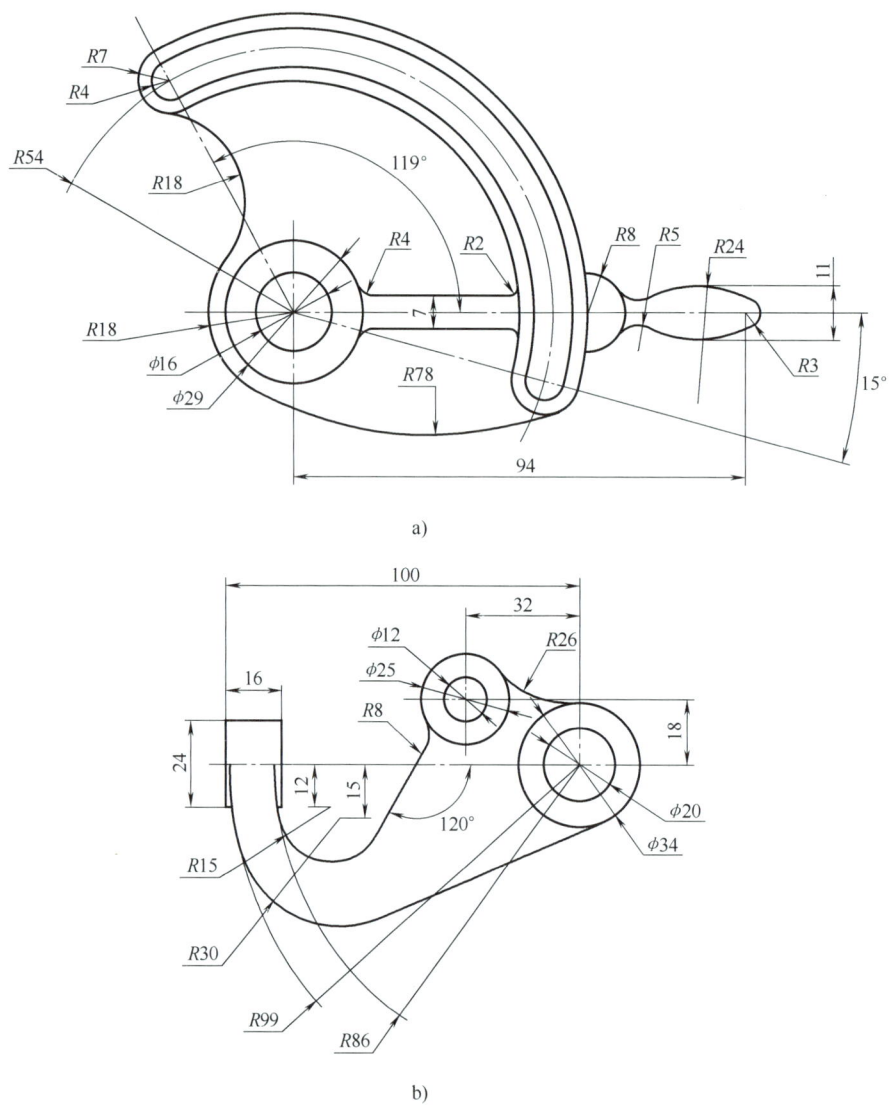

a)

b)

图 2.150　课后练习题

项目 ③

三视图的绘制

学训融合

学懂三视图绘制知识，利用 AutoCAD 2024 绘制三视图，提高绘图技能，培养职业素养，树立正确的职业价值观。

知识目标

（1）了解零件三视图形成及其投影规律；

（2）了解 AutoCAD 2024 绘制零件三视图的步骤及方法。

技能目标

（1）掌握零件三视图作图的基本方法；

（2）能够利用 AutoCAD 2024 绘制零件三视图。

素养目标

（1）具备空间想象能力；

（2）具备立体分析能力。

任务3.1 隔套零件的绘制

3.1.1 视图设置

在 AutoCAD 2024 中，创建、设置、重命名及删除视图均可在"视图管理器"对话框中进行，如图 3.1 所示。可以通过以下两种方式打开"视图管理器"对话框。

① 单击"视图"菜单，选择"命名视图"命令。

② 在命令行中输入命令：VIEW，并按［Enter］键。

其中，"当前视图"选项后显示了当前视图的名称；"查看"选项组的列表框中列出了已命名的视图和可作为当前视图的类别。

1. 新建命名视图

命名视图可以保存以下设置：比例、中心点、视图方向、指定给视图的视图类别、视图的位置、保存视图时图形中图层的可见性、用户坐标系、三维透视和背景等。

单击"视图管理器"对话框中的"新建（N）"按钮，弹出"新建视图/快照特性"对话框，如图 3.2 所示。在"视图名称"文本框中输入视图名称，在"边界"选项组可以选择命名视图定义的范围，可以把当前显示定义为命名视图，也可以通过定义窗口的方法确定命名视图的显示。单击"确定"按钮返回"视图管理器"对话框，新建的视图会显示在视图列表中，单击"取消"按钮退出。

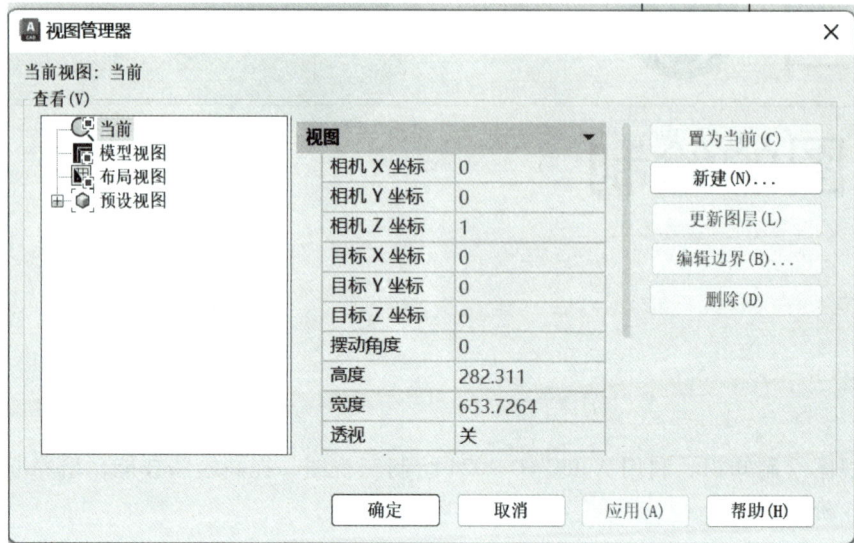

图 3.1 "视图管理器"对话框

2. 编辑命名视图

用户可以在"视图管理器"对话框中对已命名的视图进行编辑。在"视图管理器"对话框中选择要编辑的命名视图后，在对话框中部的信息区域将显示视图所保存的信息，单击其中某一项即可对其进行编辑。

单击"**更新图层**"按钮，可更新与选定的视图一起保存的图层信息，使其与当前模型空间和布局视窗中的图层可见性相匹配；单击"**编辑边界**"按钮，可以重新定义命名视图的边界；单击"**删除**"按钮，可将命名视图删除。

3. 恢复命名视图

在 AutoCAD 中，可以一次命名多个视图，当需要重新使用一个已命名视图时，只需将该视图恢复到当前视窗即可。如果绘图窗口中包含多个视窗，用户也可以将视图恢复到活动视窗中，或将不同的视图恢复到不同的视窗中，以同时显示模型的多个视图。

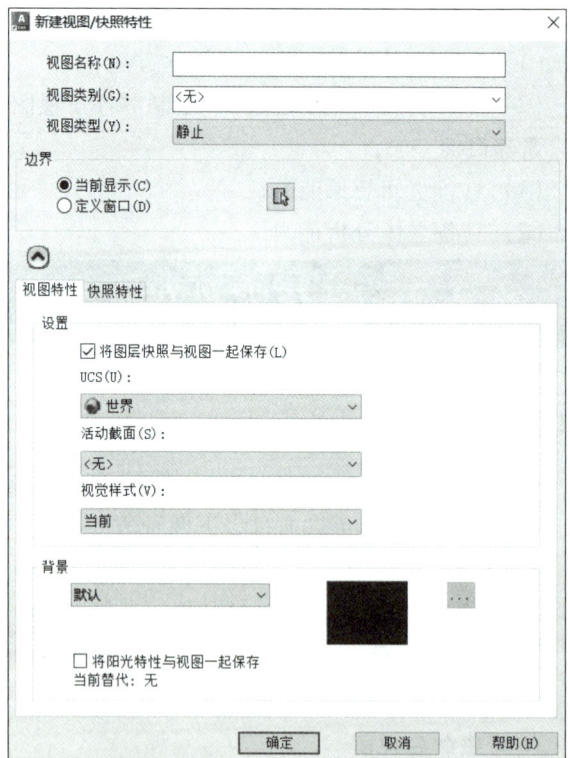

图 3.2 "新建视图/快照特性"对话框

恢复视图时，可以恢复视窗的中点、查看方向、缩放比例因子和透视图（镜头长度）等设置，如果在命名视图时将当前的 UCS 随视图一起保存起来，当恢复视图时也可以恢复 UCS。

要进行恢复视图的操作，只需在"视图管理器"对话框中选择要恢复的命名视图，单击"**置为当前**"按钮，再单击"**确定**"按钮即可。

3.1.2 对象捕捉追踪、尺寸标注应用

1. 对象捕捉追踪

对象追踪是一种特殊的对象捕捉模式。追踪是指捕捉某一条直线的延伸线或对某一极轴进行精确定位。对象追踪分极轴追踪和对象捕捉两种模式，是常用的辅助绘图工具。

（1）极轴追踪

极轴追踪模式是利用光标按用户指定的极轴角度增量来追踪定位点。例如，设置极轴角度为30°，则光标只能在30°极轴方向上进行追踪，按照极坐标的定义，可以在4个象限内的12个极轴上进行追踪。

1）可以通过以下三种方式来打开或者关闭极轴追踪模式。

① 状态栏：单击"极轴追踪"按钮 ⟲，开启极轴追踪。

② 快捷键：按［F10］键。

③ 单击"工具"菜单，选择"草图设置"（ ⟋ ）命令，弹出"草图设置"对话框：在"极轴追踪"选项卡中勾选或者取消勾选"**启用极轴追踪**"复选框，如图3.3所示。

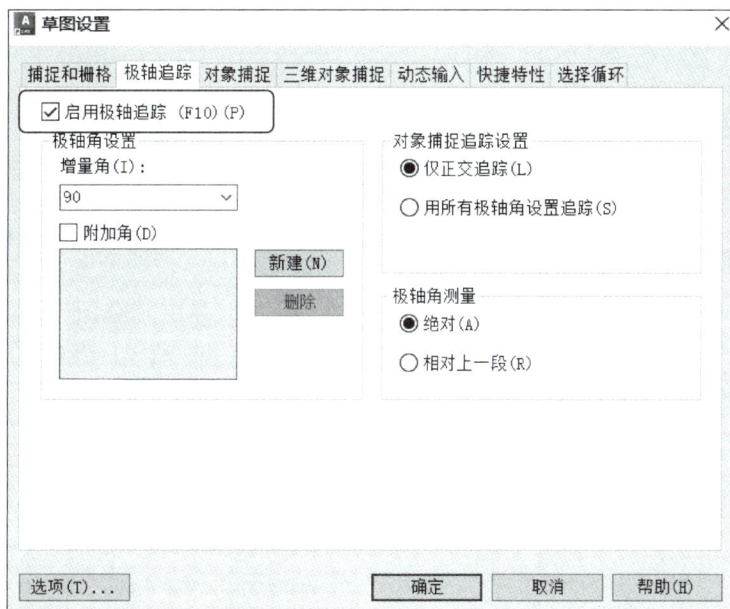

图3.3 "极轴追踪"选项卡

2）极轴追踪的使用。

① 开启极轴追踪后，会出现图3.4b所示的虚线延伸线，以供参考。

② 改变增量角。增量角是用在"极轴追踪"时显示追踪角度的，如将增量角设置成45°，

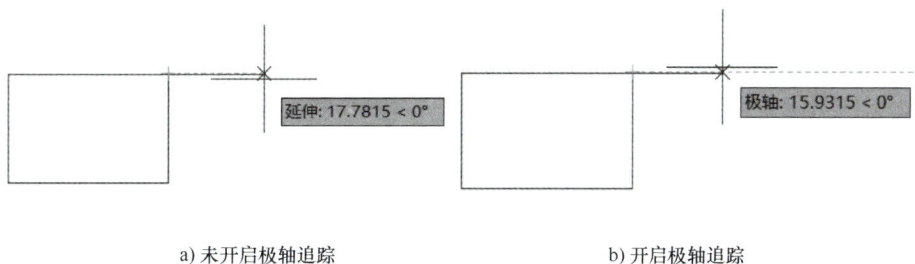

a）未开启极轴追踪　　　　b）开启极轴追踪

图3.4 极轴追踪功能开启前后

在绘图时，屏幕上只出现45°的追踪角和它的整数倍90°或者135°、180°、225°等。图3.5所示为将增量角设置为30°和50°时屏幕上出现的追踪角。

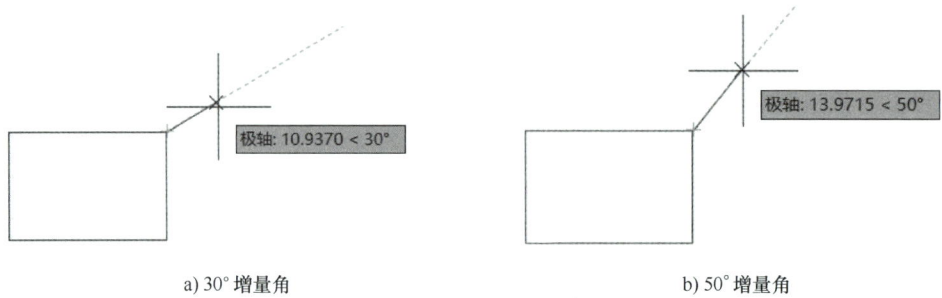

极轴: 10.9370 < 30°

极轴: 13.9715 < 50°

a）30°增量角　　　　　　　　b）50°增量角

图3.5　不同增量角的显示

增量角下方有一个附加角复选按钮，附加角的设置是绝对的，也就是说，它只显示这个角本身，而不会显示它的整数倍。例如，设置附加角为30.5°，那么，它只显示30.5°而不会显示71°、101.5°等。"附加角"的前面有个小方框，即复选框，勾上以后附加角才被启用，否则禁用。附加角最多能同时设置10个。

（2）对象捕捉

对象捕捉可以在对象上的精确位置指定捕捉点。

1）可以通过以下三种方式来打开或者关闭对象捕捉模式。

①状态栏：单击"对象捕捉"按钮（□）开启对象，图3.6所示为各参照点。

②快捷键：按［F11］键。

③单击"工具"菜单，选择"草图设置"（⌐）命令，弹出"草图设置"对话框：在"对象捕捉"选项卡中勾选或者取消勾选"启用对象捕捉追踪"复选框，如图3.7所示。

图3.6　对象捕捉中的特殊参照点

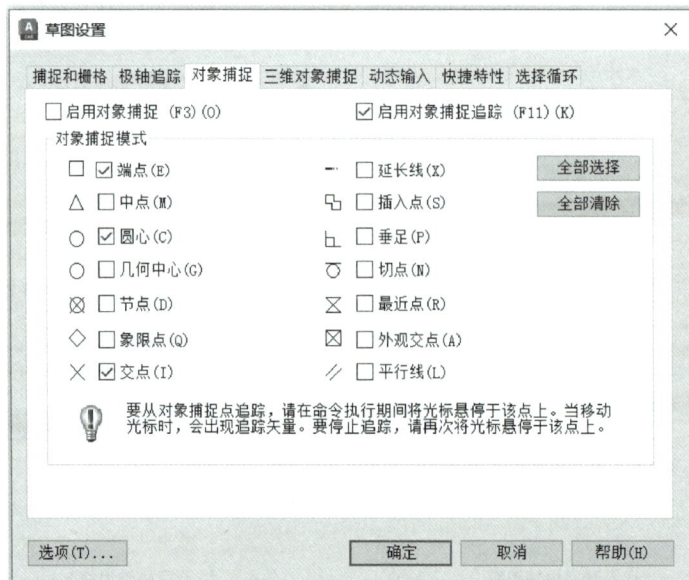

图3.7　"对象捕捉"选项卡

2）对象捕捉的使用。开启对象捕捉后，可快速准确地获取绘图的起点、终点、方向、角度等几何特性目标参照点，如中点、圆心、切点等，如图3.8所示。

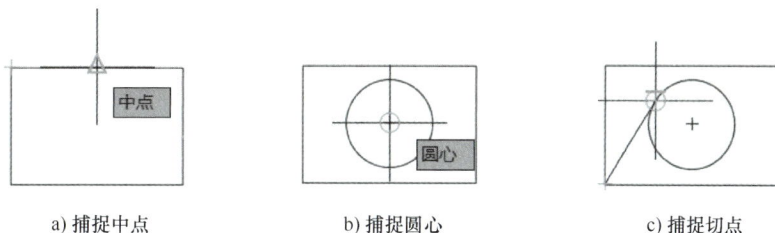

a) 捕捉中点　　　　　b) 捕捉圆心　　　　　c) 捕捉切点

图3.8　捕捉参照点

注：参照点不要一次性全部勾选，以免绘制时产生干扰，应以默认勾选为主，需要哪一个参照点时，再进行勾选。

2. 尺寸标注

AutoCAD 2024向用户提供了非常全面的基本尺寸标注工具。这些工具包括线性标注、角度标注、半径或者直径标注、弧长标注、坐标标注、对齐标注、折弯标注、打断标注和倾斜标注。

（1）标注样式

AutoCAD 2024向用户提供了"ISO.25"和"Standard"两种标准标注样式。打开标注样式管理器，可进行标注样式设置。

通过以下两种方式可以打开标注样式管理器。

① 单击"模式"菜单，选择"标注样式"（⊨⊣）命令，弹出"标注样式管理器"对话框。

② 在命令行输入命令"DIMSTYLE"，按［Enter］键，弹出"标注样式管理器"对话框，如图3.9所示。

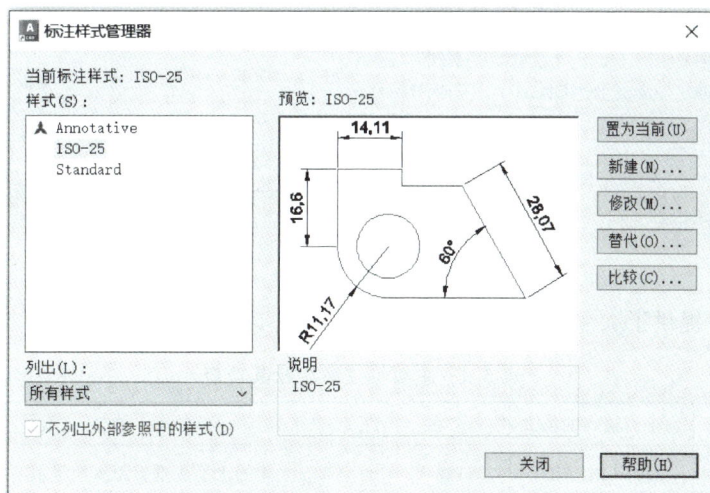

图3.9　"标注样式管理器"对话框

标注样式管理器能够对当前标注样式进行预览，也可以新建、修改标注样式。列表各条目说明如下。

① 置为当前：将在"样式"下选定的标注样式设定为当前标注样式。当前样式将应用于所创建的标注。

② 新建：显示"创建新标注样式"对话框，从中可以定义新的标注样式。

③ 修改：显示"修改标注样式"对话框，从中可以修改标注样式。对话框选项与"新建标注样式"对话框中的选项相同。

④ 替代：显示"替代当前样式"对话框，从中可以设定标注样式的临时替代值。对话框选项与"新建标注样式"对话框中的选项相同。替代将作为未保存的更改结果显示在"样式"列表中的标注样式下。

⑤ 比较：显示"比较标注样式"对话框，从中可以比较两个标注样式或列出一个标注样式的所有特性。

（2）新建标注样式

单击"标注样式管理器"对话框中的"新建"按钮，弹出"创建新标注样式"对话框，如图3.10所示。根据工程规划要求输入新样式名后单击"继续"按钮，进入"新建标注样式"界面（图3.11），可对"线""符号和箭头""文字""调整""主单位""换算单位""公差"选项卡中的参数进行设置。

图 3.10 "创建新标注样式"对话框

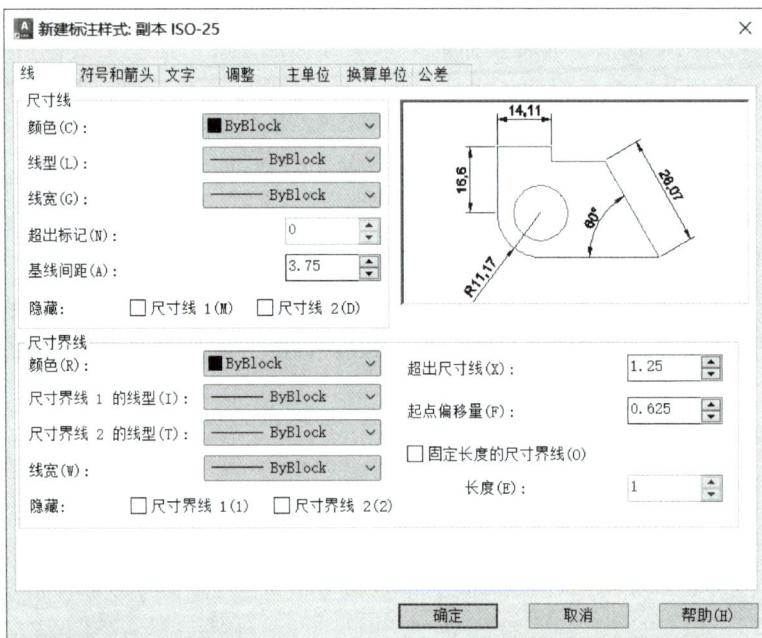

图 3.11 "新建标注样式"对话框

AutoCAD 2024 提供了大量的标注命令，主要命令及其功能见表 3.1。

表 3.1 主要标注命令及其功能

图标	命令	命令行输入的英文	功 能
⊢⊣	线性标注	DIMLINEAR	创建 XY 平面上两点之间的水平或垂直距离测量值
↖	对齐标注	DIMALIGNED	创建与尺寸界线原点对齐的线性标注
⌒	弧长标注	DIMARC	测量圆弧或多段线圆弧上的距离
⊢	坐标标注	DIMORDINATE	测量从原点到要素的水平或垂直距离
∠	半径标注	DIMRADIUS	测量选定圆或圆弧的半径，并显示前面带有半径符号的标注文字
∠	折弯标注	DIMJOGGED	测量选定对象的半径，并显示前面带有一个半径符号的标注文字
⊘	直径标注	DIMDIAMETER	测量选定圆或圆弧的直径，并显示前面带有直径符号的标注文字

（续）

图标	命令	命令行输入的英文	功　　能
	角度标注	DIMANGULAR	测量选定的几何对象或两点之间的角度
	快速标注	QDIM	创建系列基线或连续标注，或者为一系列圆或圆弧创建标注
	基线标注	DIMBASELINE	从上一个标注或选定标注的基线处创建线性标注、角度标注或坐标标注
	连续标注	DIMCONTINUE	创建从上一个标注或选定标注的尺寸界线开始的标注
	标注间距	DIMSPACE	调整线性标注或角度标注之间的间距
	标注打断	DIMBREAK	在标注和尺寸界线与其他对象的相交处打断或恢复标注和尺寸界线
	公差	TOLERANCE	创建包含在特征控制框中的几何公差
	检验标注	DIMINSPECT	为选定的标注添加或删除检验信息
	圆心标注	DIMCENTER	创建圆和圆弧的非关联中心标记或中心线
	折弯线性	DIMJOGLINE	标注的对象中的折断
	倾斜	DIMEDIT	编辑标注文字和尺寸界线
	多重引线	MLEADER	创建多重引线对象
	替代	DIMOVERRID	选定标注的指定标注系统变量，或清除选定标注对象的替代，从而将其返回到由其标注样式定义的设置
	标注样式	DIMSTYLE	创建新样式、设定当前样式、修改样式、设定当前样式的替代以及比较样式
	更新	DIMSTYLE	将当前尺寸标注系统变量设置应用到选定标注对象，永久替代应用于这些对象的任何现有标注样式

3.1.3　任务实施

1. 图层设置

本任务绘制套筒三视图，需要在"图层管理器"中设置"图幅层""轮廓层""中心线层""标注层"，具体设置如图 3.12 所示。

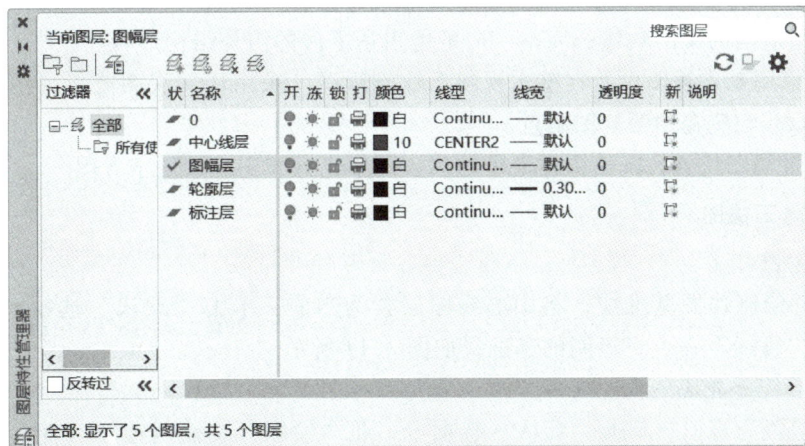

图 3.12　图层设置

2. 图框与标题栏绘制

确定比例和图幅并绘制图框与标题栏外框，如图 3.13 所示。

3. 视图的选择

（1）主视图的选择

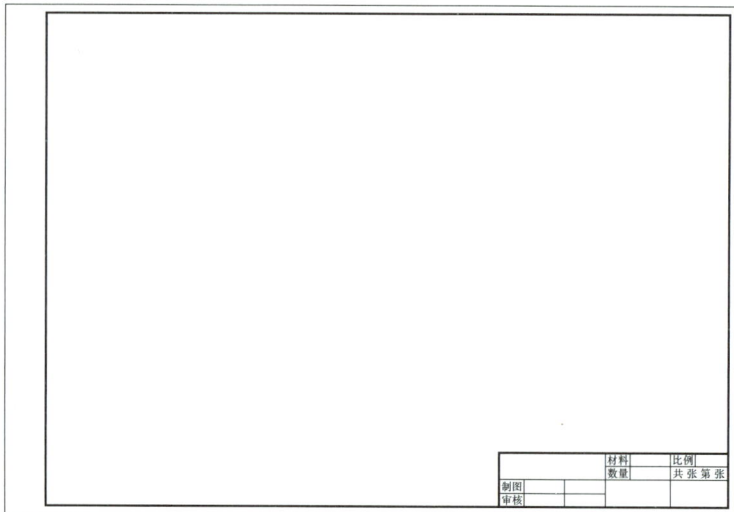

图3.13　图框与标题栏的绘制

　　主视图是表达零件最主要的视图。因此，在表达零件时，应该先确定主视图，然后再确定其他视图。在选择主视图时应遵循以下三个原则。

　　① 形状特征原则：选择的主视图投影方向能明显地反映零件的形状和结构特征，以及各组成部分之间的相互关系。

　　② 加工位置原则：主视图的选择应尽量符合零件的主要加工位置（零件在主要工序中的装夹位置），这样便于加工时看图与操作，以提高生产效率。

　　③ 工作位置原则：有些零件的加工工序较多，需要在多种机床上加工时，主视图的选择应尽量符合零件在机器上的安装位置。

　　（2）其他视图的选择

　　其他视图用于补充表达主视图尚未表达清楚的结构，选择时可以考虑以下几点。

　　① 根据零件结构的复杂程度，使所选的其他视图都有一个表达的重点。按便于画图和易于看图的原则采用适当的视图数量，完整、清楚地表达零件的内外结构形状。

　　② 优先考虑用基本视图以及在基本视图上作剖视图。采用局部视图或斜视图时应尽可能按投影关系配置，并配置在相关视图附近。

　　③ 合理布置视图位置，既使图样清晰匀称，图幅充分利用，又便于看图。

　　4. 绘制套筒三视图

　　（1）绘制基准线

　　合理布图并绘制作图基准线，将中心线图层置为当前。单击"默认"选项卡，在"绘图"功能区中选择"直线"命令，绘制的基准线如图3.14所示。

　　（2）绘制套筒外轮廓三视图

　　将轮廓线层置为当前。单击"默认"选项卡，在"绘图"功能区选择"直线"命令，绘制主视图、俯视图轮廓线，单击"默认"选项卡，在"绘图"功能区选择"圆"命令，绘制左视图轮廓，如图3.15所示。

　　（3）绘制套筒内轮廓三视图

　　将虚线图层置为当前。单击"默认"选项卡，在"绘图"功能区选择"直线"命令，绘制主视图、俯视图轮廓线；将轮廓线图层置为当前。单击"默认"选项卡，在"绘图"功能区选择"圆"命令，绘制左视图轮廓，如图3.16所示。

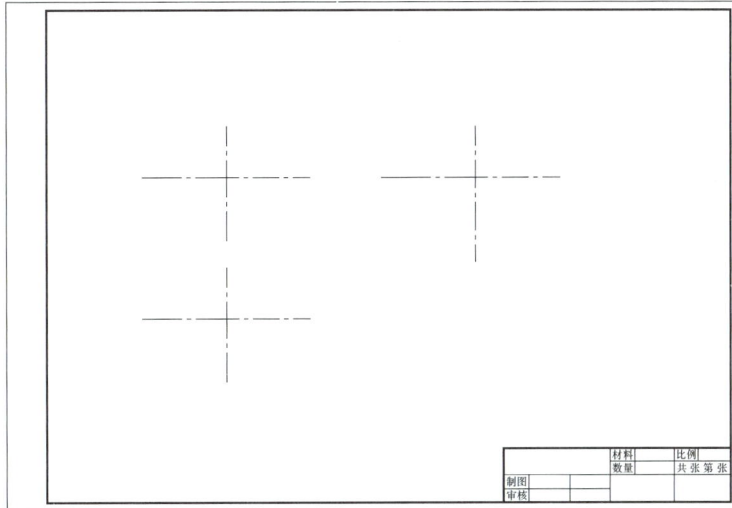

图 3.14 基准线的绘制

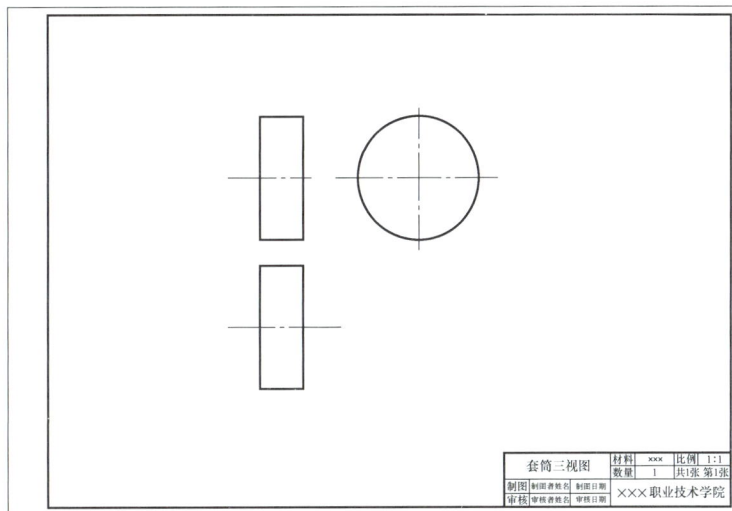

图 3.15 绘制底稿

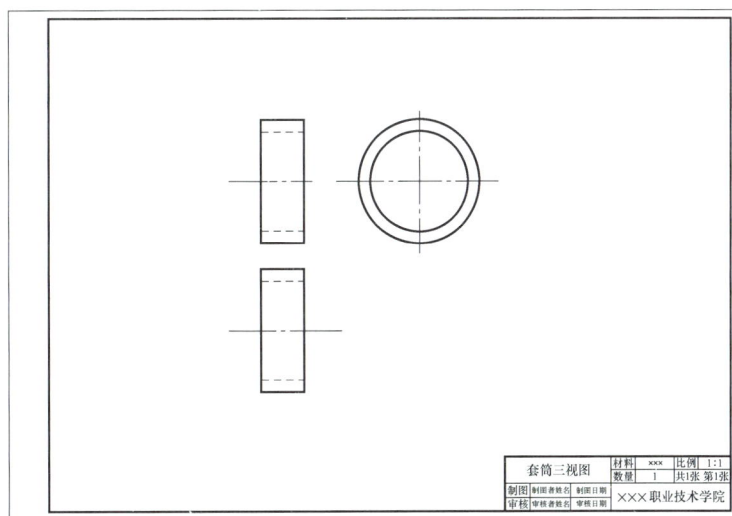

图 3.16 三视图的绘制

（4）尺寸标注

将尺寸图层置为当前，标注如图 3.17 所示的尺寸。

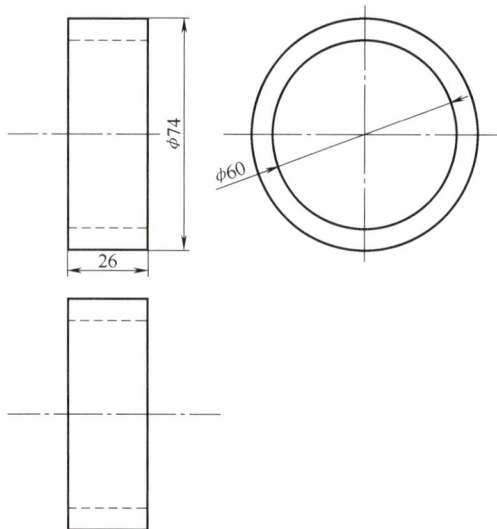

图 3.17　尺寸标注

检查并绘制填写标题栏，标题栏如图 3.18 所示。

3.1.4　拓展练习

绘制图 3.19 所示切割体三视图。

图 3.18　填写标题栏

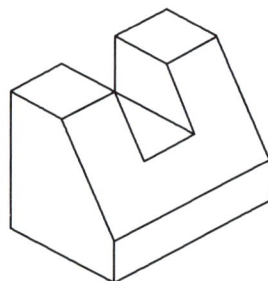

图 3.19　切割体

任务 3.2　轴承座的绘制

3.2.1　点的设置

点对象可以作为捕捉对象的节点，可以指定某一点的二维和三维位置。AutoCAD 2024 向用户提供了多种点样式，用户可以根据需要设置当前点的显示样式。

1. 绘制点

在 AutoCAD 2024 中，点有多种不同的表达方式，可设置定数等分或定距等分等。调用点命令有以下两种方式。

1）单击"绘图"菜单，选择"点"命令，可展开 4 种子命令：单点、多点、定数等分、定距等分，如图 3.20 所示。

2）单击"默认"选项卡，在"绘图"功能区选择"点"（ ⋰ ）命令。

2. 点样式设置

单击"格式"菜单，选择"点样式"命令，或者在命令行中输入"PTYPE"命令（ ⋰ ），打开如图 3.21 所示的"点样式"对话框。

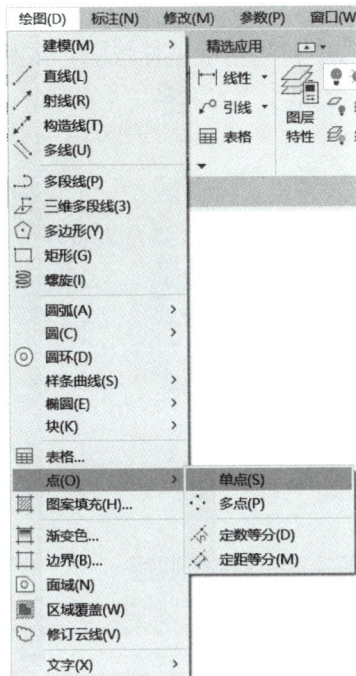

图 3.20 菜单栏启用点命令

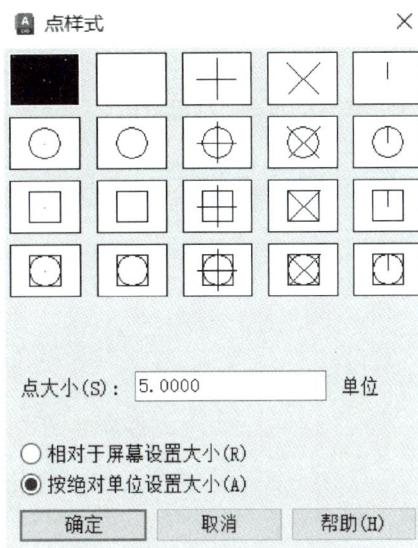

图 3.21 "点样式"对话框

AutoCAD 2024 共提供了 20 种点样式，在所需点样式上单击选中，即可将此点样式设置为当前点样式。默认点的样式非常小，无法分辨，当有绘制需要时，通过改变点的样式可以清晰分辨点所在的位置，完成绘制后，再将点样式修改为默认值即可。图 3.22 所示为不同点样式的显示情况。

以将直线"定数等分"为例，具体命令如下：

命令:_divide   //定数等分命令
选择要定数等分的对象：
输入线段数目或[块（B）]：
（需要 2～32767 之间的整数,或选项关键字）
命令:'_ptype   //设置点样式
正在重生成模型。

a) 点样式1   b) 点样式2

图 3.22 不同点的样式

3.2.2 样条曲线、填充命令

1. 样条曲线

样条曲线是经过或接近一系列给定点的光滑曲线，它可以控制曲线与点的拟合程度，样条曲线可以是开放的，也可以是闭合的。制图人员也可以对创建的样条曲线进行编辑。

（1）绘制样条曲线

样条曲线的绘制就是创建通过或者接近选定点的光滑曲线，可通过以下方式执行样条曲线命令。

1）单击"绘图"菜单，选择"样条曲线"命令。

2）命令行：用键盘输入"spline"。

样条曲线的拟合点通过光标指定，也可以通过在命令行中输入精确坐标指定，如图3.23所示。在命令行中执行spline命令，并在绘图区指定样条曲线的第一个点和第二个点后，命令行提示如下：

命令：_spline
指定第一个点或[对象（O）]：   //指定样条曲线的第一个点或者选项
指定下一个点：   //指定样条曲线的第二个点
指定下一点或者[闭合（C）|拟合公差（F）]<起点切向>：
                                    //指定样条曲线的第三个点

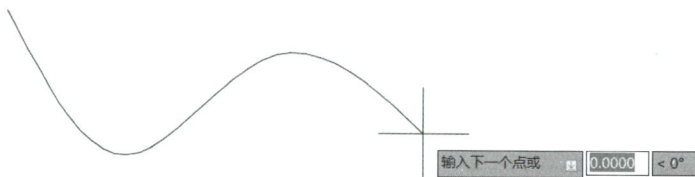

图3.23　样条曲线

（2）编辑样条曲线

编辑样条曲线是指修改样条曲线的形状。样条曲线的编辑除可以直接在绘图区选择样条曲线进行拟合点的移动编辑外，还可以通过以下方式来执行编辑操作。

1）菜单栏：单击"修改"菜单，在"对象"命令中选择"样条曲线"子命令。

2）面板：在"修改"功能区面板中单击"编辑样条曲线"按钮（ ）。

3）在命令行输入"splinedit"。

在命令行中执行"splinedit"命令并选择要编辑的样条曲线后，命令行提示如下：

SPLINEDIT 输入选项 [闭合（C） 合并（J） 拟合数据（F） 编辑顶点（E） 转换为多段线（P） 反转（R） 放弃（U） 退出（X）]<退出>：

同时，绘图区弹出编辑样条曲线的输入选项菜单，如图3.24所示。

输入选项菜单中各选项的含义如下。

① 闭合：将开放样条曲线修改为连续闭合的环。

② 合并：将选定的样条曲线与其他样条曲线、直线、多段线和圆弧在重合端点处合并，以形成一条较大的样条曲线。

图3.24　编辑样条曲线

③ 拟合数据：编辑定义样条曲线的拟合点数据，包括修改公差。

④ 编辑顶点：将拟合点移动到新位置。

⑤ 转换为多段线：将样条曲线转换为多段线。

⑥ 反转：修改样条曲线方向。

⑦ 放弃：取消上一编辑操作。

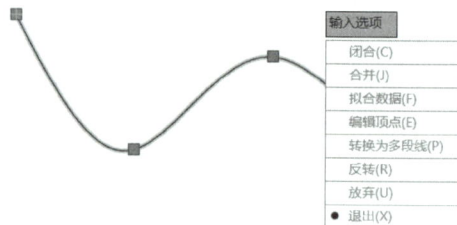

2. 填充命令

填充是一种使用指定线条图案、颜色来充满指定区域的操作，常常用于表达剖切面和不同类型物体对象的外观纹理等，被广泛应用在机械图、建筑图及地质构造图等的绘制中。图案的填充可以使用预定义填充图案填充区域，也可以使用当前线性定义简单的线图案或更复杂的填充图案填充区域，还可以使用实体颜色填充区域。

填充命令可以通过以下方式启用。

1）单击"绘图"菜单，选择"填充"（▨）命令。

2）在命令行输入"HATCH"。

3）单击"默认"选项卡在"绘图"功能区选择"填充"（▨）命令。

在命令提示下使用填充图案、实体填充或渐变填充来填充封闭区域或选定对象，如图3.25所示。

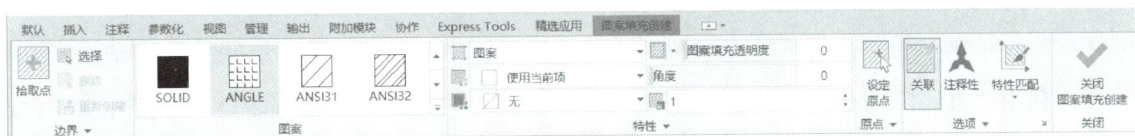

图3.25 图案填充的创建

单击拾取点将显示以下提示。

① 内部点。根据围绕指定点构成封闭区域的现有对象来确定边界。

② 拾取内部点。指定内部点时，可以随时在绘图区域中单击鼠标右键以显示包含多个选项的快捷菜单，如图3.26所示。

如果打开了"孤岛检测"，最外层边界内的封

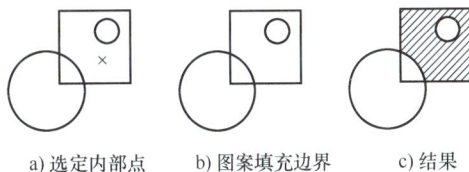

a）选定内部点　　b）图案填充边界　　c）结果

图3.26 执行填充命令

闭区域对象将被检测为孤岛。HATCH使用此选项检测对象的方式取决于指定的孤岛检测方法。

3.2.3 任务实施

绘制如图3.27所示的轴承座三视图。

图3.27 轴承座立体图

（1）设置图层

设置图层并将"中心线"层设置为当前图层，如图3.28所示。

（2）绘制中心线

① 打开状态栏上的"正交"按钮、"对象捕捉"按钮、"对象捕捉追踪"按钮、"线宽"按钮。

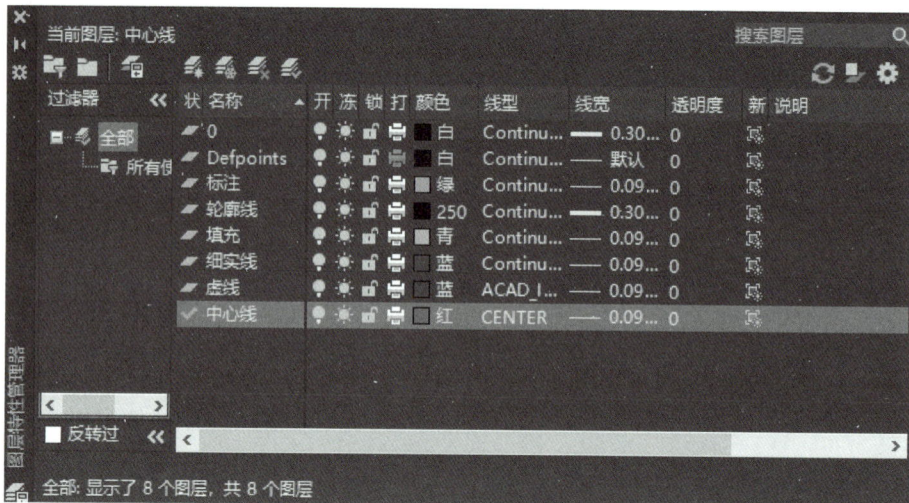

图 3.28　图层设置

② 利用"直线"命令绘制两条正交线段，竖直线段长度约为 100mm，水平线段长度约为 60mm，按命令行提示操作。

> 命令：_line；
> 指定第一个点：(在绘图区适当位置指定一点)；
> 指定下一点或[放弃(U)]：(输入@ 60,0，按[Enter]键)；
> 指定下一点或[退出(E)/放弃(U)]：(按[Enter]键)；
> (按[Enter]键，重复上一条命令)；
> 指定第一个点：(输入"from"，按[Enter]键)(此命令表示基点偏移捕捉)；
> 基点：(捕捉水平线段中点)；
> <偏移>：(输入@ 30,0，按[Enter]键)；
> 指定下一点或[放弃(U)]：(输入@ 0,100，按[Enter]键)；
> 指定下一点或[退出(E)/放弃(U)]：(按[Enter]键)。

执行上述命令的结果如图 3.29 所示。

③ 单击"默认"选项卡，在"绘图"功能区选择"直线"命令，结合对象捕捉追踪功能，以刚绘制的正交中心线为基准分别向下和向右绘制两条长度约为 80mm 的线段，如图 3.30 所示。

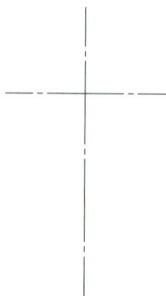

图 3.29　绘制正交中心线　　　　　　　　　　　　图 3.30　绘制中心线

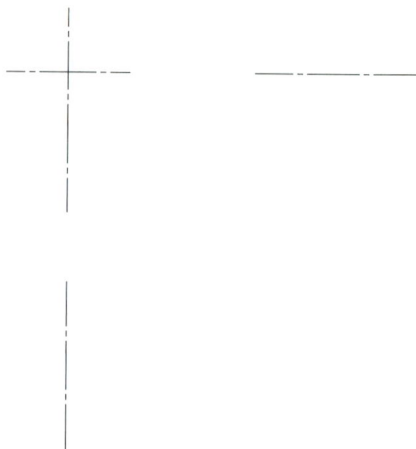

（3）绘制基线三视图

① 将轮廓线图层置为当前。单击"默认"选项卡，在"绘图"功能区选择"直线"命令，以中心线交点下方 60mm 的位置为绘图起点绘制长为 45mm 的水平线段，如图 3.31 所示。

② 单击"默认"选项卡，在"修改"功能区中选择"镜像"命令，按命令行提示操作。

命令:_mirror;
选择对象:（选择刚绘制的线段）;
选择对象:（按［Enter］键）;
指定镜像线的第一点:（选择竖直中心线上一点）;
指定镜像线的第二点:（选择竖直中心线上另一点）;
要删除源对象吗？［是（Y/否（N））］<否>:（按［Enter］键）。

执行上述命令的结果如图 3.32 所示。

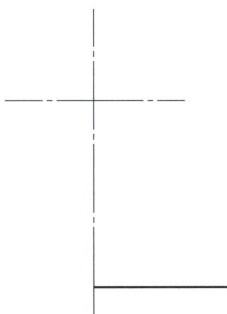

图 3.31　绘制水平线段

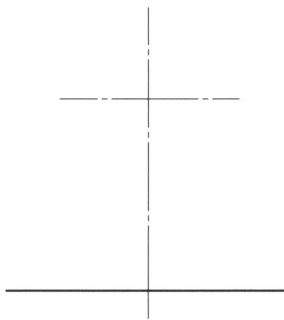

图 3.32　镜像水平线段

③ 单击"默认"选项卡，在"修改"功能区选择"偏移"命令，将刚绘制和镜像复制的线段向下偏移 60mm，如图 3.33 所示。

④ 将当前图层转换为中心线层，单击"默认"选项卡，在"绘图"功能区选择"直线"命令，以主视图上轮廓线右端点为起点绘制一条长为 160mm、角度为 45° 的斜线段，如图 3.34 所示。

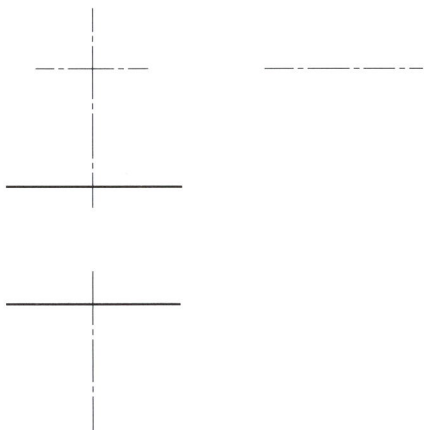

图 3.33　偏移线段

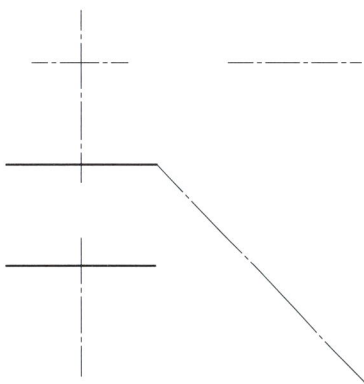

图 3.34　绘制辅助线

⑤ 将轮廓线图层置为当前。单击"默认"选项卡，在"绘图"功能区选择"直线"命令，以俯视图上右端点为起点向右绘制水平线段，找到此线段与第③步绘制的辅助线段的交点，再以此交点为起点向上绘制适当长度的竖直线段。利用对象追踪功能，以刚绘制的竖直线段上与

主视图轮廓线的延长线的交点为起点，绘制与主视图轮廓线平齐的水平线段，线段长度为60mm，如图3.35所示。

⑥ 单击"默认"选项卡，在"修改"功能区选择"修改"命令和"删除"命令，修剪和删除多余的线段，结果如图3.36所示。这样，三个视图上的轮廓线基准就确定了。

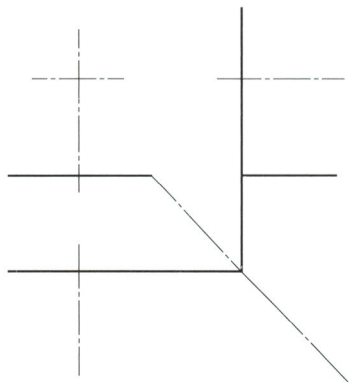

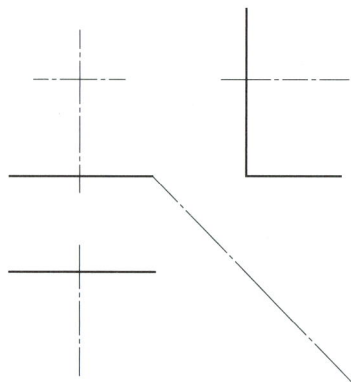

图3.35　绘制线段　　　　　　　图3.36　修剪和删除线段

（4）绘制底板三视图

① 单击"默认"选项卡在"修改"功能区选择"偏移"命令，将主视图和左视图上的水平轮廓线向上偏移14mm，将俯视图上的水平轮廓线向下偏移60mm，单击"默认"选项卡，在"绘图"功能区选择"直线"命令，连接相应线段端点，如图3.37所示。

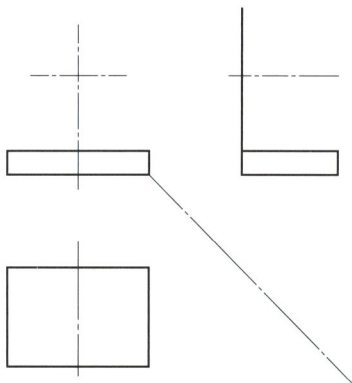

图3.37　偏移并连接线段

② 单击"默认"选项卡，在"修改"功能区选择"圆角"命令，按命令行提示操作。

命令:_fillet;

当前设置:模式=修剪,半径=0.0000;

选择第一个对象或[放弃(U)/多段线(P)/半径(R)/修剪(T)/多个(M)]:(输入"r",按[Enter]键);

指定圆角半径<0.0000>:(输入"16",按[Enter]键);

选择第一个对象或[放弃(U)/多段线(P)/半径(R)/修剪(T)/多个(M)]:(选择俯视图的竖边);

选择第二个对象或按住[Shift]键选择对象以应用角点或[半径(R)]:(选择俯视图的横边)。

采用同样的方法对另一个角进行倒圆，结果如图3.38所示。

③ 单击"默认"选项卡，在"修改"功能区选择"偏移"命令，将俯视图的上面轮廓线和左视图的左边轮廓线分别向下和向右偏移44mm，将主视图和俯视图的竖直中心线分别向两侧偏移29mm，如图3.39所示。

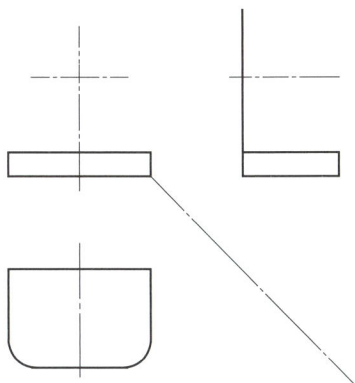

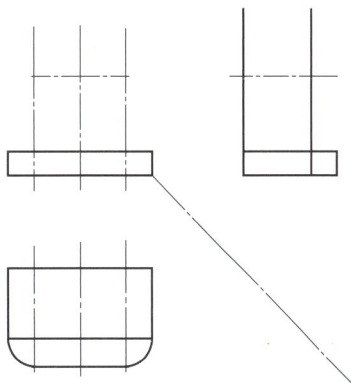

图3.38 绘制圆角　　　　　　　　图3.39 偏移轮廓线和中心线

④ 单击"默认"选项卡，在"修改"功能区选择"打断"命令，按命令行提示操作。

> 命令:_break;
>
> 选择对象:(选择要修剪的轴线的起点);
>
> 指定第二个打断点或[第一点(F)]:(选择要剪掉的线段的终点或终点延长线上的一点)。

采用相同的方法继续修剪过长的线段，结果如图3.40所示。

⑤ 选择俯视图上刚修剪过的水平线段，该线段显示蓝色的编辑夹点，选择最左侧的夹点，该夹点变成红色，向左拖动该夹点，将该线段向左拉长，如图3.41所示，然后单击绘图区上方"图层"工具栏的下拉按钮，打开图层下拉列表，单击其中的中心线层，将此线段所在的图层转换到中心线层。采用相同的方法打断另外两条线段，结果如图3.42所示。

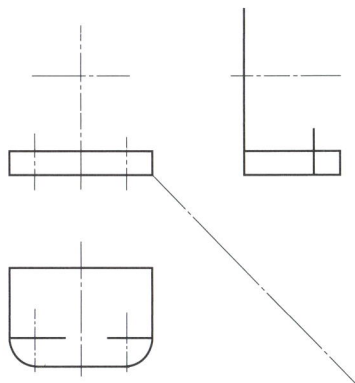

图3.40 打断处理

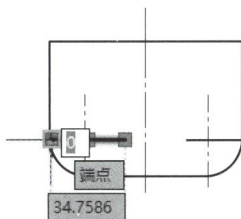

图3.41 打断线段

⑥ 单击"默认"选项卡，在"绘图"功能区选择"圆"命令，按命令行提示操作。

> 命令:_circle;
>
> 指定圆的圆心或[三点(3P)/两点(2P)/切点、切点、半径(T)]:(捕捉俯视图上的正交中心线交点);
>
> 指定圆的半径或[直径(D)]:(输入"9"，按[Enter]键)。

采用同样的方法绘制另外一个圆。单击"默认"选项卡，在"修改"功能区选择"偏移"命令，将主视图和左视图上对应圆的中心线分别向两侧偏移9mm，如图3.43所示。

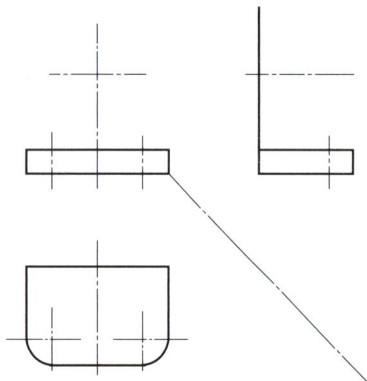

图 3.42　拉长线段并转换图层　　　　　　　图 3.43　绘制圆孔视图

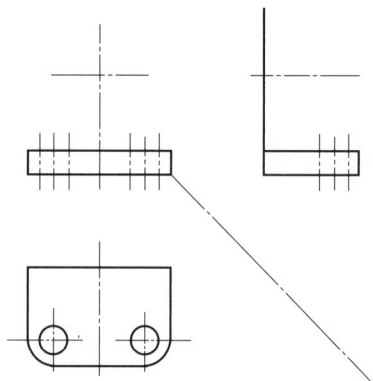

⑦ 单击"默认"选项卡，在"修改"功能区选择"修剪"命令，修剪偏移的中心线，并将这些线所在的图层转换到虚线层，如图 3.44 所示。

（5）绘制轴承三视图

① 单击"默认"选项卡在"绘图"功能区选择"圆"命令，捕捉主视图上的正交中心线交点为圆心，分别绘制半径为 25mm 和 13mm 的两个同心圆；单击"默认"选项卡，在"绘图"功能区选择"直线"命令，分别捕捉两个同心圆的象限点，并向右方和下方绘制适当长度的水平线段和竖直线段；单击"默认"选项卡，在"修改"功能区选择"偏移"命令，将俯视图的最上方水平线向上偏移 7mm，将左视图最左侧竖直线段分别向左、向右偏移 7mm、43mm，结果如图 3.45 所示。

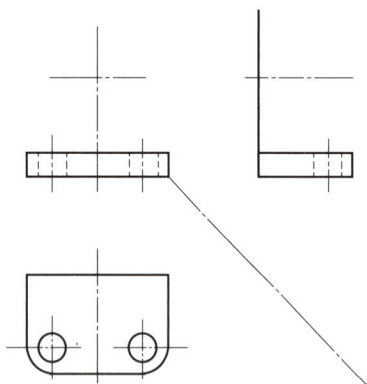

图 3.44　修剪线段并转换图层　　　　　　　图 3.45　绘制圆和直线

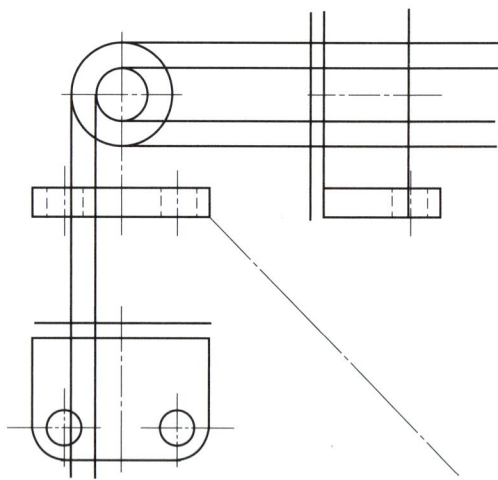

② 单击"默认"选项卡，在"修改"功能区选择"修剪"命令，修剪多余线段，结果如图 3.46 所示。

③ 单击"默认"选项卡，在"修改"功能区选择"打断于点"命令，按命令行提示操作。

命令：_break；
选择对象：(选择俯视图上最开始绘制的那条水平轮廓线)；
指定第二个打断点或［第一点（F）］：_f；
指定第一个打断点：(选择此水平线段与外面那条竖直线段的交点)；
指定第二个打断点：@ 。

此水平线段就从交点处被打断成了两条线段，如图 3.47 所示。采用同样的方法打断对称的另外一条线段。

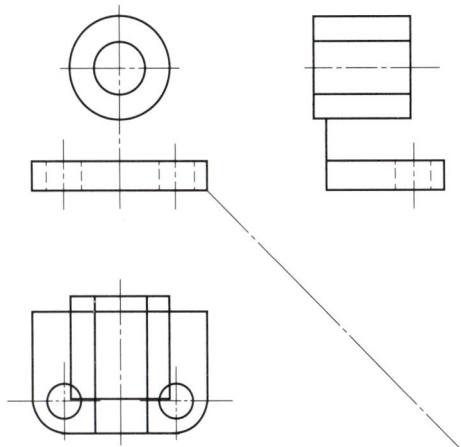

图 3.46　修剪多余线段

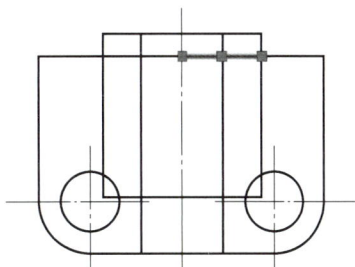

图 3.47　打断线段

④ 选择相关线段，并将其所在的图层转换到虚线层，单击"默认"选项卡，在"修改"功能区选择"修剪"命令，修剪俯视图上的圆，结果如图 3.48 所示。

（6）绘制支承板的三视图

① 关闭状态栏上的"正交"按钮，单击"默认"选项卡，在"绘图"功能区选择"直线"命令，分别捕捉主视图上水平轮廓线的左端点和同侧对应的外面同心圆的切点，并以此作为起始点和终点绘制切线。采用同样的方法绘制另一条对称的切线。打开状态栏上的"正交"按钮，单击"默认"选项卡，在"绘图"功能区选择"直线"命令，捕捉主视图上的切线切点，并分别向下和向右绘制适当长度的正交线，如图 3.49 所示。

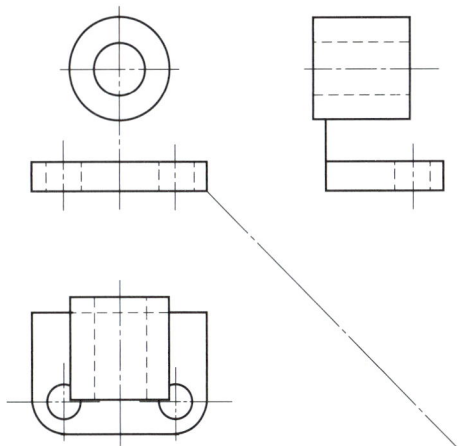

图 3.48　修剪圆并转换图层

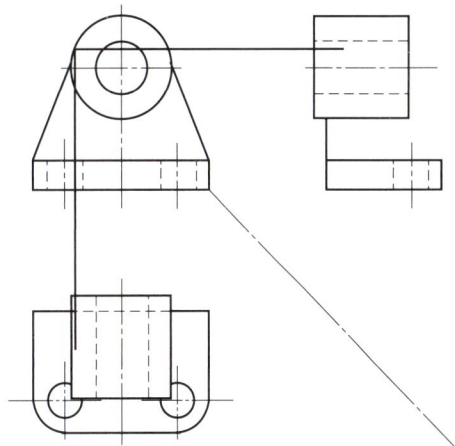

图 3.49　绘制切线和正交线

② 单击"默认"选项卡，在"修改"功能区选择"延伸"命令，按命令行提示操作。

命令：_extend；

当前设置：投影＝UCS，边＝无，模式＝快速；

（选择要延伸的对象或者按住［Shift］键选择要修剪的对象）。

采用同样的方法延长俯视图上最开始绘制的水平轮廓线，如图 3.50 所示。

③ 用相同的方法延伸俯视图上对称侧的图线，并单击"默认"选项卡，在"修改"功能区选择"偏移"命令，将俯视图和左视图上相应图线向外偏移 12mm，结果如图 3.51 所示。

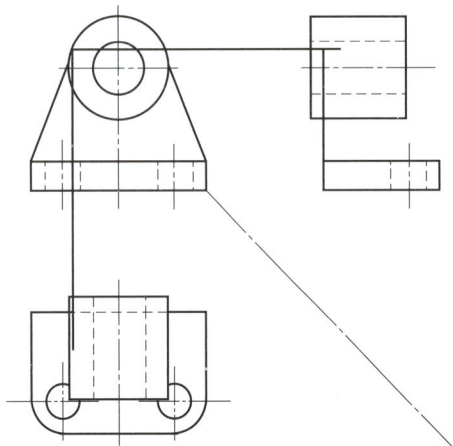

图 3.50　延伸线段

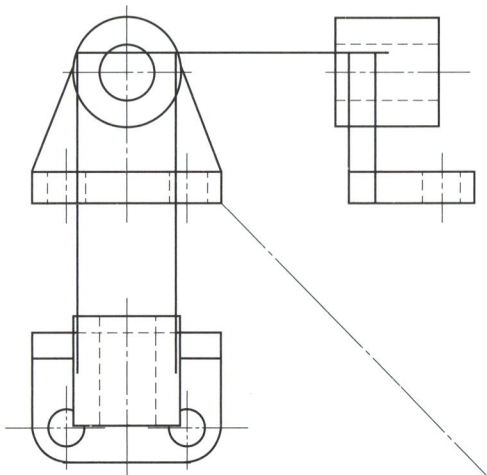

图 3.51　偏移图线

④ 单击"默认"选项卡，在"修改"功能区选择"修剪"命令，修剪相关线段，并单击"默认"选项卡，在"修改"功能区选择"删除"命令，删除多余的线段，结果如图 3.52 所示。

（7）绘制肋板的三视图

单击"默认"选项卡，在"修改"功能区选择"偏移"命令，将主视图上的竖直中心线向两侧各偏移 6mm，并将偏移后的线段所在的图层改为轮廓线层；将主视图的最上水平轮廓线向上偏移 20mm；单击"默认"选项卡，在"修改"功能区选择"修剪"命令，修剪相关线段，结果如图 3.53 所示。

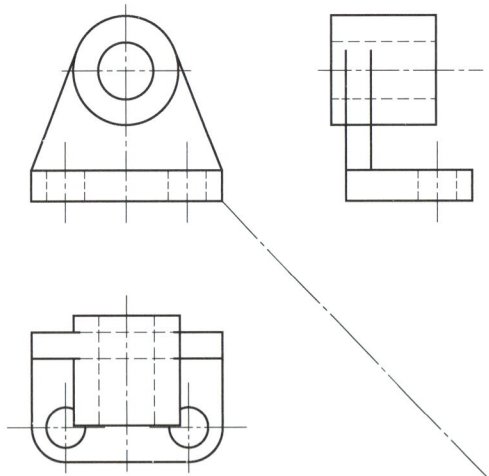

图 3.52　修剪并删除线段

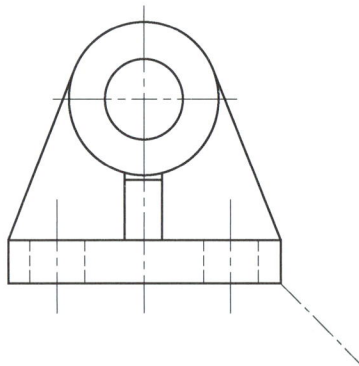

图 3.53　偏移和修剪图线

① 单击"默认"选项卡，在"绘图"功能区选择"直线"命令，分别捕捉刚修剪出的主视图上的两条竖直线段的端点，并以此为起点，以俯视图上的最下水平轮廓线的垂足为终点绘制两条竖直线段。单击"默认"选项卡，在"修改"功能区选择"偏移"命令，将俯视图下面那条虚线向下偏移 26mm，如图 3.54 所示。

② 单击"默认"选项卡，在"修改"功能区选择"修剪"命令，修剪俯视图上的相关线段，结果如图 3.55 所示。

③ 单击"默认"选项卡，在"修改"功能区选择"打断于点"命令，将俯视图上的中心线

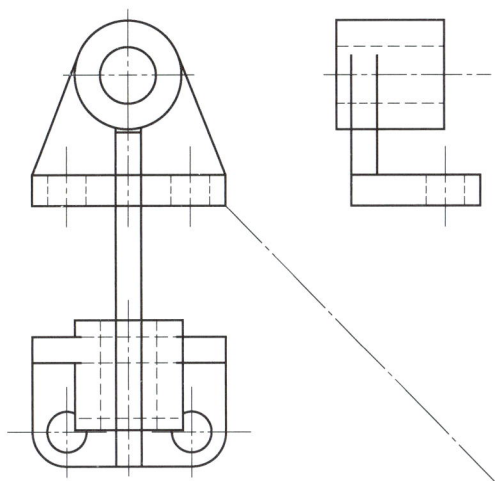

图 3.54 绘制和偏移直线

两侧紧邻的竖直轮廓线以与之相交的轮廓线的交点为界，分别打断成两条独立的线段，再将其上部分线段所在图层转换为虚线层，如图 3.56 所示。

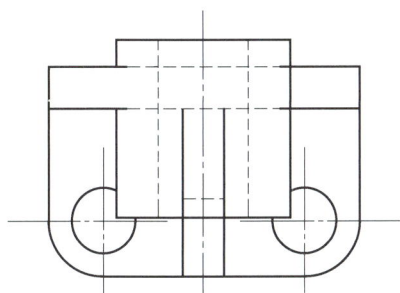

图 3.55 修剪图线

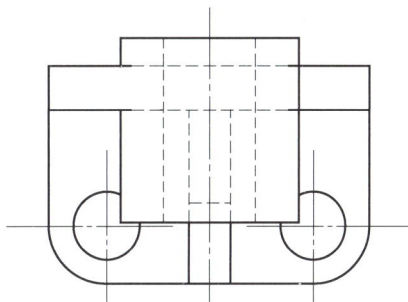

图 3.56 打断线段并转换图层

④ 单击"默认"选项卡，在"绘图"功能区选择"直线"命令，分别捕捉主视图上的相关端点为起点，向右绘制适当长度的水平线。单击"默认"选项卡，在"修改"功能区选择"偏移"命令，将左视图的基准竖线右边紧邻的那条线向右偏移 26mm。关闭状态栏上的"正交"按钮，利用"直线"命令分别捕捉偏移线与刚绘制的下面那条水平线的交点及左视图右上角点，并以此作为端点绘制斜线，如图 3.57 所示。

⑤ 单击"默认"选项卡，在"修改"功能区选择"修剪"命令，修剪左视图上的相关线段，结果如图 3.58 所示。

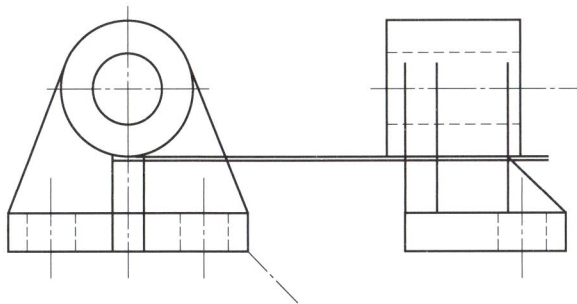

图 3.57 偏移并绘制直线

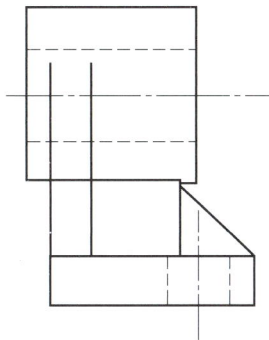

图 3.58 修剪直线

（8）绘制凸台的三视图

① 单击"默认"选项卡，在"修改"功能区选择"偏移"命令，将俯视图上的最上轮廓线向下偏移26mm，并将偏移后的线段所在的图层改为中心线层。单击"默认"选项卡，在"绘图"功能区选择"圆"命令，捕捉俯视图上刚偏移形成的中心线与竖直中心线的交点，并以此作为圆心，绘制半径分别为13mm和7mm的两个同心圆；单击"默认"选项卡，在"修改"功能区选择"打断"命令，适当修剪超出同心圆的水平中心线，结果如图3.59所示。

② 单击"默认"选项卡，在"修改"功能区选择"偏移"命令，将主视图上的最下轮廓线向上偏移90mm。打开状态栏上的正交按钮，单击"默认"选项卡，在"绘图"功能区选择"直线"命令，分别捕捉俯视图中同心圆的左、右两侧象限点，并以此为起点，向上绘制竖直直线，终点为与刚刚偏移形成的直线的垂足，如图3.60所示。

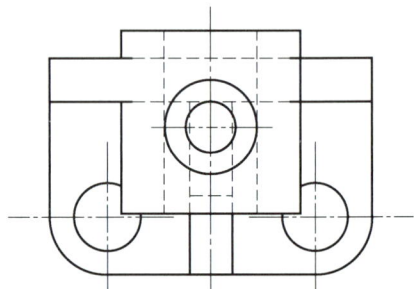
图3.59 修剪直线并绘制同心圆

③ 单击"默认"选项卡，在"修改"功能区选择"修剪"命令，修剪主视图上相关线段，并将修改后的里面两条线段所在图层转换为虚线层，如图3.61所示。

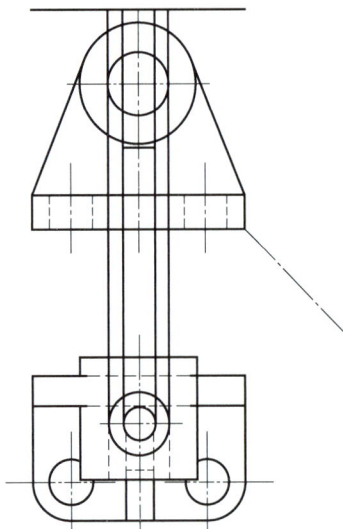
图3.60 偏移并绘制直线

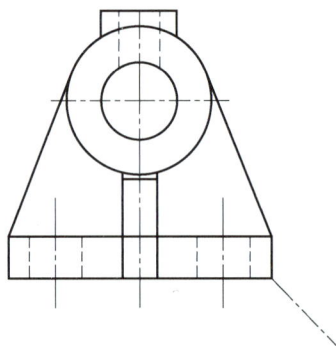
图3.61 修剪并转换图层

④ 单击"默认"选项卡，在"修改"功能区选择"偏移"命令，将左视图上的最下轮廓线向上偏移90mm、最左侧轮廓线向右偏移26mm，并将偏移后的竖直线分别向两侧偏移13mm和7mm。单击"默认"选项卡，在"绘图"功能区选择"直线"命令，分别捕捉主视图上的相关端点，以此作为起点，并以与第一次偏移形成的竖直线的垂足为终点绘制两条水平线，如图3.62所示。

⑤ 单击"默认"选项卡，在"修改"功能区选择"延伸"命令，将主视图上向两侧偏移形成的竖直线延伸到最上面的轮廓线。单击"默认"选项卡，在"绘图"功能区选择"圆弧"命令，按命令行提示操作。

命令：_arc；
指定圆弧的起点或[圆心（C）]:(捕捉相关交点)；
指定圆弧的第二个点或[圆心（C）/端点（E）]:(捕捉相关交点)；
指定圆弧的端点:(捕捉相关交点)。

采用同样的方法绘制另一个圆弧，结果如图3.63所示。

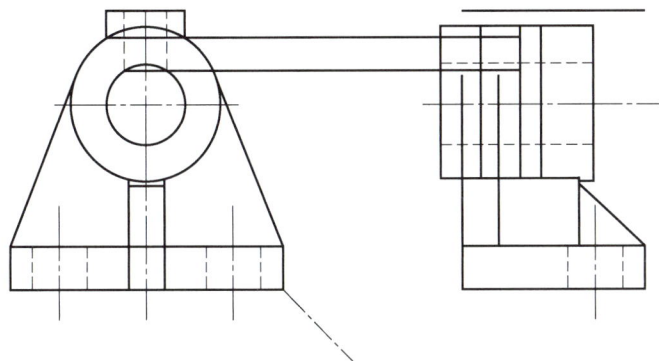

图 3.62　偏移并绘制直线

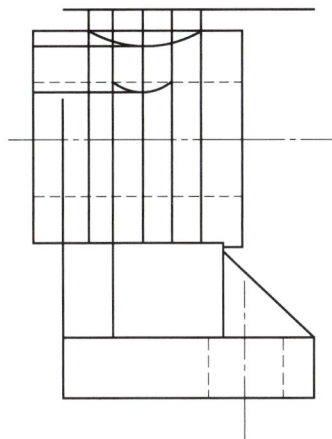

图 3.63　延伸并绘制圆弧

⑥ 单击"默认"选项卡，在"修改"功能区选择"修剪"命令，修剪左视图上的相关线段，并将修剪后的里面两条线段及对应的圆弧所在的图层转换为虚线层，如图 3.64 所示。

⑦ 选择与圆弧相交的竖直线，将其所在的图层转换为中心线层，单击"默认"选项卡，在"修改"功能区选择"移动"命令，按命令行提示操作。

> 命令:_move；
>
> 选择对象:(选择刚才转换图层的直线,并按[Enter]键)；
>
> 指定基点或[位移(D)]<位移>:(指定此线段的上端点)；
>
> 指定第二个点或<使用第一个点作为位移>:(向上拖动鼠标,在超出最上面轮廓线 2.5mm 的地方单击,以确定位置点)。

再单击"默认"选项卡，在"修改"功能区选择"打断"命令，进行修剪，结果如图 3.65 所示。

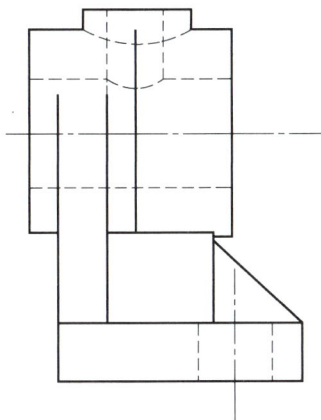

图 3.64　修剪并转换图层

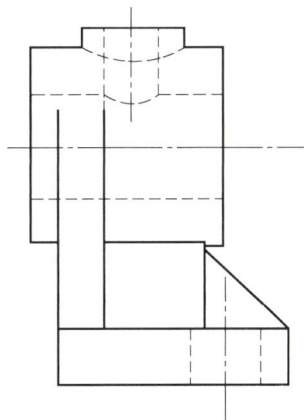

图 3.65　移动并修剪图线

（9）图线整理

① 单击"默认"选项卡，在"修改"功能区选择"删除"命令，删除辅助斜线；单击"默认"选项卡，在"修改"功能区选择"打断"命令，修整过长的中心线。

② 选择所有的中心线，然后单击鼠标右键，打开快捷菜单，选择其中的"特性"命令。打开"特性"对话框，将其中的"线型比例"设置成 0.3，最终结果如图 3.66 所示。

③ 单击快速访问工具栏上的"保存"按钮，将绘制的图形命名保存。

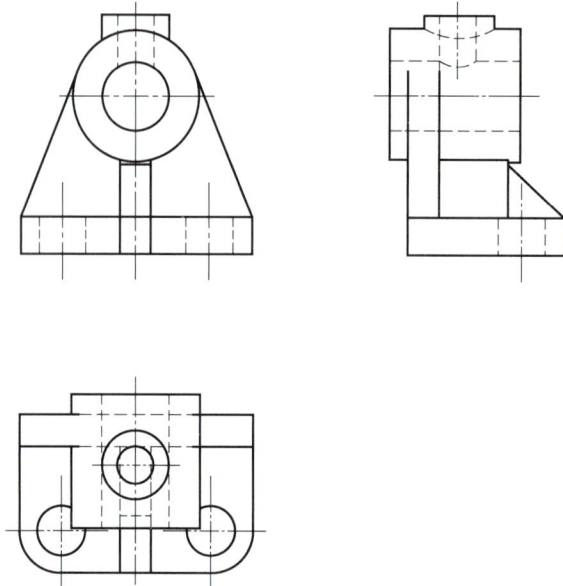

图 3.66　轴承座三视图

3.2.4　拓展练习

绘制图 3.67 所示轴承座的三视图。

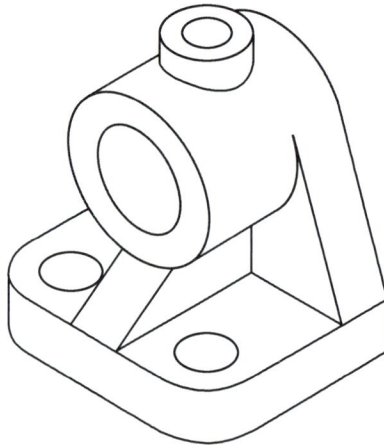

图 3.67　轴承座练习

项目 ④

机械零件图的绘制

▶学训融合

学会绘制机械零件图的知识，利用 AutoCAD 2024 绘制机械零件图，提高绘图技能，培育职业素养，树立正确的职业价值观。

知识目标：

（1）了解零件图图纸的绘制方法；

（2）了解零件图的绘制方法；

（3）了解零件图的尺寸标注方法及注意事项。

技能目标：

（1）掌握绘制零件图的基本方法和步骤；

（2）能够使用 AutoCAD 2024 绘制零件图图纸和零件图。

素养目标：

（1）具备精益求精的绘图能力；

（2）具备细致入微的标注分析能力。

任务4.1 零件图图纸的绘制

4.1.1 图框的绘制

1）单击"默认"选项卡，在"绘图"功能区中选择"矩形"（□）命令，绘制一个矩形，指定矩形两个角点的坐标分别为（0，0）和（420，297），按命令行提示操作。

命令：_rectang;

指定第一个角点或［倒角（C）/标高（E）/圆角（F）/厚度（T）/宽度（W）］：0,0;

指定另一个角点或［面积（A）/尺寸（D）/旋转（R）］：420,297。

执行上述命令的结果如图 4.1 所示。

2）单击"默认"选项卡，在"修改"功能区中选择"分解"命令，将所绘制的矩形分解，根据标题栏（GB/T 10609.1—2008）国家标准的相关规定，使用"默认"选项卡中"修改"功能区中的"偏移"命令，将图 4.1 的矩形框的四条边偏移，得到图 4.2 所示的幅面。

3）单击"默认"选项卡，在"修改"功能区中选择"修剪"命令，将多余线条删除，同时打开

图 4.1 绘制 A3 图框

线宽，得到如图 4.3 所示的 A3 图框。

图 4.2　偏移后的图框

图 4.3　A3 图框

4.1.2　标题栏的绘制

标题栏结构如图 4.4 所示，由于分割线并不整齐，所以可以先绘制一个 140mm×32mm（每个单元格的尺寸是 5mm×8mm）的标准表格，然后在此基础上合并单元格，从而形成图 4.4 所示的标题栏。

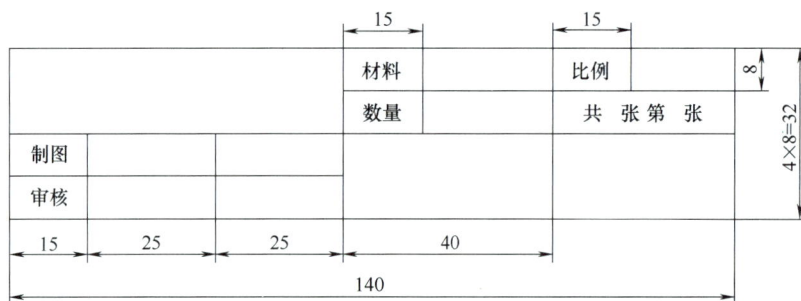

图 4.4　标题栏的结构

4.1.3　表格命令

AutoCAD 2024 自带的原生命令"TABLE"，可以和 Excel 一样自动计算数值。

1. 表格样式

（1）输入命令

输入命令可以采用下列方法之一。

① 单击"格式"菜单，选择"表格样式"命令按钮▦，打开"表格样式"对话框。

② 单击"默认"选项卡，在"注释"功能区选择"表格样式"命令按钮▦，或单击"默认"选项卡，在"注释"功能区单击"表格"命令按钮▦，选择"管理表格样式"子命令，或单击"注释"选项卡，在"表格"功能区选择"对话框启动器"▼命令。

③ 命令行：用键盘输入"TABLESTYLE"或"TS"。

执行表格命令后，系统会弹出"表格样式"对话框，如图 4.5 所示。

（2）新建表格样式

单击图 4.5 所示的"表格式样"对话框中的"新建"按钮，系统弹出"创建新的表格样式"对话框，在"新样式名（N）"文本框中输入样式名称，如图 4.6 所示。

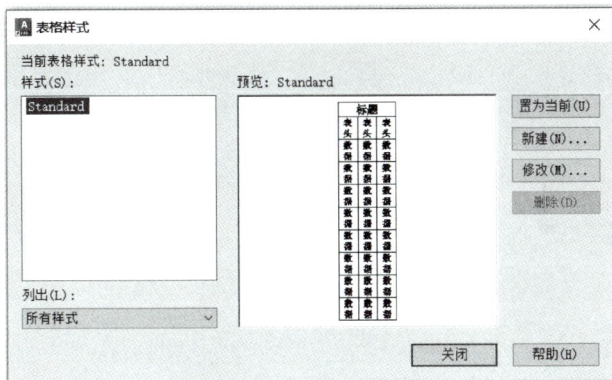

图 4.5　"表格样式"对话框

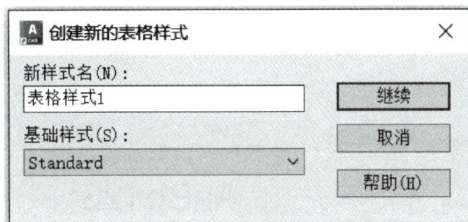

图 4.6　创建新的表格样式

单击"继续"按钮，系统弹出"新建表格样式：表格样式1"对话框，如图 4.7 所示，该对话框由"起始表格""常规""单元样式"和"单元样式预览"4 个选项组组成。

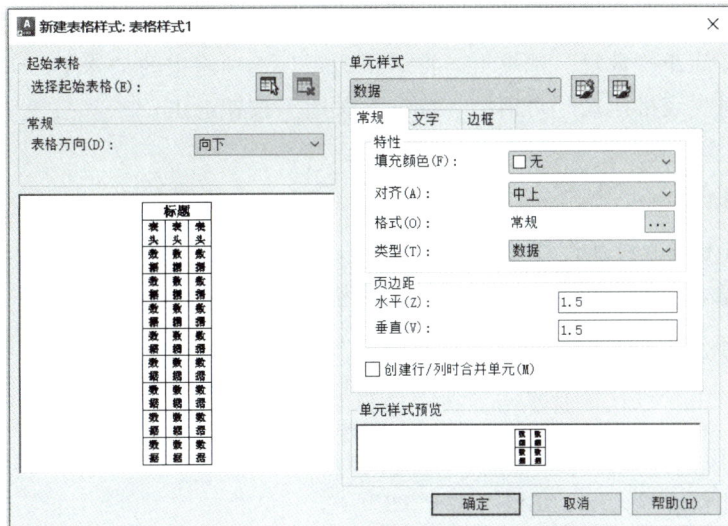

图 4.7　"新建表格样式"对话框

①"起始表格"选项组：该选项组允许用户在图形中指定一个表格作为表格样式的起始表格。单击"选择起始表格"按钮进入绘图区，可以在绘图区选择表格录入。"删除表格"按钮与"选择起始表格"按钮作用相反。

②"常规"选项组：该选项组用于更改表格的方向，通过"表格方向"下拉列表框选择"向上"或"向下"来设置表格的方向。"向上"创建由下而上读取的表格，标题行和列标题行都在表格的底部；预览框显示当前表格样式设置效果的样例。

③"单元样式"选项组。

单元样式下拉列表框。该下拉列表框中有"数据""表头""标题"三个选项。

"常规"选项卡。该选项卡用于控制数据栏与标题栏的上下位置关系。

"文字"选项卡。该选项卡用于设置文字的属性。单击此选项卡，在"文字样式"下拉列表框中可以选择已定义的文字样式，也可以单击右侧的按钮重新定义文字样式，如图 4.8 所示。

"边框"选项卡。该选项卡用于设置表格的边框格式、表格线宽和表格颜色等。

④"单元样式预览"选项组。在预览框中显示创建的表格单元样式。单击"确定"按钮关

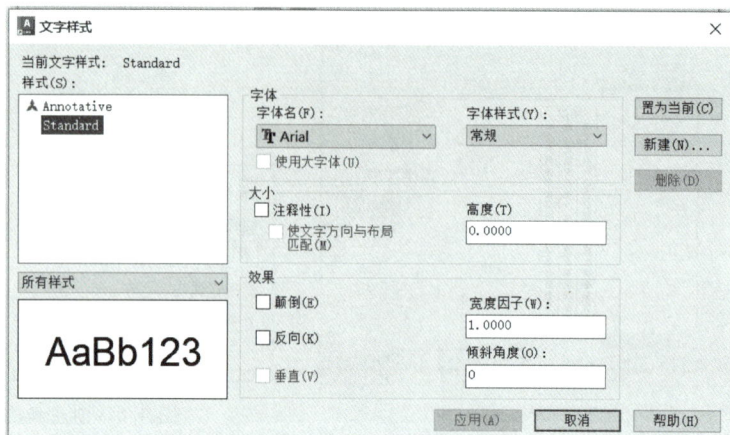

图 4.8 "文字样式"对话框

闭对话框，返回绘图区。

例，在"单元样式"下拉列表中选择"数据"选项，在下面的"文字"选项卡中将文字高度设置为3mm；再打开"常规"选项卡，将"页边距"选项组中的"水平"和"垂直"都设置成1mm。系统回到"表格样式"对话框，单击"关闭"按钮退出。

2. 创建表格

（1）输入命令

输入命令可以采用下列方法之一。

① 工具栏：单击"绘图"工具栏，选择"表格"（⊞）命令；

② 菜单栏：单击"绘图"菜单，选择"表格"（⊞）命令；

③ 功能区：单击"默认"选项卡，在"注释面"功能区选择"表"（⊞）命令，或者单击"注释"选项卡，在"表格"功能区选择"表格"（⊞）命令。

④ 命令行：用键盘输入"TABLE"或"TB"。

（2）执行操作

① 执行输入命令，系统会打开"插入表格"对话框，如图4.9所示。在"列和行设置"选

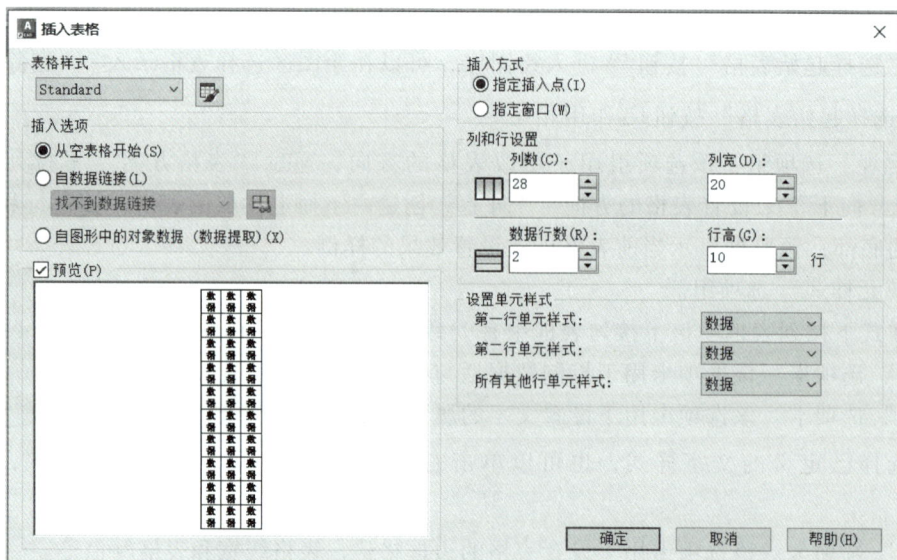

图 4.9 "插入表格"对话框

项组中将"列数"设置为"28",将"列宽"设置为"20",将"数据行数"设置为"2",将"行高"设置为"10";在"设置单元样式"选项组中,将"第一行单元样式""第二行单元样式""所有其他行单元样式"都设置为"数据"。

② 在图框线右下角附近指定表格位置,系统会自动生成表格,按［Enter］键,不输入文字,生成的表格如图 4.10 所示。

③ 单击表格中的一个单元格,系统会显示其编辑夹点,单击鼠标右键,在打开的快捷菜单中选择"特性"命令,系统会打开"特性"选项板,如图 4.11 所示,在此将"单元高度"设置为"20",该单元格所在行的高度也将统一改为 20mm(宽度为 12mm)。采用同样的方法将其他行的高度也改为"20"。

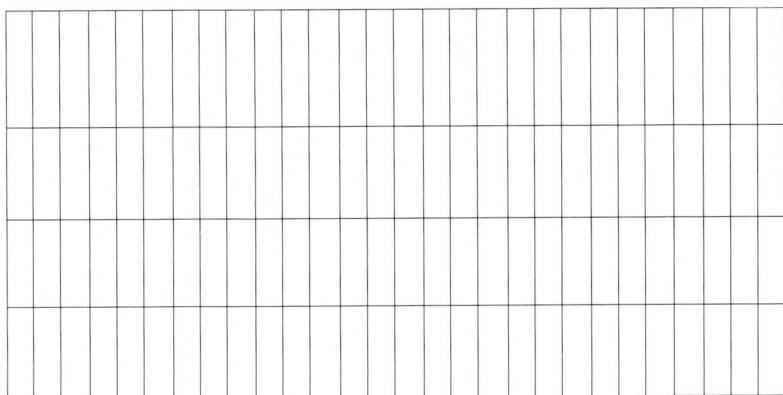

图 4.10 生成的表格　　　　　　　　图 4.11 "特性"选项板

④ 选择 A1 单元格,同时按住［Shift］键,同时选择右边的 12 个单元格及下面的 13 个单元格,单击鼠标右键,打开快捷菜单,选择其中的"合并"→"全部"命令,结果如图 4.12 所示。采用同样的方法合并其他单元格,结果如图 4.13 所示。

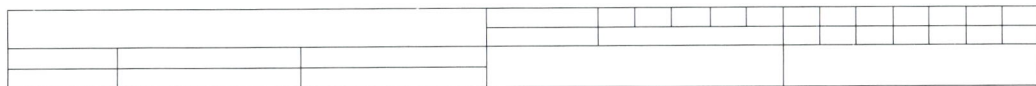

图 4.12 合并单元格

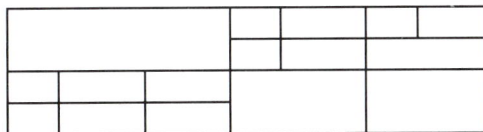

图 4.13 完成表格的绘制

⑤ 在单元格中单击鼠标左键,打开"文字编辑器"选项卡,在单元格中输入文字,并将文字高度改为"6",采用同样的方法输入其他单元格文字,可得到图 4.14 所示的标题栏。

		材料		比例	
		数量		共 张 第 张	
制图					
审核					

图 4.14 完成标题栏文字输入

任务4.2 零件的绘制

4.2.1 绘图环境设置

1. 图层设置

在"图层"面板中单击"图层特性"按钮,在打开的"图层特性管理器"选项板中单击"新建图层"按钮,依次创建9个图层,如图4.15所示,随后关闭该选项板。

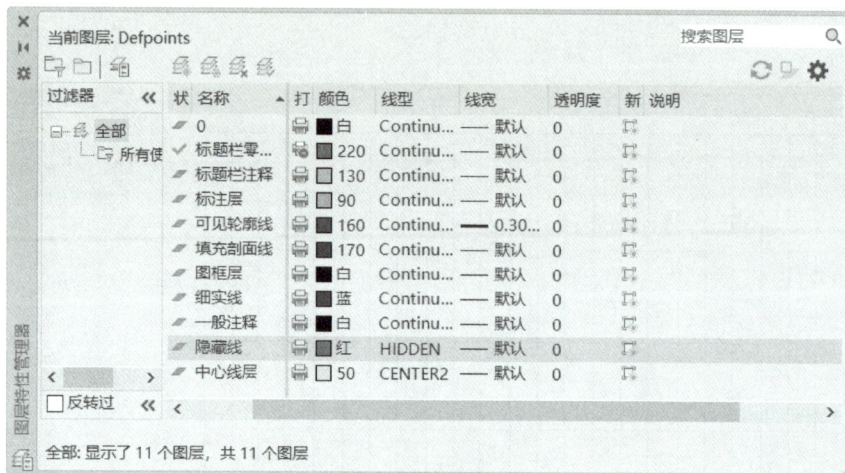

图 4.15 图层设置

2. 图块操作

(1)定义图块

可使用以下三种方式进行块定义。

① 在命令行输入"BLOCK";菜单栏:单击"绘图"菜单选择"块"命令,选择"创建"子命令;

② 工具栏:单击"绘图"菜单,选择"创建块"命令。

③ 功能区:单击"默认"选项卡,在"块"功能区中选择"创建"命令。

执行上述命令之一后,系统会打开图4.16所示的"块定义"对话框,该对话框可以指定定义对象、基点及其他参数,也可以定义图块并命名。

(2)保存图块

在命令行输入"WBLOCK"。

执行该命令行后,系统会打开图4.17所示的"写块"对话框,利用此对话框把图形对象保存为图块或者把图块转换成图形文件。

(3)插入图块

采用下列方法之一可以定义和插入表面粗糙度块。

在命令行输入"INSERT";

菜单栏:单击"插入"菜单,选择"块选项板"命令;

工具栏:单击"插入"菜单,选择"插入块"或者"绘图"命令。

① 首先,绘制粗糙度的基本符号。符号的大小、线宽、角度都有其标准。其基本符号的外形有点像对勾,两边线段与水平线成60°,短边的垂直高度为5,长边的垂直高度为11,两段线

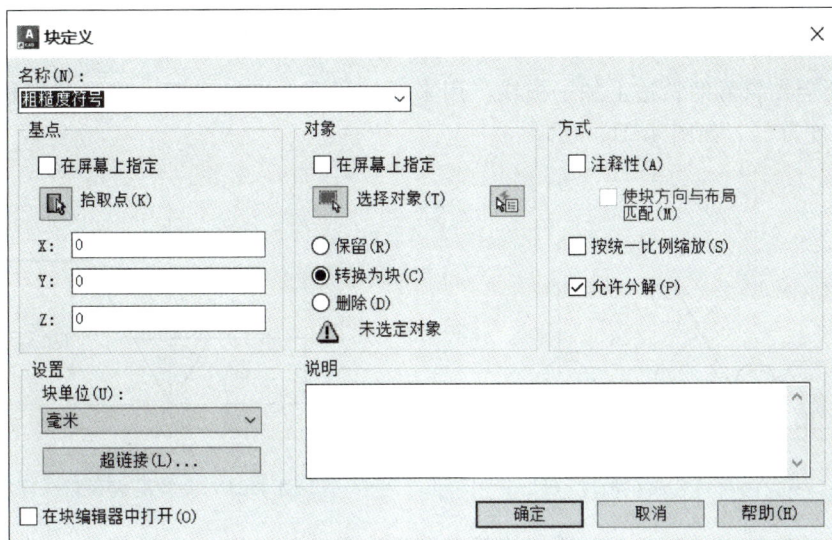

图 4.16　"块定义"对话框

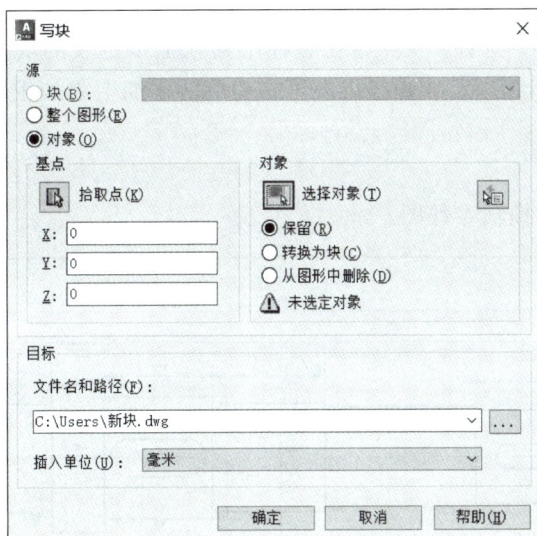

图 4.17　"写块"对话框

段为左右对称关系，这样就构成了粗糙度的基本符号，如图 4.18 所示。

②在基本符号的基础上加上一短划线，表示所指的表面是用去除材料的方法获得的。这种方式是最常见的，如图 4.19 所示。

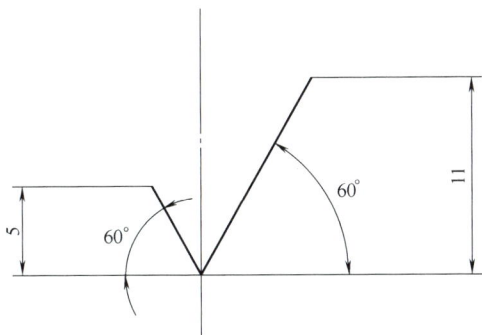

图 4.18　表面粗糙度符号

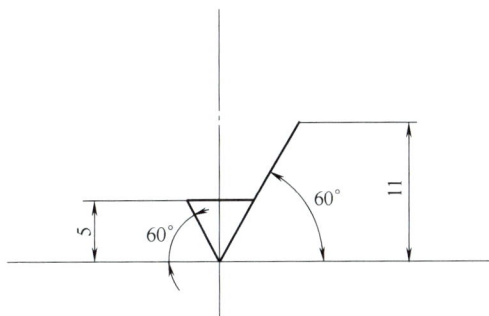

图 4.19　去除材料表面粗糙度符号

③ 在基本符号加一个小圆，表示表面是用不去除材料的方法获得的，或者表示要保持上道工序得到的表面。这种方式较少用到，如图 4.20 所示。

④ 一般还会在符号的长边上加一横线，用来标注说明和有关参数，由这些即构成了一个完整的表面粗糙度符号，如图 4.21 所示。

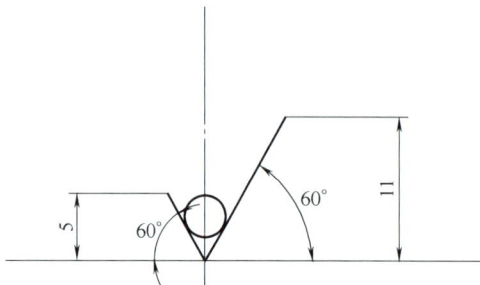

图 4.20　不去除材料表面粗糙度符号　　　图 4.21　完整的表面粗糙度符号

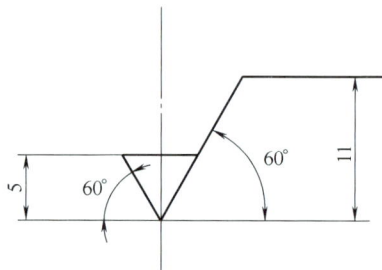

⑤ 打开定义块的对话框；在对话框的基点定义上单击拾取点，选择符号长短边相交的顶点作为基点；单击选择对象，将符号的所有元素全部选中，同时给定义的块命名，这里命名为"粗糙度"。

⑥ 单击"插入"菜单，选择"块"，在名称中输入上步定义的块名称：粗糙度；将插入点与比例都勾选为"在屏幕上指定"。确定后即可在相应的表面上添加粗糙度符号。

4.2.2　绘制零件平面图

绘制图 4.22 所示的阶梯轴零件图。

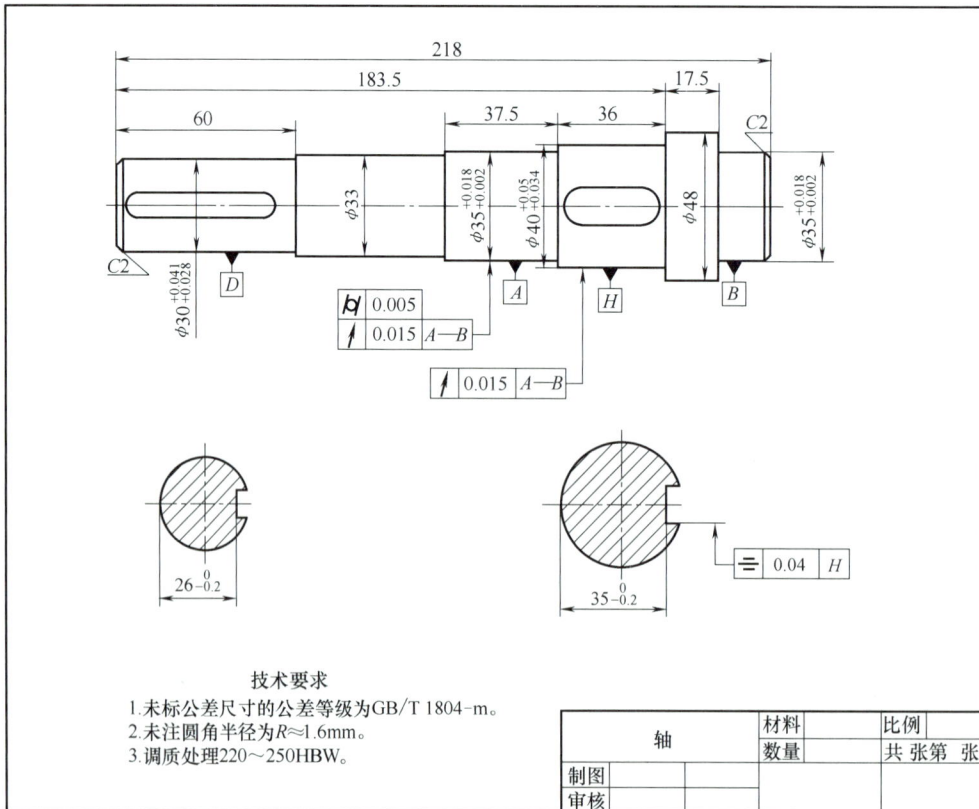

图 4.22　阶梯轴零件图

1. 绘图分析

根据轴套类零件设计及加工的一般方法确定绘制过程。如图 4.23 所示，零件图的主视图可看作是沿径向尺寸基准对称的图形，各阶圆柱体的主视图均为矩形，其横截面为圆形。

1）阶梯轴径向尺寸基准如图 4.23 所示。

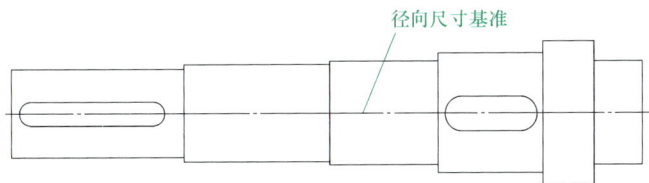

图 4.23　阶梯轴径向尺寸基准

2）阶梯轴轴向主要尺寸基准如图 4.24 所示。

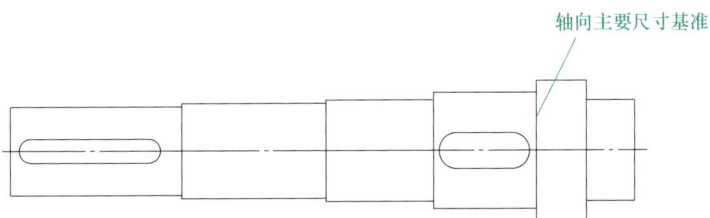

图 4.24　阶梯轴轴向尺寸基准

2. 绘图步骤

（1）新建文件

利用建立的 A3 样板文件新建图形，并保存为"阶梯轴零件图"。

（2）绘制毛坯

① 设置图层，并将"中心线"层设置为当前图层，如图 4.25 所示。

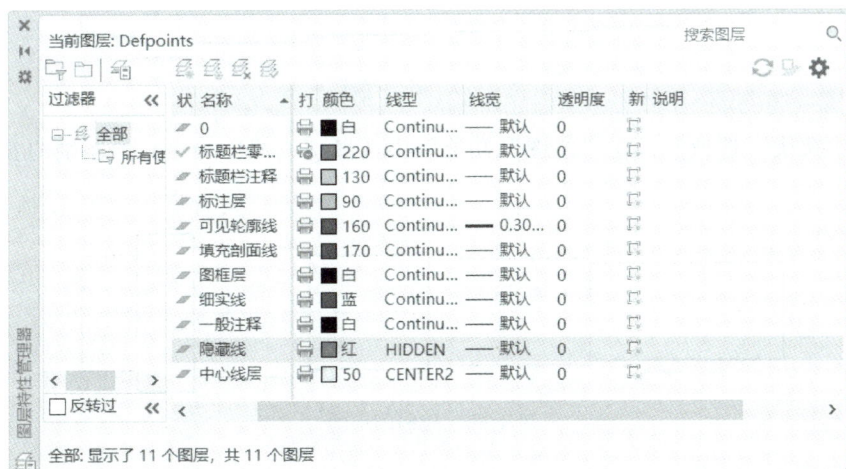

图 4.25　图层设置

② 绘制基准中心线。单击"默认"选项卡，在"绘图"功能区选择"直线"命令，绘制长度为 225mm 的直线，如图 4.26 所示。

图 4.26　绘制中心线

③ 选择当前图层为粗实线层，画轴的轮廓线。单击状态栏中的"正交模式"按钮，"对象捕捉"按钮和"线宽"按钮，使它们都变成打开状态。单击"默认"选项卡，在"绘图"功能区选择"直线"命令，在距离中心线左端点3mm处指定直线第一个点，如图4.27所示，以直线命令绘制阶梯轴的上半部分图形，如图4.28所示。

图 4.27　绘制第一个点

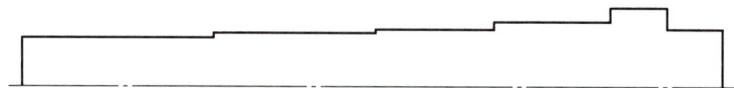

图 4.28　绘制阶梯轴上半部

④ 单击"默认"选项卡，在"修改"功能区中选择"镜像"命令，按命令行提示操作。

命令:_mirror；

选择对象:(选择刚绘制的轮廓线)；

选择对象:(按[Enter]键)；

指定镜像线的第一点:(选择水平中心线上一点)；

指定镜像线的第二点:(选择水平中心线上另一点)；

要删除源对象吗? [是(Y)/否(N)]<否>:(按[Enter]键)。

执行上述命令的结果如图4.29所示。

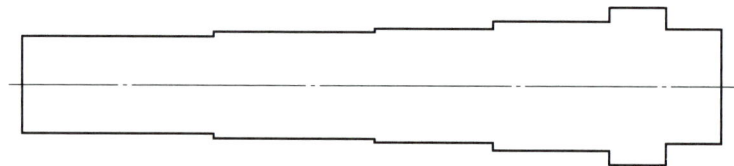

图 4.29　镜像图线

⑤ 单击"默认"选项卡，在"绘图"功能区中选择"直线"命令，绘制轴的各端面线，如图4.30所示。

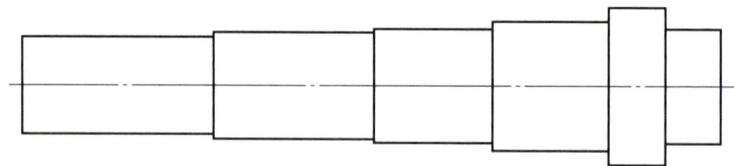

图 4.30　绘制端面线

（3）绘制键槽

① 绘制轴左端的一个键槽，单击"默认"选项卡，在"绘图"功能区中选择"圆"命令，捕捉距离水平中心线左端点7mm处的点为圆心，绘制半径为4mm的圆，距离左侧圆心42mm绘制直径为4mm的圆，单击"默认"选项卡，在"绘图"功能区中选择"直线"命令，绘制两圆的公切线，如图4.31所示。

② 单击"默认"选项卡，在"修改"功能区中选择"修剪"命令，修剪键槽多余线条，如图4.32所示。

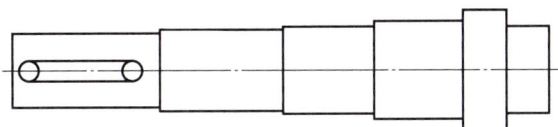

图 4.31 绘制左端键槽

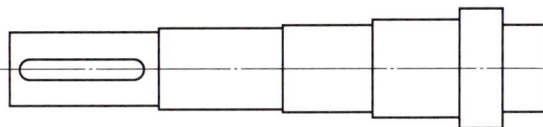

图 4.32 修剪多余线条

③ 利用同样的方法绘制右端键槽，结果如图 4.33 所示。

④ 绘制两端倒角。

执行"修改"面板中的"倒角"命令，此时命令提示选择直线，在命令行中输入"T"并按［Enter］键，再输入"T"并按［Enter］键，然后在命令行中输入"D"并按［Enter］键，输入两个倒角的距离均为"2"并按［Enter］键，绘制两端 C2 倒角，如图 4.34 所示。

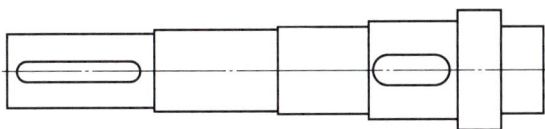

图 4.33 绘制右端键槽

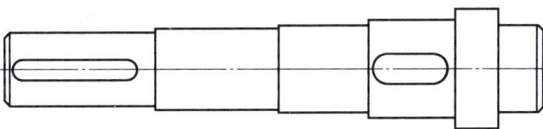

图 4.34 倒角

（4）尺寸标注

① 标注尺寸及公差，将"标注"层设置为当前图层，标注结果如图 4.35 所示。

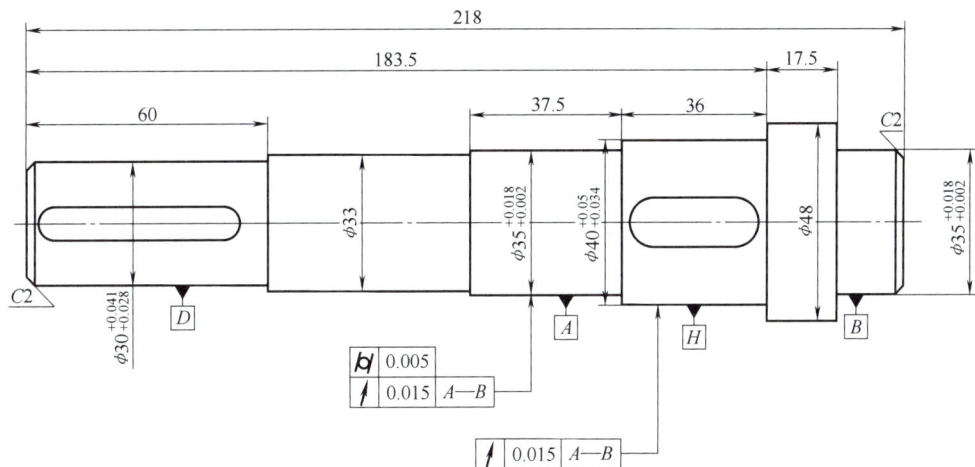

图 4.35 标注尺寸及公差

② 标注技术要求如图 4.36 所示。

技术要求

1. 未标公差尺寸的公差等级为GB/T 1804—m。
2. 未注圆角半径为$R \approx 1.6$mm。
3. 调质处理220～250HBW。

图 4.36 技术要求

（5）保存文件

单击"文件"菜单，选择"保存"命令。

4.2.3 拓展练习

绘制图 4.37 所示的小轴零件图。

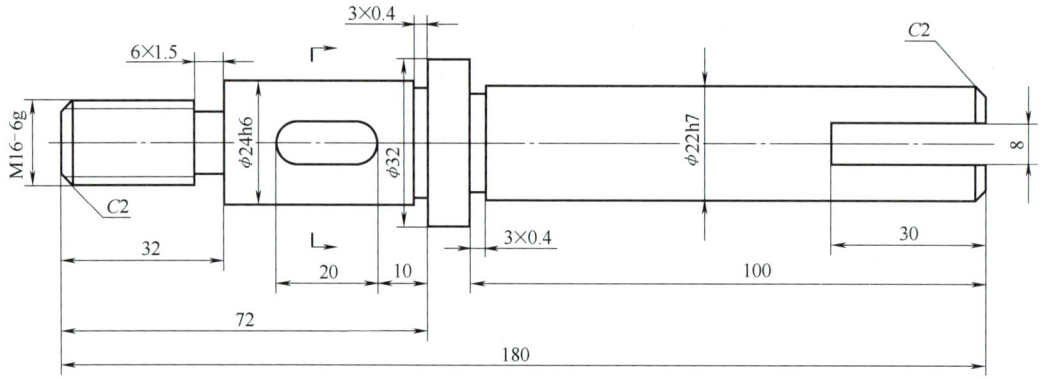

图 4.37　小轴

项目 5

电气图的绘制

学训融合

以青年工匠为楷模，做中国先进制造业的技术技能型人才。

知识目标：

（1）了解电气接线图的特点；

（2）掌握电气接线图的布局与规划；

（3）熟悉电气接线图项目、端子及导线的表示方法；

（4）掌握有装订线 A3 图幅的画法。

技能目标：

（1）能够绘制供配电系统常用元器件；

（2）能够识读电气图；

（3）能够绘制电气控制图；

（4）能够绘制电力系统图。

素养目标：

（1）具备供配电系统常用元器件的绘制能力；

（2）具有电气接线图的布局与绘图规划的能力；

（3）具备接线图绘图和识图能力。

任务5.1 电气元器件的绘制

5.1.1 电气元器件的识图与绘制

1. 电气图的分类

电气工程中的设计、施工等各部门进行沟通和交流信息时均以电气图为载体。对于同一套电气设备，可有不同类型的电气图，以适应不同使用对象的要求。以供配电设备为例，要表示清楚设备的功能、用途、工作原理、安装和使用方法等，要有表示一次回路和二次回路控制原理的主电路图；表示系统的规模、整体方案、组成情况、主要特性的概略图；表示元器件之间的关系、连接方式和特点的接线图；表法设备安装位置、安装高度、安全规范等的位置图。

电气图是用电气图形符号、线框、简化外形等表示电气工作原理、描述设备结构和功能的一种简图。常用的电气图包括概略图、电路图、位置图、接线图、设备布置图、设备元器件和材料表等。

（1）概略图

概略图就是用符号或带注释的框概略表示系统、子系统、装置、设备、软件等的基本组成、相互关系及主要特征的一种简图，通常用单线表示。概略图采用功能布局法，清楚地表达过程和信息的流向，如图5.1所示。为了便于识图，控制信号流向与过程流向应互相垂直。概略图通常是工程设计图集中的第一张图，为进一步编制详细的技术文件以及绘制电路图、接线图和逻辑图等提供依据，也为进行有关计算、选择导线和电气设备等提供了重要依据。

电气概略图是根据电气制图及电气图形符号国家标准规定的图形符号和文字符号，以功能性为基础，将系统各功能组成部分按一定的控制要求，用工程图的表达形式，通过信息流的方式进行连接，表达各组成部分之间关系，以便于工程技术人员在电气系统设计、施工、调试、维护中的识读。

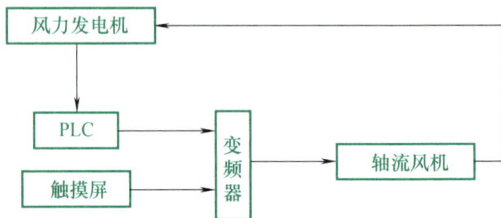

图5.1　概略图

（2）电路图

电路图也称为电气原理图，是用电气制图及电气图形符号国家标准规定的图形符号和文字符号，详细表示元器件、设备或成套装置的工作原理、基本组成和连接关系的一种简图。电路图用工程化的语言表达设备的结构、工作原理及可实现的功能，不需要考虑元器件、设备等的实际形状和位置，根据元器件、设备在电路中所起的作用进行图面布置，以便于工程技术人员理解设备工作原理、分析和计算电路特性及参数，为编制接线图，安装、维修提供操作依据。如图5.2所示，电路图中设备和元器件采用符号表示，并以适当形式标注其代号、名称、型号、规格、数量等。

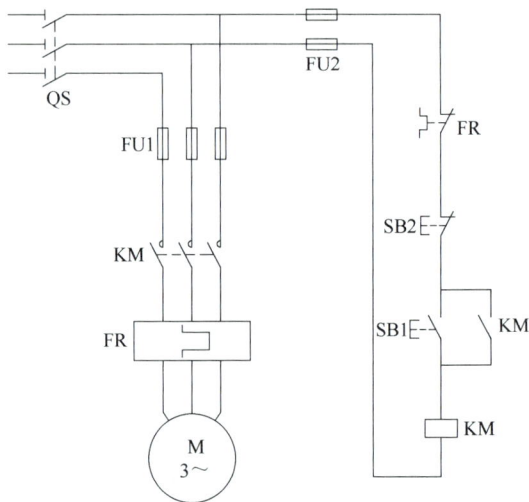

图5.2　电路图

（3）位置图

位置图是表示成套装置和设备中各个项目的布局、安装、装配的简图。位置图是在建筑平面图的基础上使用图形符号进行绘制的。电气图中常见的位置图包括电气设备布置图、电气设备电缆路由图、电气设备安装图等。电气设备布置图是表示工程项目中各类电气设备及装置的布置、安装方式和相互位置关系的示意图，图5.3所示为某变电所电气设备安装图。电气设备电缆路由图表示电缆、电缆束、电缆沟、槽、导管、线槽、固定件等位置的简图。电气设备安装图是提供电气设备安装位置和连接关系的简图。

（4）接线图

接线图是表示成套装置、设备、电气元器件连接关系的简图，是用以进行接线和检查的一种简图或表格。接线图包括单元接线图、互连接线图、端子接线图等。

绘制接线图时应遵循如下原则。

① 在接线图中，电气设备及元器件按国标图形符号表示，同一设备或元器件符号不得分开画。

② 在接线图中，需表示电气元器件的实际安装位置、实际配线方式，不需要表示电路的原理和元器件间的控制关系。

③ 在接线图中，根据设备及元器件的形状大小，按统一比例进行绘制，图中的控制元器件位置要依据它所在的实际位置绘制。

④ 在接线图中，安装底板内外的电气元器件之间的连线通过接线端子板进行连接，安装底

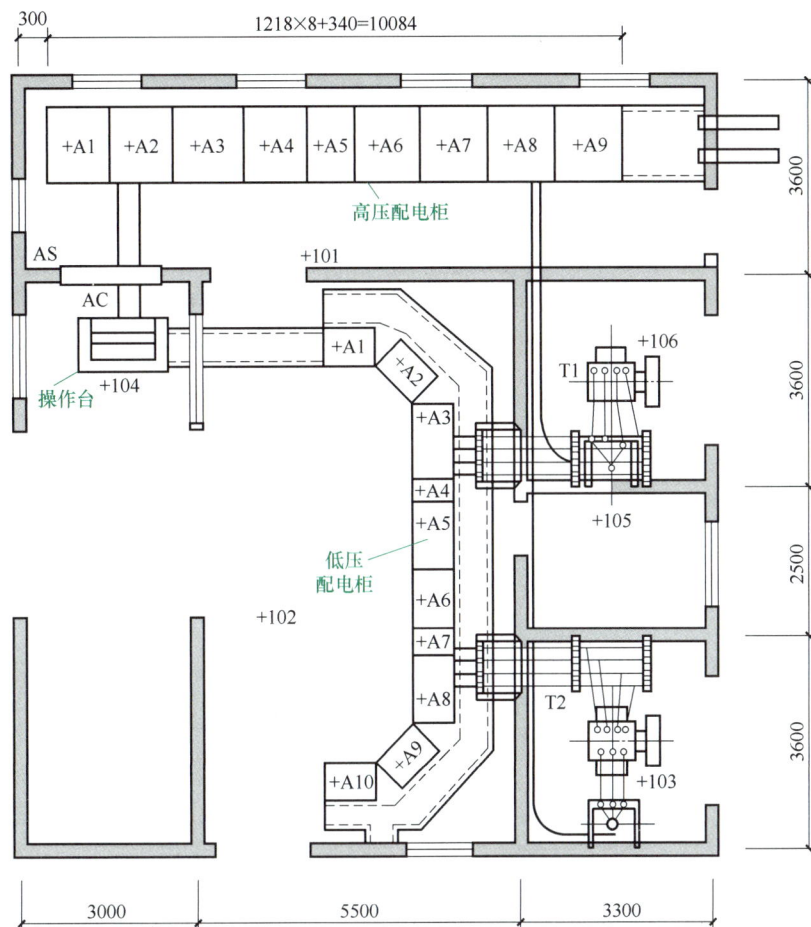

图 5.3　变电所电气设备安装图

板上有几条接至外电路的引线，端子板上就应绘出几条线的接点。

（5）设备布置图

设备布置图由平面图、主面图、断面图、剖面图等组成，表示各种设备和装置的布置形式、安装方式及相互之间的尺寸关系，通常这种图按三视图原理绘制。

（6）设备元器件和材料表

设备元器件和材料表是把成套装置、设备中各组成部分和相应数据列成表格，以表示各组成部分的名称、型号、规格和数量等，方便了解各元器件在装置中的作用和功能，从而读懂装置的工作原理。设备元器件和材料表是电气图的重要组成部分，它可置于图中的某一位置，也可单列一页。

电气图种类较多，根据项目对象、目的和用途的不同，所需图的种类和数量也不同。根据图样的复杂程度，可将成套装置或设备分解为不同的系统，每个系统选择以上若干种类型图进行表达。总的原则是，在能表达清楚的前提下，电气图越简单越好。

2. 电气图的表示方法

（1）元器件符号表示方法

电路图涉及大量的电气元器件（如接触器、继电器、开关、熔断器等），为了表达控制系统的设计意图，便于分析系统工作原理，在绘制电气原理图时所有电气元器件不画出实际外形，而是采用统一的图形符号和文字符号来表示。

同一电气元器件的不同部分（如线圈、触点）分散在图中，如接触器主触点画在主电路中，接触器线圈和辅助触点画在控制电路中，为了表示是同一电气元器件，要在电器的不同部分使用同一文字符号来标明，如图5.4所示接触器的主触点、辅助触点、线圈均使用KM标明。

对于几个同类电气元器件，在表示名称的文字符号后面加上一个数字序号，以示区别。如图5.4所示，按钮SB1、SB2，熔断器FU1、FU2等。

（2）元器件的基本表示法

① 电气元器件的集中表示法（整体表示法）。电气元器件的所有电气连接表示在一个框内，可以构成完整的图形符号。把设备或成套装置中一个项目的各组成部分的图形符号在简图上绘制在一起的方法，称为电气元器件的集中表示法，该方法适合较为简单的图形，如图5.5所示。

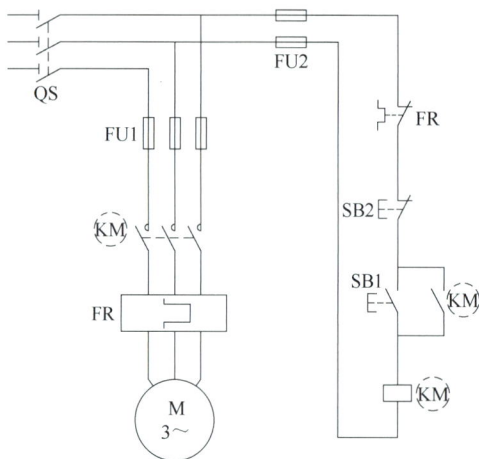

图5.4　电动机起停控制电路图

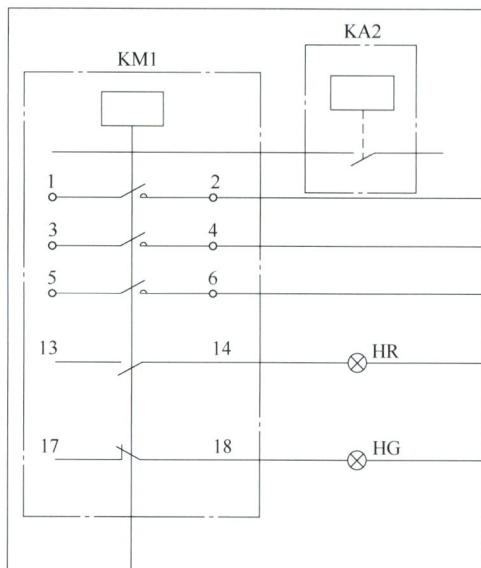

图5.5　元器件的集中表示法

② 电气元器件的分开表示法。分开表示法也称为展开表示法，是把图形符号的各个部分在图中按作用、功能分开布置，但是仍然用同一项目代号来表示。

因为此表示法使设备和装置的电路布局清晰，易于识读，所以大多数电路图的电气简图均采用分开表示法，如图5.4中所示接触器的主触点、辅助触点和线圈即为分开表示法。

③ 电气元器件的半集中表示法。为了使设备和装置的电路布局清晰，易于识别，将一个项目中某些部分的图形符号在简图上分开布置，并用机械连接符号表示它们之间的关系。机械连接线可以弯折、分支和交叉，如图5.6所示。

（3）电气元器件工作状态表示方法

在电气系统中，部分电气元器件具有可动部分，如继电器的触点、按钮等。绘制电气图中的电气元器件时，可动部分应按照元器件"正常状态"表示，即非激励或不工作时的状态或位置。如图5.4中的KM常开触点、常闭触点。

图5.6　元器件的半集中表示法

（4）电气元器件的触点表示方法

元器件触点分为两大类：一是由电磁力或人工操纵的触点，如继电器（电磁型、感应型、晶体管型等）、接触器、开关、按钮等的触点；二是非电和非人工控制的触点，如各种非电继电器（气体继电器、速度继电器、压力继电器等）、行程开关等的触点。

① 对于电磁继电器、接触器、开关、按钮等的触点，在同一电路中，在加电或受力后，各触点符号的动作方向应一致。触点符号表示采用"左开右闭，下开上闭"的原则，即当触点垂

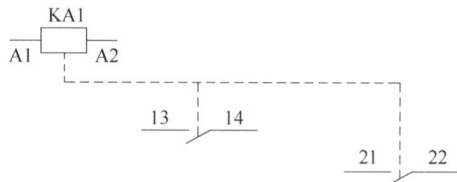

直放置时，动触点在静触点左侧为动合（常开）触点，而在右侧为动断（常闭）触点；当触点符号水平放置时，动触点在静触点下方，为动合（常开）触点，在上方为动断（常闭）触点，如图5.7所示。

② 非电和人工操作的触点符号，在其触点符号附近表明运行方式，用图形、操作器件符号及注释、标记和表格表示。

（5）连接线的表示方法

在电气接线图中，各元器件之间都采用导线连接，起到传输电能、传递信息的作用。

导线的一般符号如图5.8所示。

一般的图线就可表示单根导线，它也可用于表示导线组、电线、母线、绞线、电缆、线路及各种电路（能量、信号的传输等），并可根据情况通过图线粗细、加图形符号及文字、数字来区分各种不同的导线，如图5.8所示。

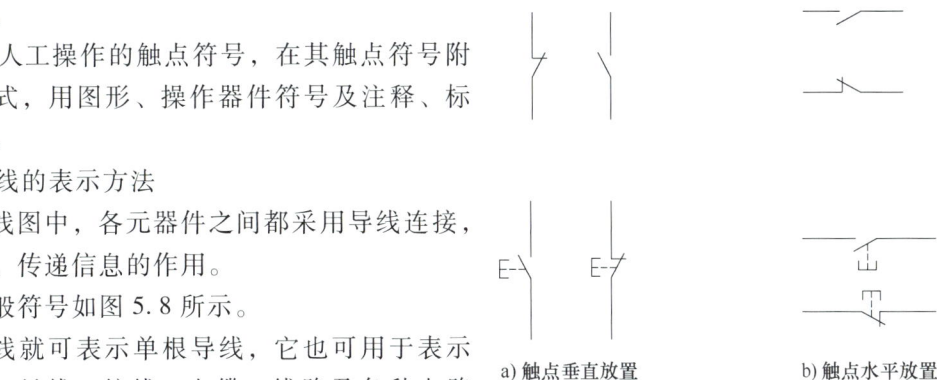

a) 触点垂直放置　　b) 触点水平放置

图 5.7　触点放置方式

图 5.8　导线的表示方法

5.1.2　块命令

在绘制电气图时常常用到同类型的元器件，这些元器件具有一样或相似的图形符号。为了减少重复绘制，提高绘图质量和效率，AutoCAD软件提供了关于"块"的操作。块是通常用于符号、零件、局部视图和标题栏的复合对象，是由一个或多个图形对象组合而成的（并不要求相连在一起），被定义成"块"的对象表现为一个整体单元，方便到处整体移动和编辑。"块"相当于集装箱，如果在电气图中多处用到同样的一批图形，则可以先做成"块"，只要在指定点插入该"块"，就能完成图形绘制，减少了每次绘制相同图形的重复工作。

使用块具有以下优点：

1）可以确保图形中家具、设备、零件、符号和标题栏的相同副本之间的一致性。

2）相较于对选定各个几何对象进行操作，可以更快地插入、旋转、缩放、移动和复制块。

3）如果编辑或重新定义块定义，该图形中的所有块参照都将自动更新。

4）可以在块中包含零件号、成本、服务日期和性能值等数据。数据存储在称为块属性的特殊对象中。

通过插入多个块参照而不是复制对象几何图形，可以减小图形的文件大小。

块定义可以通过"创建块"或"写块"命令实现。把选中的基本图形元素生成一个整体，可以在同一个图形文件内插入，或在另一个绘图文件中被调用。

1. 创建块

选取要定义成块的图形对象，通过以下三种方式可以打开图5.9所示的"块定义"对话框进行"创建块"操作。

1）在命令行输入"BLOCK"，按［Enter］键确认。

2）单击"绘图（D）"菜单，选择"块（K）"命令，选择"创建块（M）"子命令。

3）单击"块"功能区中"创建"选项卡中"块"面板上的"创建"命令（⬚）。

创建块时，将弹出"块定义"对话框，可定义块名称、设置插入基点、设置保存路径等。设置好后，保存图块，以供图形编辑需要时调用，如图5.9所示。生成块后，单独的线条元素会变成一个整体图符。如图5.10所示的互感器，块定义前选中图形时表示的线条元素和块定义后选中时变成整体图形的情况。

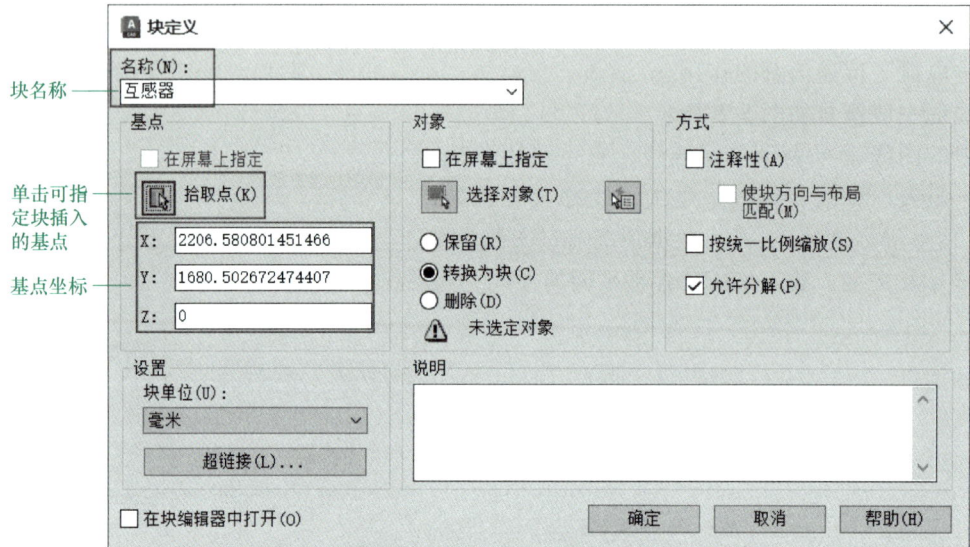

图5.9 "块定义"对话框

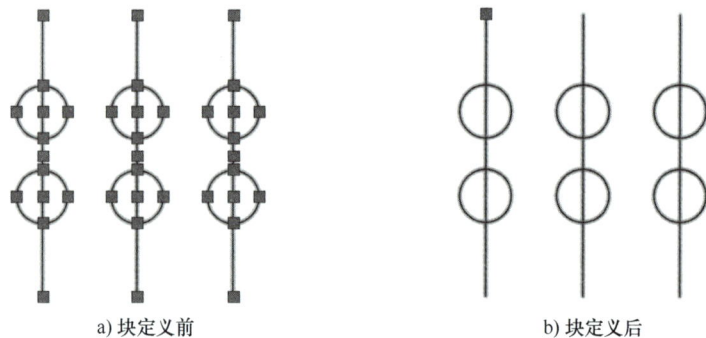

a）块定义前　　　　　　　b）块定义后

图5.10 块定义前后对比

在进行块定义时需要注意的是，必须先单击"创建块"（⬚）命令，打开"块定义"对话框，再单击"选择对象"（⬚）命令，此时返回绘图窗口进行图形的选择，然后输入块的名称。若先选择图形对象，再单击"创建块"（⬚）命令，打开"块定义"对话框，则选择的图形对象无效，需要再次选择。如图5.9所示，如果要使块在插入后不能被分解，那么在定义块时不要勾选"允许分解"项，那么在以后块被调用插入后，即使使用"分解"命令，该块仍然保持整体性。

2. 写块

用"BLOCK"命令定义的块保存在其所属的图形中，因此该块只能在该图形文件中插入，而不能插入到其他的图形文件中。但是有些块在许多图中经常用到，如电气图中的熔断器、电动机、接触器等，这时可以用"WBLOCK"命令把块以图形文件的形式（扩展名为.dwg）保存到指定的图形文件，该图形文件就可以在任意图形文件中使用。

选取要定义成块的图形对象，通过以下两种方式可以打开图 5.11 所示的"写块"对话框进行操作。

1）在命令行中输入"WBLOCK"，按［Enter］键确认。

2）在功能选项板中选择：插入→块定义→写块（图标为 ），弹出"写块"对话框。利用"写块"对话框可把图形对象保存为图形文件或把块转换成图形文件，图 5.11 所示为"写块"对话框。

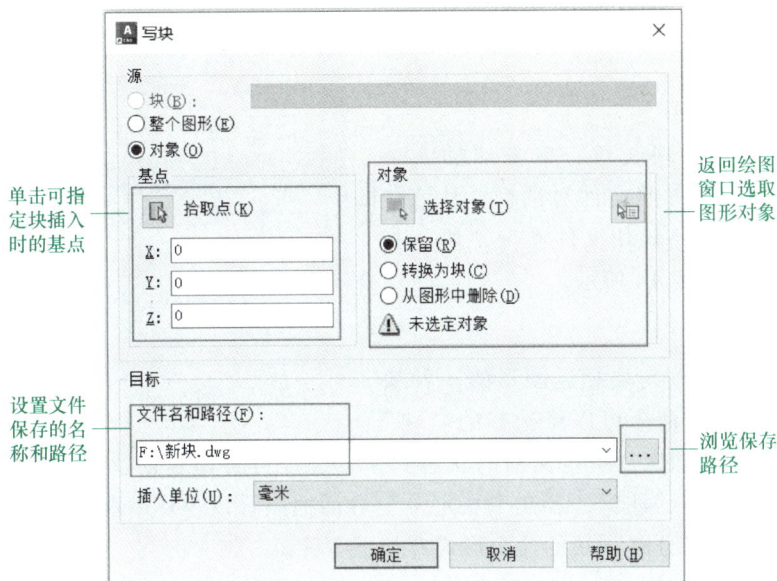

图 5.11　"写块"对话框

3. 插入块

在用 AutoCAD 绘图的过程中，可根据需要随时把已经定义好的块或图形文件插入当前图形的任意位置，在插入的同时还可以指定其位置、比例和旋转，按不同位置、比例和旋转角度插入对该块。在将块插入到图形中时，将根据图形中定义的单位比例自动缩放为在块中定义的单位。例如，如果测量单位在目标图形中为米，在块中为厘米，该块将按照 1/100 的比例插入。

插入块的操作有以下 5 种方法。

（1）功能区库

在"默认"选项卡的"块"面板中，可以单击"插入"来显示当前图形中块定义的库，如图 5.12 所示。当有要快速插入的少量块时可使用库（方法是在图形中单击并放置它们）。

（2）"块"选项板

当在图形中使用适当数量的块时，"块"选项板设计用于随时提供快速访问。在"块"选项板中，显示组织为以下四个选项卡的块："当前图形""最近使用""收藏夹"和"库"。可以使用"BLOCKSPALETTE"命令访问"块"选项板，如图 5.13 所示。

图 5.12　功能区
"块"面板

（3）工具选项板

"工具选项板"窗口专为使用各种块的情况设计，提供了许多选项卡，可以为相关块和专业工具集创建自定义选项卡。通过将块工具拖动到图形中，或单击块工具然后指定插入点，可以

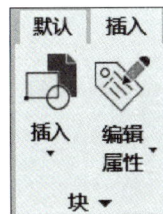

从"工具选项板"上插入块。可以使用"TOOLPALETTES"命令访问"工具选项板"窗口。

（4）设计中心

"设计中心"窗口设计用于从现有图形和图形库中浏览和选择各种定义。这些定义包含块、图层、线型和其他内容。设计中心提供一种快速、可视的方式在当前图形或其他图形中拖放块。双击块名以指定块的精确位置、旋转角度和比例。可以使用"ADCENTER"命令访问"设计中心"窗口。

（5）文件夹中的图形

用"写块"创建的块文件，单击"插入→DWG 参照"，弹出选择参照文件对话框，从该块文件所在的文件夹中，将该块文件作为"块"拖放到当前图形中，如图 5.14 所示。

4. 分解块

对块进行分解是得到与块相近图形的一种快速方法，使用"分解"命令可以将选择的"块"

图 5.13　"块"选项板

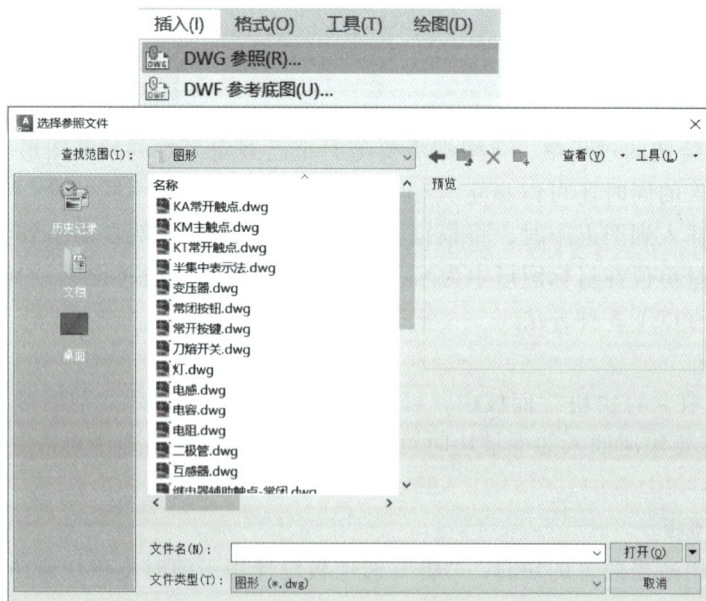

分解成单个图形对象，即恢复块定义前的状态。这一过程可看作是创建块的反向操作，如从图 5.10b 到图 5.10a 的过程。注意，若在"块定义"对话框（图 5.9）中取消了"允许分解"项，分解命令对该块无效。"分解"块的命令形式有如下 3 种。

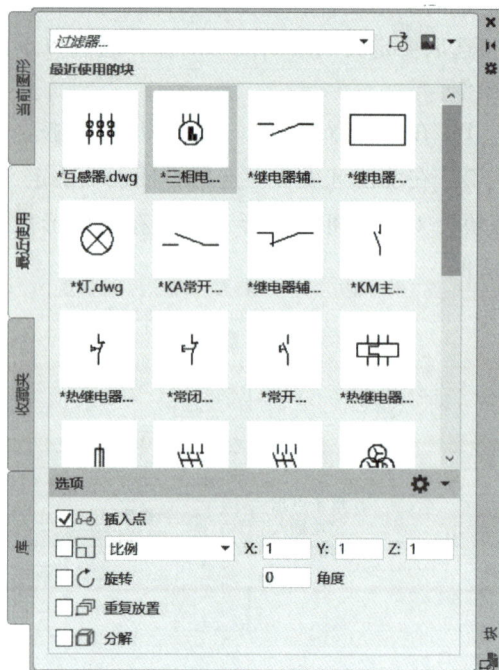

图 5.14　插入文件中的图形

1）在命令行输入"explode"，按［Enter］键，根据要求选择对象。

2）单击"修改（M）"菜单，选择"分解（X）"命令。

3）单击"修改"菜单，选择"块"命令，选择"分解"（▢）子命令。

5. 编辑块

在块定义完成后，若要对该块进行修改，则需要调用"编辑"命令来实现。如图 5.15 所示，选择下列命令形式之一可打开"编辑块定义"对话框，选择需要编辑的块名，点击"确定"按钮进入块的编辑窗口。

1）在命令行输入"bedit"，按［Enter］键确认。

2）单击"工具（T）"菜单，选择"块编辑器（B）"命令。

3）单击工具选项板中"默认"选项卡中"块"面板中的"编辑"（⬜）命令。

系统默认的块编辑窗口呈灰色，根据系统"块编写选项板"提供的功能来对块的参数等进行编辑，如图 5.16 所示。编辑完成后单击顶端工具选项板右侧的关闭按钮退出块编辑窗口。

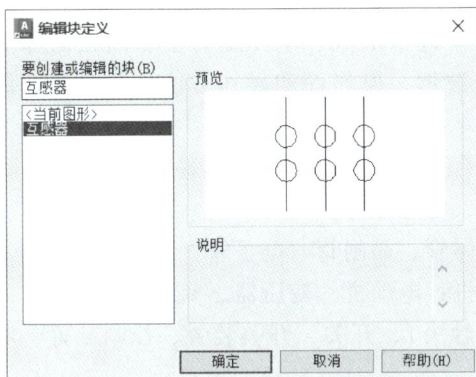

图 5.15 "编辑块定义"对话框

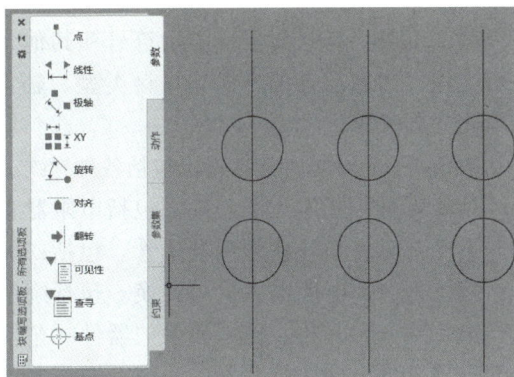

图 5.16 在"块编写选项板"编辑图形

5.1.3 常用电气工程图符号

电气图中的图形符号、文字符号要具备一定的通用性，技术人员才能方便识读。我国现行的相关标准有 GB/T 4728—2022（2018）《电气简图用图形符号》、GB/T 18135—2008《电气工程 CAD 制图规则》、GB/T 40366—2021《电气设备用图形符号列入 IEC 出版物的导则》、GB/T 40815—2021《电气和电子设备机械结构》等。

图形符号是用于图样或其他文件，以表示一个设备或概念的图形、标记或字符，是一种以简明易懂的方式来传递一种信息，表示一个实物或概念，并可提供有关条件、相关性及动作信息的工业语言。电气图中用以表示电气元器件、设备及线路等的图形符号就称为电气图形符号。

1. 电气图形符号的组成

电气图形符号由一般符号、符号要素、限定符号和框形符号组成。

① 一般符号。一般符号是表示一类产品或此类产品的一种通用的符号，如电感器、晶体管、电容器、电阻器等。

② 符号要素。符号要素是具有确定意义的简单图形，一般不能单独使用，必须同其他图形组合以构成一个设备或概念的完整符号。如继电器的符号要素包括线圈、主触点、辅助触点等。符号要素组成符号时，其布置可以同符号所表示设备的实际结构不一致，且符号要素的不同组合可以构成不同的符号。

③ 限定符号。限定符号是用以提供附加信息的一种加在其他符号上的符号，用来说明某些特征、功能和作用，通常不能单独使用。一般符号加上不同的限定符号后，可以得到不同的专用符号。例如，在电阻器的一般符号上加以不同的限定符号可以得到可变电阻器、热敏电阻器、滑线变阻器等。有些一般符号也可以用作限定符号，如在传感器符号上加上电阻器的一般符号，就构成了电阻式传感器。

④ 框形符号。框形符号是用来表示元器件、设备等的组合及其功能的一种简单图形符号。它是既不给出元器件、设备的细节，也不考虑所有连接的一种简单图形符号，通常用在使用单线表示法的图中，也可用在全部示出输入和输出接线的图中。

⑤ 组合符号。指通过以上已规定的符号进行适当组合所派生出来的、表示某些特定装置或概念的符号。

2. 电气图形符号的分类

最新的 GB/T 4728—2022（2018）《电气简图用图形符号》采用国际电工委员会 IEC 标准，具有国际通用性，共包含以下 13 个部分。

第 1 部分：一般要求。最新的一般要求：规定了电气简图用图形符号的一般说明，给出了图形符号的标准结构、

第 2 部分：符号要素、限定符号和其他常用符号。包括电流和电压的种类、内在的和非内在可变性、力和运动的方向、材料类型、辐射、信号波形、操作件和操作方法、非电量控制理想电路元器件等。

第 3 部分：导体和连接件。包括各种导线、接线端子和导线的连接、连接器件、电缆附件等。

第 4 部分：基本无源元件。包括电阻器、电容器、电感器等。

第 5 部分：半导体管和电子管。包括二极管、晶体管、晶闸管、电子管、辐射探测器等。

第 6 部分：电能的发生与转换。包括绕组、发电机、电动机、变压器、变流器等。

第 7 部分：开关、控制和保护器件。包括触点（触头）、开关、开关装置、控制装置、电动机起动器、继电器、熔断器、间隙、避雷器等。

第 8 部分：测量仪表、灯和信号器件。包括指示仪表和记录仪表、热电偶、遥测装置、电钟、传感器、灯、铃和喇叭等。

第 9 部分：电信中的交换和外围设备。包括交换系统、选择器、电话机、电报和数据处理设备、传真机、换能器、记录和播放等。

第 10 部分：电信中的传输。包括通信电路、天线、信号发生器、调整器、解调器、无线电台及各种电信传输设备。

第 11 部分：建筑安装平面布置图。包括发电站、变电站、网络、音响和电视的电缆配电系统、建筑用设备、露天设备等。

第 12 部分：二进制逻辑元件。包括组合和时序单元、运算器单元、延时单元、双稳单元、单稳单元、非稳单元、位移寄存器、计数器和存储器等。

第 13 部分：模拟元件。包括放大器的输入端、输出端、辅助连接、电源端、量值输入输出、调整端等。

3. 常用电气图形符号和文字符号

部分电气图形符号和文字符号见表 5.1，更多资料可查阅相关国家标准。

表 5.1　常用电气图形符号和文字符号

名称	图形符号	文字符号	名称		图形符号	文字符号
三级电源开关		QS		常开触点		
低压断路器		QF	限位开关	常闭触点		SQ
熔断器		FU		复合触点		

（续）

名称		图形符号	文字符号	名称		图形符号	文字符号
接触器	主触点		KM	继电器	欠电流继电器线圈		KI
	常开辅助触点				过电流继电器线圈		
	常闭辅助触点				常开触点		KA
	线圈				常闭触点		
时间继电器	常开延时闭合触点		KT	热继电器	热继电器线圈		FR
	常闭延时闭合触点				热继电器触点		
	常开延时断开触点			速度继电器	常开触点		KS
	常闭延时断开触点				常闭触点		
	线圈			按钮	起动		SB
	电阻器		R		停止		
	电位器		RP		复合		
	压敏电阻器		RV		双绕组变压器		TM
	热敏电阻器		RT		三绕组变压器		
	三相绕线转子异步电动机		M		接插器		X
继电器	中间继电器线圈		KA		桥式整流装置		VC
					照明灯		EL
					信号灯		HL
	欠电压继电器线圈		KV		三相笼型异步电动机		M

5.1.4　拓展练习

1. 简答题

（1）如何创建图块？

（2）如图创建图块文件？"BLOCK"命令和"WBLOCK"命令有什么异同？

（3）电气图形符号由哪几部分构成？

2. 实操题

创建图5.17所示的元器件的图块。

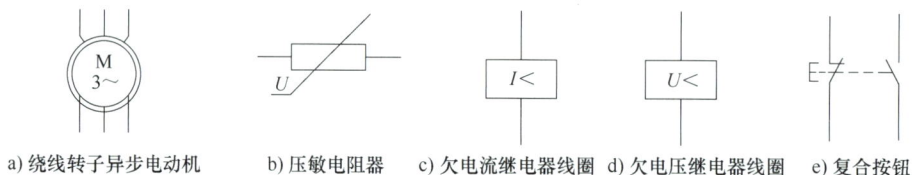

　　a)绕线转子异步电动机　　　b)压敏电阻器　　c)欠电流继电器线圈 d)欠电压继电器线圈　　e)复合按钮

图5.17　电气元件图

任务5.2　电动机起动电路的绘制

5.2.1　绘图环境设置

绘制电路图时，设置绘图环境可以提高绘图效率。绘图环境是根据电气工程标准化要求，并结合用户的绘图习惯而设置的，绘图环境的设置主要包括以下几个方面。

1. 设置工作空间

常见工作空间有三种模式，分别是草图与注释、三维基础、三维建模。电气工程绘图为二维平面图，通常默认工作空间为草图与注释。单击状态栏的 ⚙ ▾ 图标右侧的下拉三角符号，默认选择"草图与注释"，如图5.18所示。

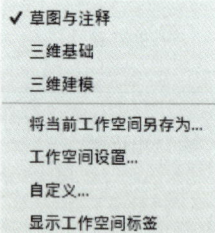

2. 设置绘图参数

（1）图形单位设置

在AutoCAD中，用户可以通过以下两种方式设置图形单位。

1）单击"格式"菜单，选择"单位"命令。

2）在命令行输入"UNITS"，然后按［Enter］键。

执行该命令后，系统将弹出"图形单位"对话框，如图5.19所示。
该对话框用于定义单位和角度格式。

①"长度"与"角度"选项组指定测量的长度与角度的当前单位及当前单位的精度。

②"插入时的缩放单位"选项组控制使用工具选项板（如设计中心）拖入当前图形的块的测量单位。如果块或图形创建时使用的单位与该选项指定的单位不同，则在插入这些块或图形时，将对其按比例缩放。插入比例是源块或图形使用的单位与目标图形使用的单位之比。如果插入块时不按指定单位缩放，则选择"无单位"。

③单击"方向"按钮，系统显示"方向控制"对话框，如图5.20所示，可以在该对话框中进行方向控制设置。

（2）图形边界设置

绘图界限就是标明用户的工作区域和图纸的边界，以防止用户绘制的图形超出该边界，在AutoCAD 2024中，用户可以通过以下两种方式设置绘图界限。

图5.18　选择工作空间

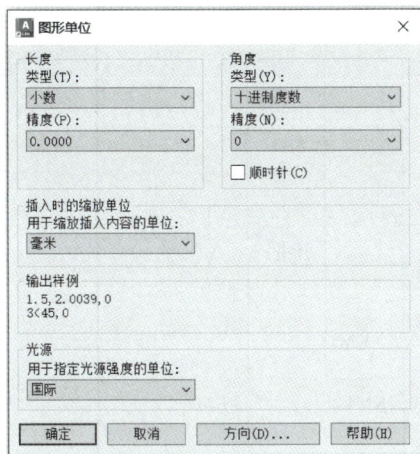

图 5.19 "图形单位"对话框

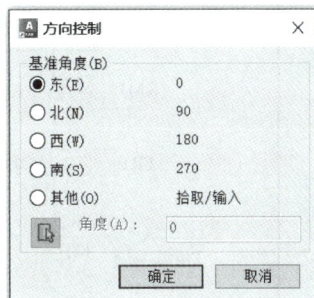

图 5.20 "方向控制"对话框

1）单击"格式"菜单，选择"图形界限"命令。

2）在命令行输入"LIMITSK"，并按［Enter］键。

执行该命令后，命令行提示如下：

> 重新设置模型空间界限：
>
> 指定左下角点成［开（ON）/关（OFF）］<0.0000,0.0000 >（输入图形边界左下角点的坐标后按［Enter］键）；
>
> 指定右上角点<420.0000,297.0000>（输入图形边界右上角点的坐标后按［Enter］键）。

在此提示下，输入坐标值以指定图形左下角的 x，y 坐标；或在图形中选择一个点或按［Enter］键，接受默认的坐标值（0，0），AutoCAD 2024 将继续提示指定图形右上角的坐标。输入坐标值以指定图形右上角的 x，y 坐标；或在图形中选择一个点，确定图形右上角的坐标。

5.2.2 绘制电动机顺序起停控制电路图

如图 5.21 所示，三相异步电动机顺序起停控制电路包括主电路和控制电路两部分，通过学习电路的绘制方法，培养学生识读电路的能力，并使学生掌握基本电路的绘制流程和方法。

1. 电动机顺序起停电路元器件的绘制

（1）常开触点的绘制

① 单击图层特性管理器按钮（），新建各图层并为其命名，分别设置线型，令图形元件为当前层。

② 进行栅格的设置，点选启用捕捉和启用栅格，间距均设为 2.5mm。

③ 单击"绘图"工具栏中"直线"（）命令（或选择"绘图"功能区"直线"命令，或在命令行输入"LINE"后按回车键），画一条长度为 15mm 的垂线，如图 5.22a 所示。

④ 单击"绘图"工具栏中"直线"（）命令，在距上下端点各 5 处画两条长度为 10mm 的水平直线，如图 5.22b 所示。

⑤ 单击"绘图"工具栏中"直线"（）命令，一个端点指定为下面的垂直交点，另一个端点指定为垂线左侧 2.5mm 处，画一条斜线，如图 5.22c 所示。

⑥ 单击"修改"工具栏中"修剪"（）命令（或选择"修改"功能区"修剪"命令，或在命令行输入"TRIM"命令后按［Enter］键），以两条水平直线为修剪边，修剪掉它们之间

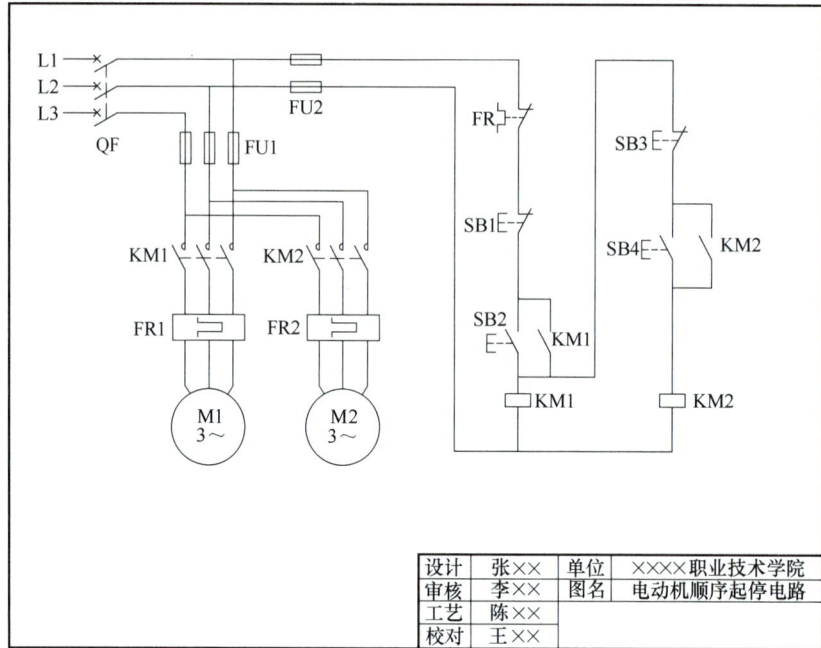

图 5.21　电动机顺序起停电路

的垂直线段，绘制的常开触点如图 5.22d 所示。

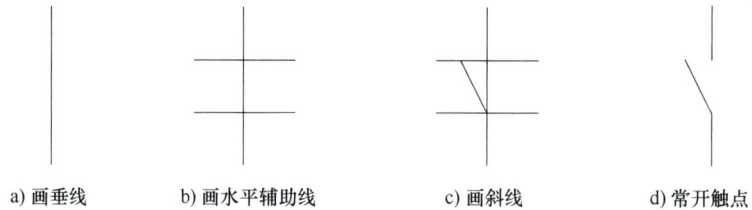

a) 画垂线　　　　b) 画水平辅助线　　　　c) 画斜线　　　　d) 常开触点

图 5.22　常开触点的绘制步骤

⑦ 在命令行中输入"WBLOCK"命令，将该图形元件定义为块文件，块名为"常开触点"，保存在所建立的元器件库中，如图 5.23 所示。

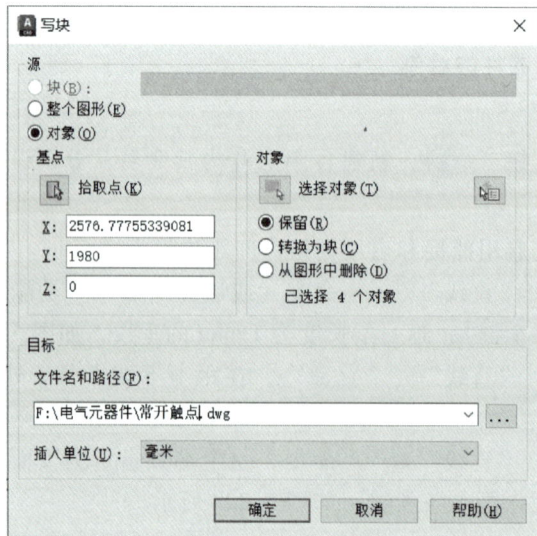

图 5.23　常开触点块定义

（2）常闭触点的绘制

① 单击图层特性管理器按钮（▦），新建各图层并为其命名，分别设置线型，令图形元件为当前层。

② 单击"默认"选项卡，在"块"功能区选择"插入"（▱）命令，将"常开触点"插入绘图区域中，如图 5.24a 所示。

③ 单击"默认"选项卡，在"修改"功能区选择"分解"（▱）命令，将图形元件块分解，再选择"修改"功能区中"镜像"（◿）命令，以垂直直线为对称轴，弹出"是否删除源对象"对话框，选择"是"，生成镜像图形，如图 5.24b 所示。

④ 在"绘图"功能区选择"直线"（╱）命令，通过捕捉端点将两点连接起来，完成图 5.24c 常闭触点的绘制。

⑤ 在命令行输入"WBLOCK"命令，将该图形元件定义为块文件，块名为"常闭触点"，保存在所建立的元器件库中。

（3）三相电动机的绘制

三相电动机的绘制过程如图 5.25 所示。

① 打开"正交"模式与"对象捕捉"模式，单击"默认"选项卡，在"绘图"功能区选择"直线"（╱）命令，画出图 5.25a 所示的两条长 50mm 的十字线。

② 单击"默认"选项卡，在"绘图"功能区选择"圆"（⊙）命令，捕捉图 5.25a 所示的交叉点为圆心，画一个半径为 30mm 的圆，如 5.25b 所示。

③ 单击"默认"选项卡，在"修改"功能区选择"偏移"（⊏）命令，作出图 5.25c 所示的两条距离垂直定位线 20mm 的平行线，一条距离水平定位线 30mm 的水平线。

④ 关闭"正交"模式，用"直线"（╱）命令捕捉图 5.25c 所示"交叉点—圆心—交叉点"，画两条斜线，然后删除两条水平辅助线得到图 5.25d 所示。

⑤ 用"修剪"（✂）命令剪去圆内线段，得到电动机基本图形，如图 5.25e 所示。

⑥ 在命令行中输入"WBLOCK"命令，将该图形元件定义为块文件，块名为"三相电动

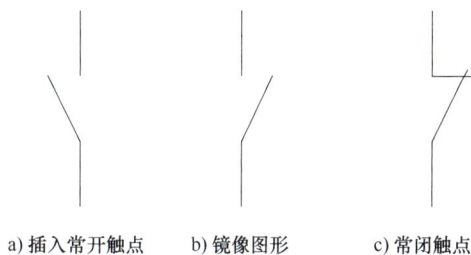

a) 插入常开触点　　　b) 镜像图形　　　c) 常闭触点

图 5.24　动断触点的绘制

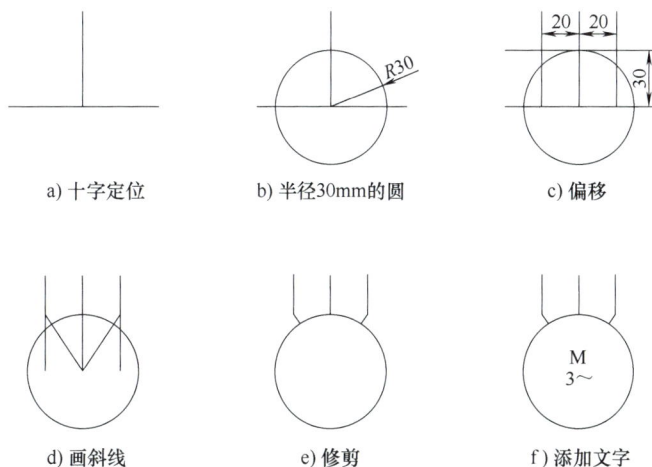

a) 十字定位　　　　b) 半径30mm的圆　　　c) 偏移

d) 画斜线　　　　e) 修剪　　　　f) 添加文字

图 5.25　三相电动机的绘制

机"，保存在所建立的元器件库中。

（4）常开按钮的绘制

① 单击"默认"选项卡在"绘图"功能区选择"直线"（／）命令，打开"正交"模式，画图 5.26a 所示大小约为 80mm 的十字形（直线长度和角度显示在光标右下侧）。

② 单击"默认"选项卡，在"修改"功能区选择"偏移"（⊂）命令，分别在水平线两侧画距离为 20mm 的直线、距离垂线为 15mm 的左侧直线，如图 5.26b 所示，作为绘图辅助线。

③ 关闭"正交"模式，用"直线"（／）命令结合端点捕捉画一条斜线，然后删除两条辅助线得到图 5.26c 所示图形。

④ 多次使用"偏移"（⊂）命令，根据图 5.26d 所标的偏移尺寸在垂线左侧画两条辅助线，在水平线两侧画两条辅助水平线。

⑤ 用"修剪"（✂）命令剪去图 5.26e 所示的多余线段，删去多余辅助线，得到图 5.26f 所示图形。

⑥ 使用"修剪"（✂）命令对按钮处直线做虚线处理，得到常开按钮图形，如图 5.26g 所示。

⑦ 在命令行中输入"WBLOCK"命令，将该图形元件定义为块文件，块名为"常开按钮"，保存在所建立的元器件库中。

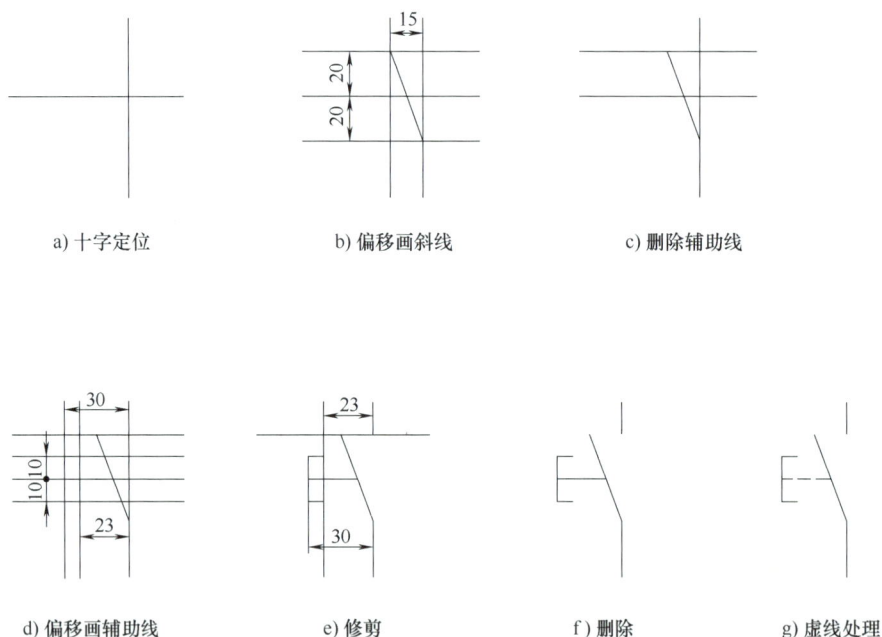

a) 十字定位   b) 偏移画斜线   c) 删除辅助线

d) 偏移画辅助线   e) 修剪   f) 删除   g) 虚线处理

图 5.26　常开按钮的绘制

（5）常闭按钮的绘制

通过对常开按钮少许改动可得到常闭按钮，绘制过程如图 5.27 所示。

① 插入"常开按钮"图块，单击"默认"选项卡，在"修改"功能区选择"分解"（▱）命令，将图块分解为图 5.27b 所示的多线条组合。

② 选中按钮斜线，单击"默认"选项卡，在"修改"功能区选择"镜像"（△）命令，选择图 5.27c 所示的镜像线，弹出"是否删除源对象询问框"，选择"是"，删除原对象，得到图 5.27d 所示图形。

③ 单击"默认"选项卡，在"绘图"功能区选择"直线"（／）命令，画一条与斜线相交

的水平线，然后关闭"对象捕捉"模式；继续使用"直线"命令在水平线上部位置附近画一条水平辅助线；打开"对象追踪"模式，继续使用"直线"命令画两条短线（完成按钮连线），得到图5.27e所示图形。

④ 单击"默认"选项卡，在"修改"功能区选择"延伸"（→|）命令，选择要延伸的斜线上部，然后单击鼠标左键，即可完成斜线的延伸，得到图5.27f所示图形。

⑤ 删除辅助线，完成如图5.27g所示的常闭按钮绘制。

⑥ 在命令行中输入"WBLOCK"命令，将该图形元件定义为块文件，块名为"常闭按钮"，保存在所建立的元器件库中。

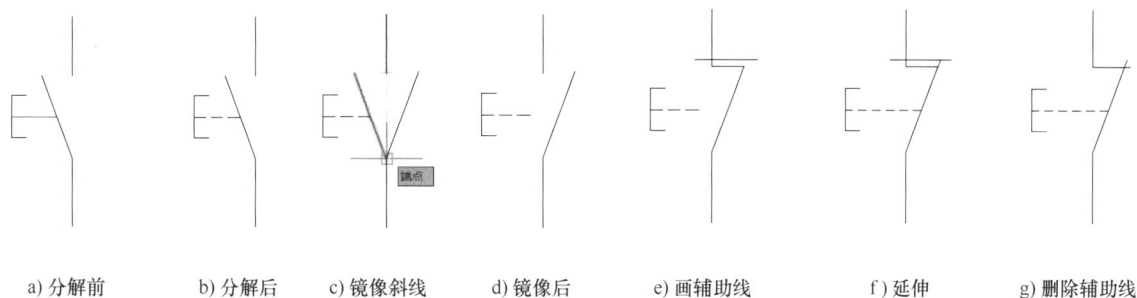

| a) 分解前 | b) 分解后 | c) 镜像斜线 | d) 镜像后 | e) 画辅助线 | f) 延伸 | g) 删除辅助线 |

图 5.27 常闭按钮的绘制

（6）熔断器的绘制

熔断器的绘制过程如图5.28所示。

① 单击"默认"选项卡，在"绘图"功能区选择"矩形"（▢）命令，单击鼠标，指定矩形第一个角点，在命令行选择"尺寸"命令，指定矩形的长度为"15"，指定矩形的宽度"40"，绘制长15mm、宽40mm的长方形，如图5.28a所示。

② 单击"默认"选项卡，在"绘图"功能区选择"直线"（╱）命令，打开"正交"模式、"对象捕捉"模式和"追踪"模式，如图5.28b所示，从矩形中点向上移动光标，输入"10"确定直线第一点。

③ 向下移动光标，输入"60"确定直线第二点，完成垂线的绘制，可得到熔断器图形，如图5.28d所示。

④ 在命令行中输入"WBLOCK"命令，将该图形元件定义为块文件，块名为"熔断器"，保存在所建立的元器件库中。

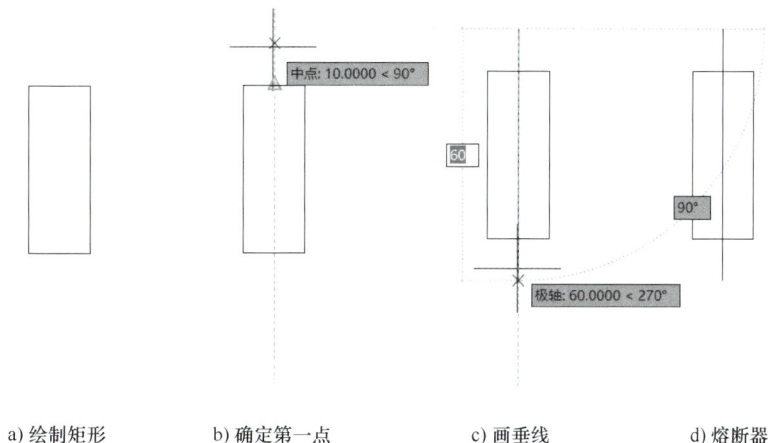

| a) 绘制矩形 | b) 确定第一点 | c) 画垂线 | d) 熔断器 |

图 5.28 熔断器的绘制

（7）KM 主触点的绘制

KM 主触点的绘制过程如图 5.29 所示。

① KM 主触点的绘制可以利用常开按钮图形（图 5.26c），作为 KM 主触点的开始绘制图形（图 5.29a）。单击"默认"选项卡，在"修改"功能区选择"偏移"（⊏）命令，在上端水平线下画距离为 2mm 的辅助线，捕捉交点为圆心用"圆"（◌）命令画半径为 2mm 的圆。

② 单击"默认"选项卡，在"修改"功能区选择"修剪"（✂）命令，并删去辅助线，即可得到 KM 主触点图形，如图 5.29d 所示。

③ 在命令行中输入"WBLOCK"命令，将该图形元件定义为块文件，块名为"KM 主触点"，保存在所建立的元器件库中。

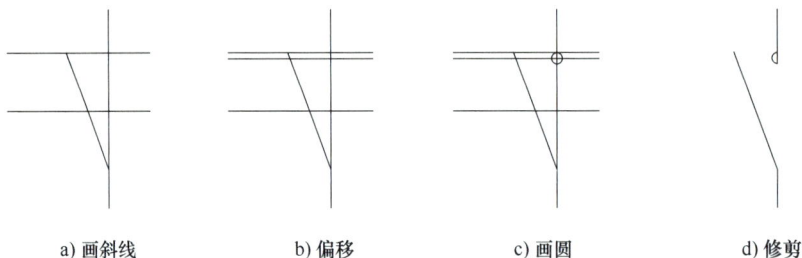

a) 画斜线　　　　b) 偏移　　　　c) 画圆　　　　d) 修剪

图 5.29　KM 主触点的绘制

（8）FR 触点的绘制

FR 触点的绘制过程如图 5.30 所示。

① 在状态栏启动"正交"模式和"对象捕捉"模式，单击"默认"选项卡，在"绘图"功能区选择"直线"命令，绘制 5.30a 所示长度约为 80mm 的十字形，进行定位。

② 用"偏移"（⊏）命令画出图 5.30b 所示的辅助线，偏移量分别为 4mm、8mm、20mm、15mm、10mm、5mm。

③ 关闭"正交"模式，用"直线"（╱）命令捕捉图 5.30c 所示两点画一条斜线，并通过"延伸"（→|）命令将斜线延伸到图 5.30c 所示最上端水平线位置。

④ 单击"默认"选项卡，在"修改"功能区选择"修剪"（✂）命令，剪去多余线段，删去辅助线后得到 FR 触点基本形状，如图 5.30d 所示。

⑤ 在命令行中输入"WBLOCK"命令，将该图形元件定义为块文件，块名为"FR 触点"，保存在所建立的元器件库中。

在进行控制设计时，要注意提到 FR 触点时，均指常闭触点。因为 FR 是在主电动机过热时，其对应的控制电路中触点动作（即打开）来断开工作回路，所以电路正常运行时 FR 的触点保持闭合状态。

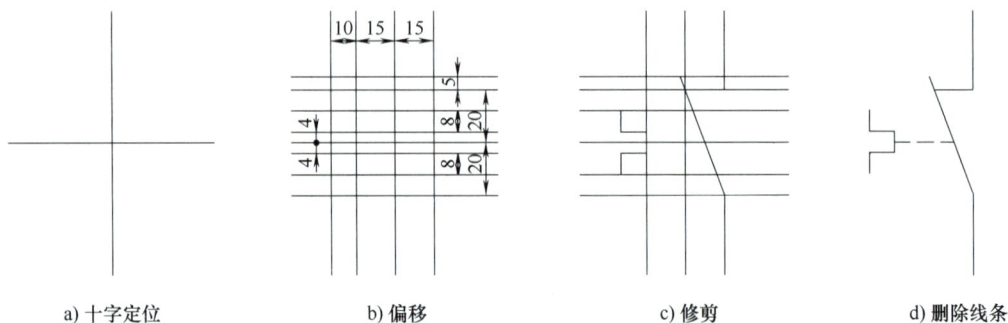

a) 十字定位　　　　b) 偏移　　　　c) 修剪　　　　d) 删除线条

图 5.30　FR 触点的绘制

（9）三相电源开关的绘制

三相电源开关的绘制过程如下。

① 单击"默认"选项卡，在"块"面板选择"插入"（　）下命令，在下拉子菜单中选择"库中的块"子命令，如图 5.31 所示，插入常开触点块文件。

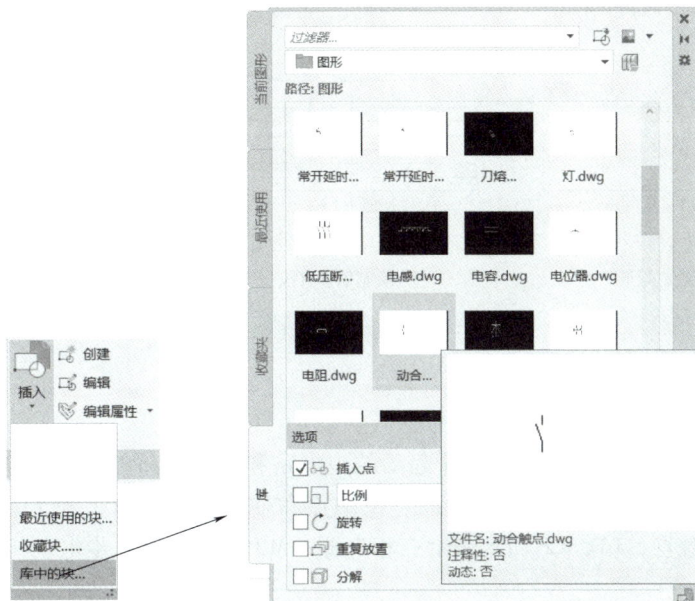

图 5.31 插入库中的块文件

② 单击"默认"选项卡，在"修改"功能区选择"复制"（　）命令，选择复制对象为常开触点，单击鼠标，指定常开触点的上端为基点，同时向右水平拖动鼠标，当出现绿色延长线时，表明为水平移动，输入"20"按回车键，完成复制，如图 5.32b 所示。

③ 再次复制常开触点，与②步骤相同，完成绘制三个间距相同的常开触点。

④ 单击"默认"选项卡在"绘图"功能区选择"直线"（　）命令，找到斜线的中点，指定直线第一点，画水平直线，连接第一条到第三条直线，并做虚线处理，在上端直线处画三条长为 4mm 的短直线，完成三相电源开关的绘制，如图 5.32c 所示。

⑤ 在命令行中输入"WBLOCK"命令，将该图形元件定义为块文件，块名为"三相电源开关"，保存在所建立的元器件库中。

（10）FR 线圈的绘制

FR 线圈的绘制过程如图 5.33 所示。

① 单击"默认"选项卡，在"绘图"功能区选择"矩形"（　）命令，在绘图区单击鼠标左键，指定矩形第一个角点，输入"D（尺寸）"命令按［Enter］键，指定矩形长为"90"，宽为"30"，并确定第一象限图形，绘制出长 90mm、宽 30mm 的矩形，如图 5.33a 所示。

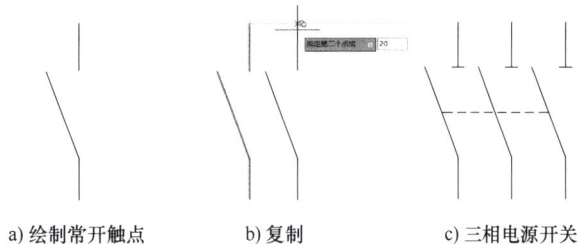

a）绘制常开触点　　b）复制　　c）三相电源开关

图 5.32 三相电源开关

② 单击"默认"选项卡，在"绘图"功能区选择"直线"（　）命令，选择矩形长的中点，垂直向上拖动鼠标，输入"20"按回车键，指定直线第一点，再向下绘制长为 70mm 的直线。用"偏移"（　）命令向左向右画出偏移量为 30mm、15mm 的 4 条垂直直线；同理绘制偏

移量为 5mm 的 4 条水平直线，如图 5.33b 所示。

③ 单击"默认"选项卡，在"修改"功能区选择"修剪"（✂）命令，剪去多余线段，删去辅助线后得到图 5.33c 所示图形，FR 线圈的绘制完成。

④ 在命令行中输入"WBLOCK"命令，将该图形元件定义为块文件，块名为"FR 线圈"，保存在所建立的元器件库中。

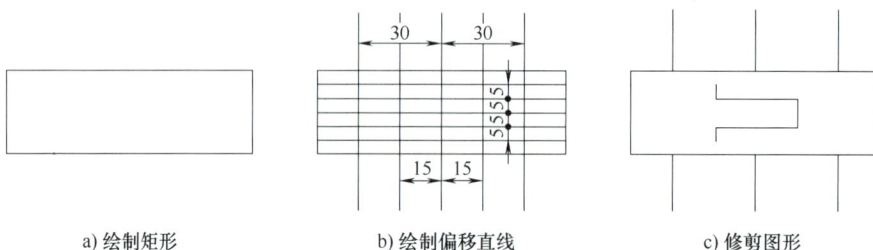

a) 绘制矩形　　　　　　b) 绘制偏移直线　　　　　c) 修剪图形

图 5.33　FR 线圈的绘制

2. 电动机顺序起动电路的绘制

对于两台小功率的异步电动机，顺序起动的主电路和控制电路如图 5.34 所示。其中，QF 是三相电源开关，KM1 和 KM2 为接触器线圈、主触点和辅助触点。FU1 和 FU2 为熔断器，FR 为热继电器及其常闭触点，L1、12、L3 表示三相电源，M3 表示三相异步电动机。

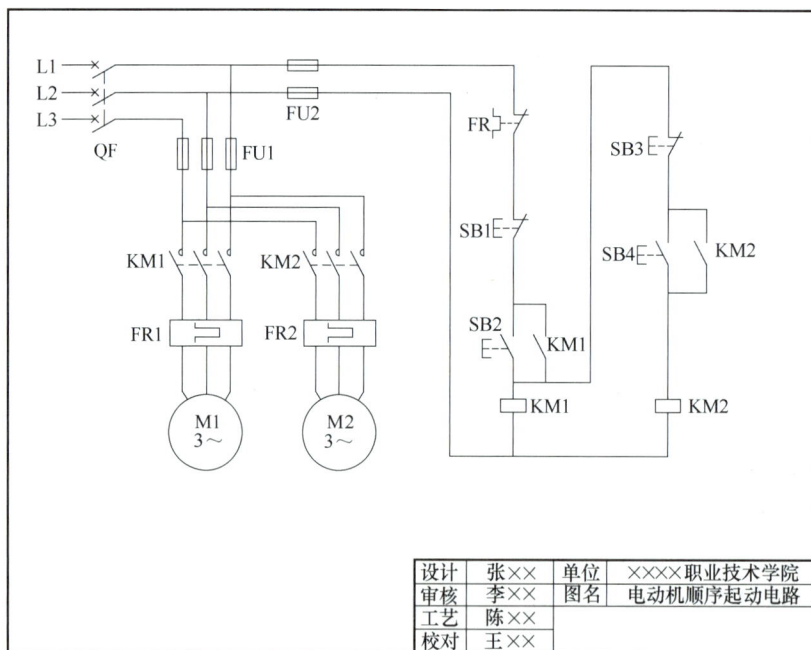

设计	张××	单位	××××职业技术学院
审核	李××	图名	电动机顺序起动电路
工艺	陈××		
校对	王××		

图 5.34　电动机顺序控制电路图

控制电路的工作原理描述如下：

合上电源开关 QF，按下起动按钮 SB2，KM1 线圈得电，KM1 辅助触点闭合自锁，KM1 主触点闭合，电动机 M1 得电起动。

在电动机 M1 运行后，按下起动按钮 SB4，KM2 线圈得电，KM2 辅助触点闭合自锁，KM2 主触点闭合，电动机 M2 得电起动，两台电动机实现顺序手动起动。

在运行状态下，按下停止按钮 SB3，线圈 KM2 失电，KM2 辅助触点断开，解除自锁状态，

KM2 主触点断开，电动机 M2 失电停止运行。

按下停止按钮 SB1，KM1 线圈失电，KM1 辅助触点断开解除自锁状态，KM1 主触点断开→电动机 M1 失电停止运行，两台电动机顺序手动停止运行。

在绘制电动机主电路和控制电路图时，绘图布局一般采用垂直布置，电器元件采用其对应电气图形符号和文字符号表示，且可动部分以不工作的状态和位置的形式表示。例如，常开触点在绘制时保持打开状态，常闭触点在绘制时保持闭合状态。在电路线型选择上，因为主电路是强电流通过的部分，一般用粗实线绘制；控制电路、信号指示电路和保护电路是弱电流通过部分，一般用细实线绘制。在进行文字标注时，多个同种类的电器元件可在文字符号后加上数字序号加以区分，如图 5.34 中的 KM1、KM2 等。当需要标注的元器件的数量比较多时，可以采用设备表的形式统一给出，以提高图样的可读性。

从绘图的角度来看，图 5.34 所示电路原理图由 4 个部分组成，即简单标题栏的图框、线路结构、控制元器件及电动机、文字注释。典型电路原理图绘制方法如下。

（1）建立图层

如图 5.35 所示，新建三个图层，即线路层、线框层和文字层，颜色、线型、线宽等参数使用系统默认设置，也可以为各层设置不同颜色，尤其是在进行多功能复杂设计时常需要为各图层设置不同线型、线宽或颜色，以方便区分和管理。

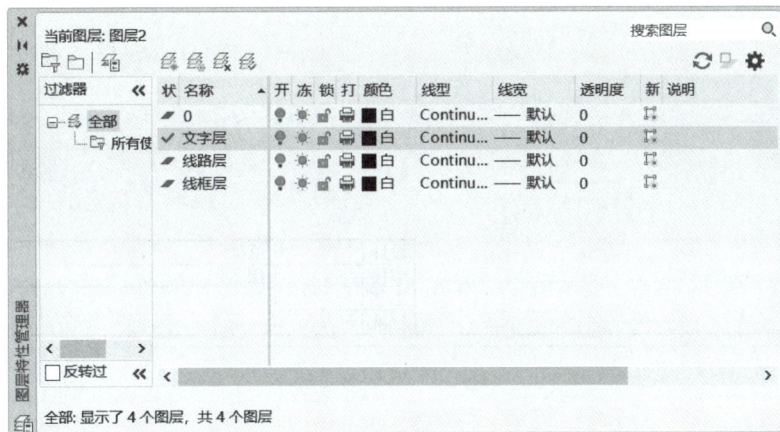

图 5.35　建立图层

（2）绘制图框

将"线框层"切换为当前图层。单击"默认"选项卡，在"绘图"功能区选择"矩形"（▭）命令，然后按照命令行提示进行图框的绘制。

```
命令：_rectang；
指定第一个角点或［倒角（C）/标高（E）/圆角（F）/厚度（T）/宽度（W）］://在适当位置单击鼠标左键确定第一个角点
指定另一个角点或［面积（A）/尺寸（D）/旋转（R）］：D；
指定矩形的长度 <10.0000>：420；
指定矩形的宽度 <10.0000>：297；
指定另一个角点或［面积（A）/尺寸（D）/旋转（R）］：↙。
```

图纸分为需要装订和不需要装订两种，这里选择不需装订的图纸类型，所以内框和外框四周距离相等。用"偏移"命令绘制距离为 5mm 的内框，按命令行提示操作。

命令:offset;

当前设置:删除源=否　图层=源　OFFSETGAPTYPE=0;

指定移距离或[通过(T)/删除(E)/图层(L)]<1.000>:5;

选择要偏移的对象或[退出(E)/放弃(U)]<退出>://选中矩形

指定要偏移的那一侧上的点或[退出(E)/多个(M)/放弃(O)]<退出>:// 在矩形内部单击

鼠标左键选择要偏移的对象或[退出(E)/放弃(O)]<退出>:// 按"确定"键完成内框绘制

根据 A4 图幅图框线的规定进行图框线的调整。单击外框线选中外框,单击"默认"选项卡,在"特性"功能区将"线宽"选为 0.25mm 的粗实线,按[Enter]键。

对内框进行同样操作,将其线宽设为 0.5mm 的粗实线。绘制好的图框如图 5.36 所示。

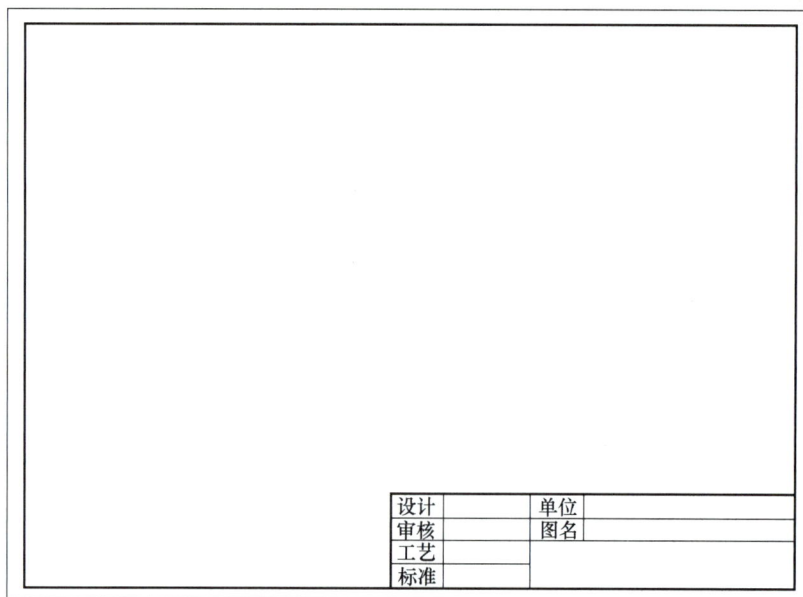

设计		单位	
审核		图名	
工艺			
标准			

图 5.36　图框的绘制

(3)绘制标题栏

绘制的简易标题栏如图 5.37 所示,标出了行列尺寸与标题字内容。

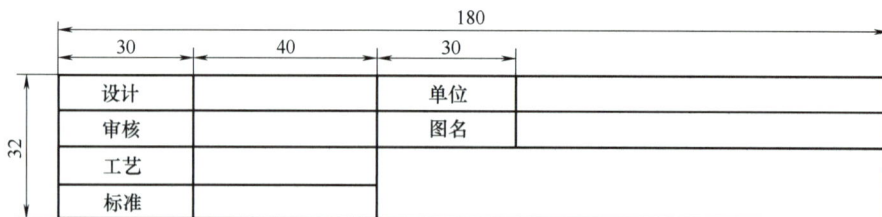

图 5.37　简易标题栏

按命令行提示操作。

命令:_line;

指定第一个点:32;//鼠标沿内框线向中拖动,输入"32",确定直线第一点,如图 5.38a 所示

指定下一点或[放弃(U)]:180;//向左画直线,输入"180",确定直线第二点

指定下一点或[闭合(C)/放弃(U)]://向下画直线与内框线垂直相交

命令:_arrayrect;//单击"默认"选项卡,在"修改"功能区选择"阵列"(▦)命令

选择对象：找到 1 个；// 选择 180 的水平直线

选择对象：

类型 = 矩形　关联 = 是；

选择夹点以编辑阵列或［关联（AS）/基点（B）/计数（COU）/间距（S）/列数（COL）/行数（R）/层数（L）/退出（X）］<退出>：

在弹出的矩形阵列对话框中输入如图 5.39 所示的参数值后按［Enter］键，创建水平直线阵列。

命令：_line

指定第一个点：30　　　　　　　//绘制距离为 30mm 的垂线

指定下一点或［放弃（U）］：

命令：_line

指定第一个点：40　　　　　　　//绘制距离为 40mm 的垂线

指定下一点或［放弃（U）］：

命令：_line

指定第一个点：30　　　　　　　//绘制距离为 40mm 的垂线，如图 5.38d 所示

指定下一点或［放弃（U）］：

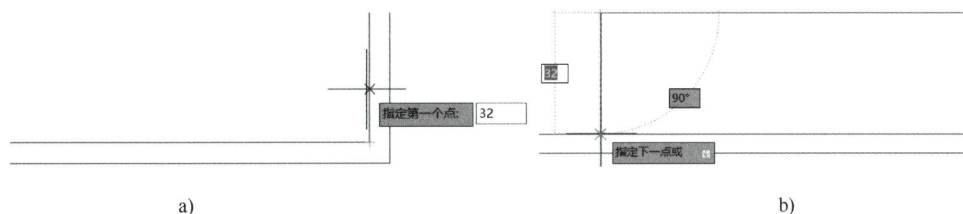

a)　　　　　　　　　　　　　　　　　　b)

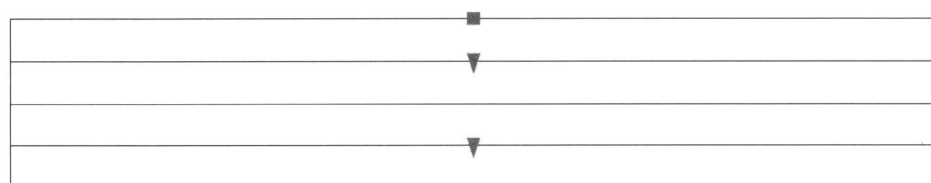

c)

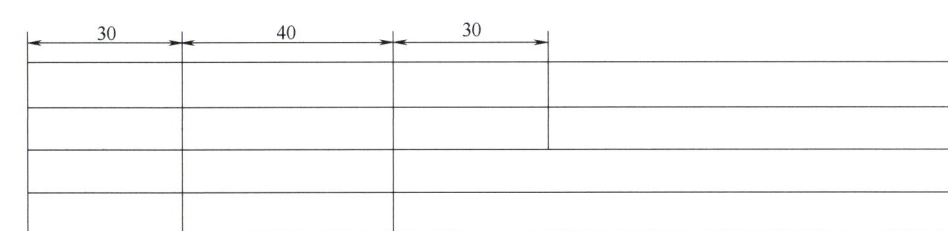

d)

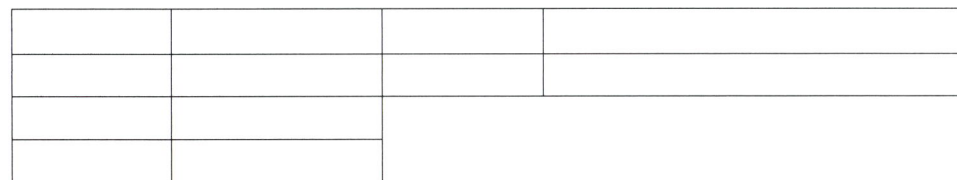

e)

图 5.38　标题栏的绘制

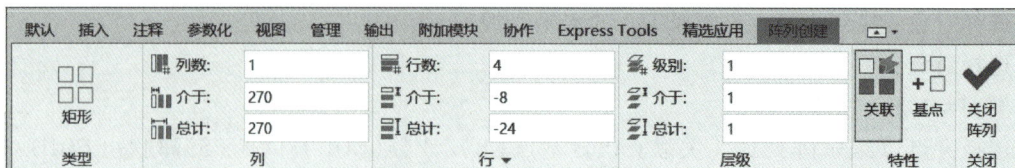

图 5.39   矩形阵列创建

单击选择阵列的图形，单击"修改"菜单，选择"分解"（）命令，将阵列图形分解为单一图形，按图 5.38e 所示的图形进行修剪。

接下来输入标题栏文字。单击"格式"菜单，选择"文字样式"命令，弹出"文字样式"对话框，样式选择"Standard"，字体为"宋体"，单击"应用"按钮完成文字格式设置，如图 5.40 所示。

单击"默认"选项卡，在"注释"功能区选择"文字"（）命令，在对应位置上单击鼠标右键，然后在"样式"面板输入字符高度为"4"，在格式面板用户可以轻松地改变字体样式、颜色、格式等，如图 5.41 所示。

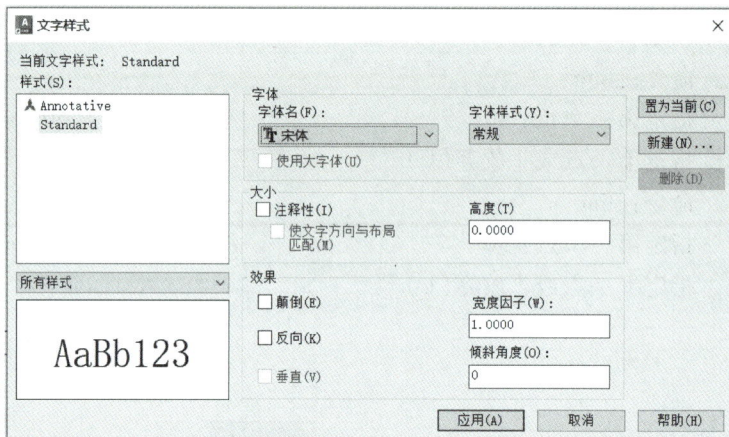

图 5.40   "文字样式"对话框

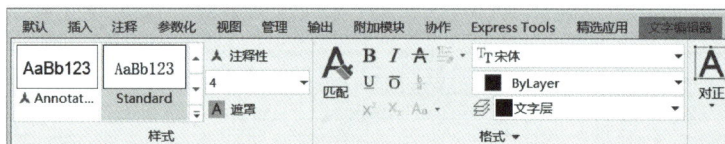

改变文字框高度

图 5.41   文字输入

在标题栏框内输入文字，单击"确定"按钮。重复"多行输入"命令，在标题栏各项目输入相应文字，最后利用"移动"（）命令调整文字位置，即可完成如图 5.37 所示标题栏的绘制。

（4）保存图幅

将上面画好的图框另存为"A4 简单图框 .dwg"，这样在画其他图时，只需打开该文件，将其另存为设计所需文件名就可以开始新的设计。用户在练习时也可将图框和标题栏分别画在除"0"层外的两个图层上，尤其对于复杂的标题栏，这样处理的好处是方便二次修改，节省绘制图幅的时间，提高设计效率。

（5）插入图块

根据电路布局要求，依次从图库中调入所需要的图块，将它们拖放到图框中，使用"缩放"功能来调整块的大小，用"对象追踪""对象捕捉"等命令确定插入位置，如图 5.42 所示。完成全部图块摆放后，使用"直线"命令进行连线，插入连接点并进行修改。电路图的绘制基本完成，进入最后的文字处理阶段。

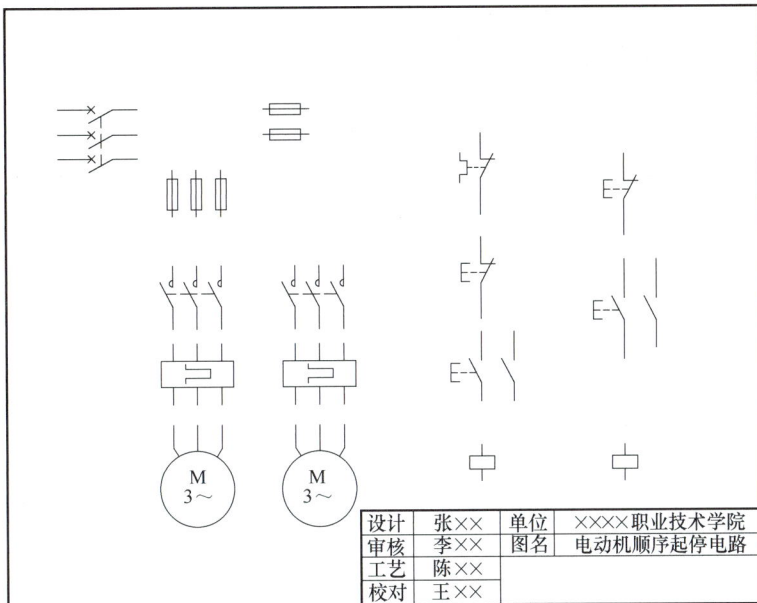

设计	张××	单位	××××职业技术学院
审核	李××	图名	电动机顺序起停电路
工艺	陈××		
校对	王××		

图 5.42　图块的摆放

（6）添加文字和注释

将图层切换到"文字层"。该图纸文字注释由大写字母、数字和汉字注释组成，在前面的项目中已经学习过文字的输入，这里再复习一下。

首先是设置文字格式，单击"格式"菜单，打开"文字样式"对话框，选择样式"Standard"，字体为"宋体"，单击"应用"按钮完成设置；然后输入元器件名称、参数等。

单击"单行或多行输入"命令，在对应位置上单击鼠标右键，然后在命令行输入字符高度为"4"，角度默认，完成文字输入后单击"确定"按钮。拖动鼠标到另外位置单击，开始另外行文字的输入。最后退出文本命令，即在空行（无输入状态）情况下按［Enter］键。文字输入完毕后，用"移动"命令调整文字位置，即可完成图 5.43 的绘制。

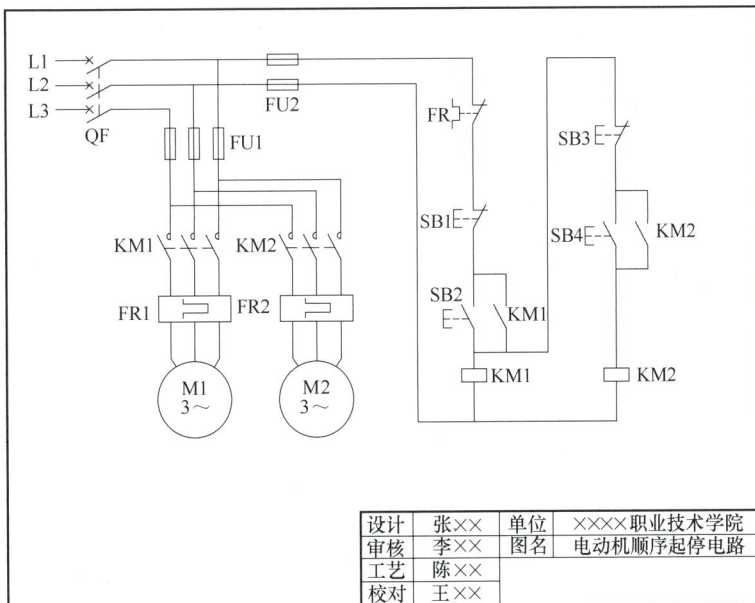

设计	张××	单位	××××职业技术学院
审核	李××	图名	电动机顺序起停电路
工艺	陈××		
校对	王××		

图 5.43　电动机顺序起停电路图

任务5.3 低压配电系统接线图的绘制

电气接线图用于电气设备和电气线路的安装接线和线路的检查、维修和故障分析等场合，是电气工程中一个重要的组成部分。接线图是一种反映电气装置或设备连接关系的简图，接线图常与电路图配合。本任务通过学习低压配电系统主接线图的绘制，使学生能够识读供配电电系统接线图，并掌握绘制电气接线图的方法。

5.3.1 电气接线图介绍

电气接线图主要用于显示电气系统中发电机、变压器、母线、断路器、电力线路等主要电机、电器、线路之间的电气接线；由电气接线图可获得对该系统更细致的了解，为工程技术人员提供接线依据。电气设备使用的电气接线图是用来组织排列电气设备中各个零部件的端口编号以及该端口的导线电缆编号，同时还整理编写接线排的编号，以此来指导设备合理的接线安装以及便于日后维修电工尽快查找故障。

接线图一般包含如下内容：电气设备和电器元件的相对位置、文字符号、端子号、导线号、导线类型、导线截面、屏蔽和导线绞合等。

所有的电气设备和电器元件都按其所在的实际位置绘制在图纸上，且同一电器的各元件根据其实际结构，使用与电路图相同的图形符号画在一起，并用点画线框上，其文字符号以及接线端子的编号应与电路图中的标注一致，以便对照检查接线。

接线图中的导线有单根导线、导线组（或线扎）、电缆等之分，可用连续线和中断线来表示。凡导线走向相同的可以合并，用线束来表示，到达接线端子板或电器元件的连接点时再分别画出。在用线束表示导线组、电缆等时，可用加粗的线条表示，在不引起误解的情况下也可采用部分加粗。另外，导线及套管、穿线管的型号、根数和规格应标注清楚。

1. 接线图的绘制原则

（1）项目的表示方法

接线图是按位置布局法进行绘制的，清楚地阐述了各项目之间的相对位置和导线走向，但无须按比例定出它们之间的位置关系。接线图中的器件、设备等项目一般做简化处理，用矩形、正方形、圆形等简单图形来表示，项目的类型、参数等标识一般标注在项目附近；为了便于识图，接线图中的简单元器件（如电阻、电容、电感等），通常采用国标规定

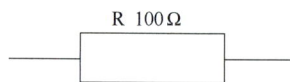

图 5.44　电阻的表示方法

的图形符号表示，并将对应的文字符号和参数标注在器件附近，如图 5.44 中的 100Ω 电阻器 R。

（2）端子的表示方法

在电气接线图中，端子一般用图形符号和端子代号组合的方法来表示。如某端子排共有 6 个端子，根据接线要求接入 24V、0V、L、N 等，则可设计方形端子和相应端子代号，如图 5.45 所示。当端子在项目的简化外形中能清晰识别时，端子无须示出，可只标出端子代号。

（3）连接线缆的表示方法

用线缆连接项目和端子时，为了表示连接线的接线关系和去向，通常使用连续线和中断线来表示。连续线表示导线的连接线用同一根图线首尾连通的方法表示，将端子与端子直接相连，如图 5.46a 所示；当端子与端子或端子与项目较远，或连线较多不易识别，或采用多张图时，实际连接线可使用中断线表示，并需要在中断处标明导线去向，如图 5.46b 所示。

2. 低压配电系统主接线图的识读

低压配电系统一般由配电变电所（降压变电所）、高压配电线路、配电变压器、低压配电线

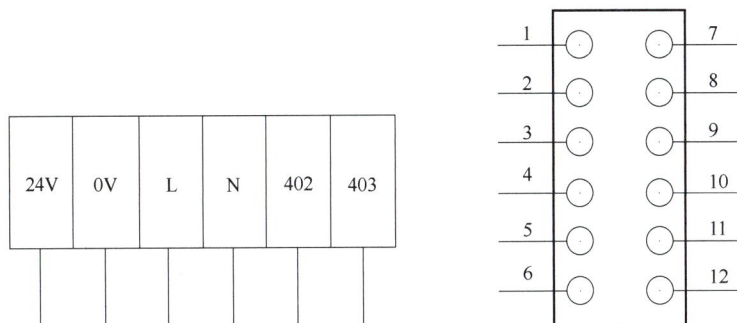

图 5.45　端子的表示方法

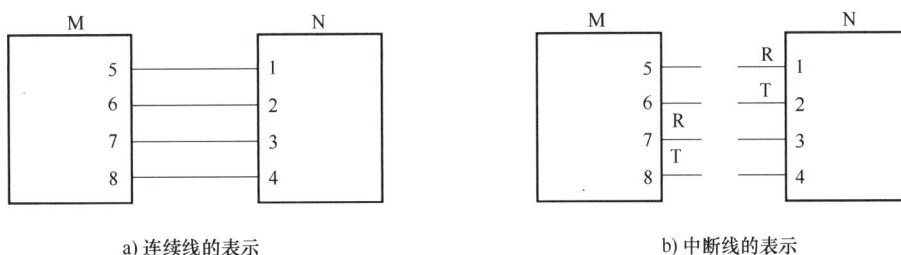

a) 连续线的表示　　　　　　　　　　　　　　b) 中断线的表示

图 5.46　连接线缆的表示方法

路以及相应的控制保护设备组成。在我国，配电系统可划分为高压配电系统、中压配电系统和低压配电系统三部分。由于配电系统作为电力系统的最后一个环节直接面向终端用户，它的完善与否直接关系着广大用户的用电可靠性和用电质量，因而在电力系统中具有重要的地位。我国配电系统的电压等级，根据 GB/T 50293—2014《城市电力规划规范》的规定，220kV 及其以上电压为输变电系统，35kV、63kV、110kV 为高压配电系统，10kV、6kV 为中压配电系统，380V、220V 为低压配电系统。

配电系统的功能是接收电能和分配电能，其主接线包括电源进线、母线和出线三大部分。电源进线分为单进线（适用于三级负荷）和双进线（适用于一、二级负荷），是接收电能的部分；母线也称为汇流排，一般由铝排或铜排构成，分为单母线（对应于单进线）、单母线分段式和双母线（均对应于双进线）；出线端则通过开关柜和输电线路将电能进行分配。

图 5.47 所示为一低压配电系统主接线图。

进线为 6kV 架空进线，经过刀熔开关，通过电缆接入变压器的高压侧。变压器型号为 S_9 系列三相铜绕组变压器，容量为 400kV·A，高压侧电压为 6kV，低压侧电压为 0.4kV，绕组接线组别为 Yy_n0。在高压侧设置了避雷器，为了防止雷电波侵入过电压；低压侧出线干线上设置了电流互感器进行测量，经过一段母线后分为两支出线：一支出线仅带一个回路，另一支出线带 4 个回路，每回出线上设置了电流互感器进行测量；在 9 支出线回路的配电线路上设置了低压无功补偿装置。

低压配电系统的主接线图设计一般包括以下步骤。

1）确定系统的供电方式：根据需要确定是单相电、三相电还是直流电。

2）识别电气设备：根据需要确定电气设备的类型和数量，例如，开关、接触器、断路器等。

3）选择电气元器件：根据需要选择，例如，电缆、导线、电缆槽等。

4）确定电路布线：根据电气设备的布置位置和电气元器件的长度确定电路的布置。

5）绘制主接线图：根据电路布线结果绘制主接线图，包括电气元器件的位置、连接方式等。

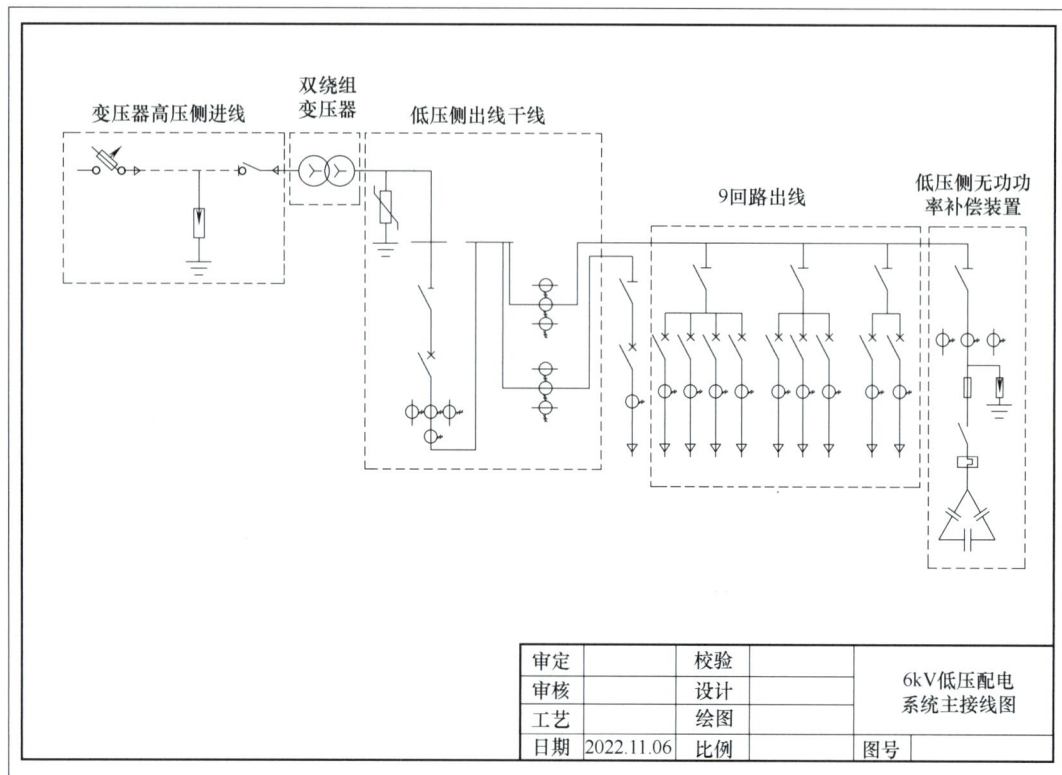

图 5.47　低压配电系统主接线图

5.3.2　低压配电系统主接线图的绘制

1. 设置绘图环境

（1）设置图形界限

单击"格式"菜单，选择"图形界限"命令，依据命令行的提示进行如下操作。

命令：_ limits；

重新设置模型空间界限：

指定左下角点或［开（ON）/关（OFF）］<0.000,0.000（按［Enter］键）；

指定右上角点<420.000,297.000>：594,420。

单击"视图"菜单，选择"缩放"→"全部"命令，按下状态行中的"栅格"按钮，单击绘图区左下角"布局1"，观察本步骤的执行结果，发现绘图区域有部分区域充满了栅格，此部分区域为设定好的图形界限，如图5.48所示。

（2）设置文字样式

单击"格式"菜单，选择"文字样式"命令，弹出"文字样式"对话框，在该对话框中选择"Standard"并进行设置：字体为"仿宋 GB-2312"，宽度因子（W）为"1"，高度为（T）"3"，如图5.49所示。

（3）设置图层

单击"格式"菜单，选择"图层"命令，新建"文字层"，"图线层"和"图幅层"，将"文字层"设为绿色。以便在整图中辨识图层信息，其他采用默认设置。"图幅层"用来绘制图纸外框，"绘图层"用来绘制接线图，"文字层"用来加入说明、标注文字。如图5.50所示。

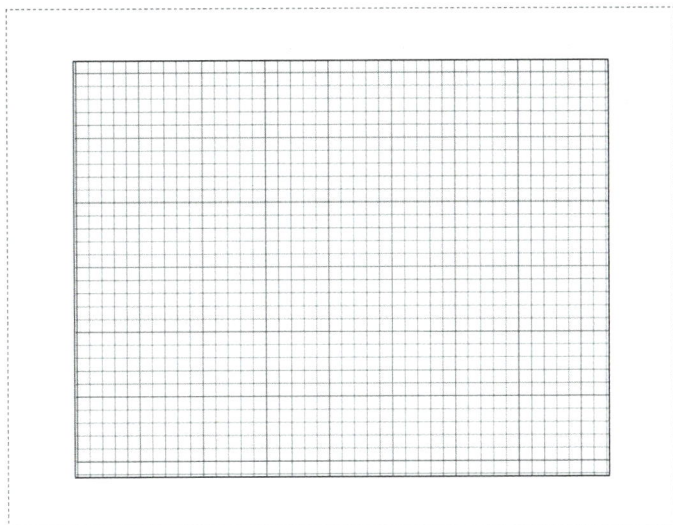

图 5-48 设置图形界限

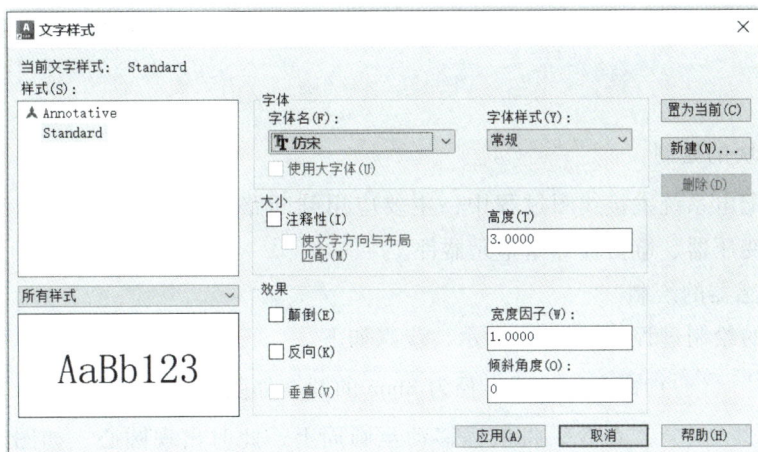

图 5.49 设置文字样式

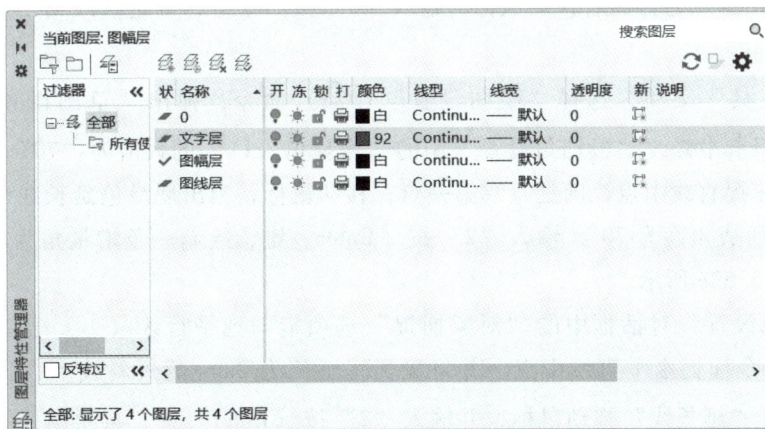

图 5.50 设置图层

2. 绘制 A3 图幅

双击"图幅层"名称，将图层置为当前图层，按电气图幅尺寸的规定绘制 A3 规格（420，297）图框。标题栏的绘制包含版本审定、审核、日期、校核、设计制图，CAD 制图、比例、工程、图号、标题内容。绘制好的 A3 图幅如图 5.51 所示。

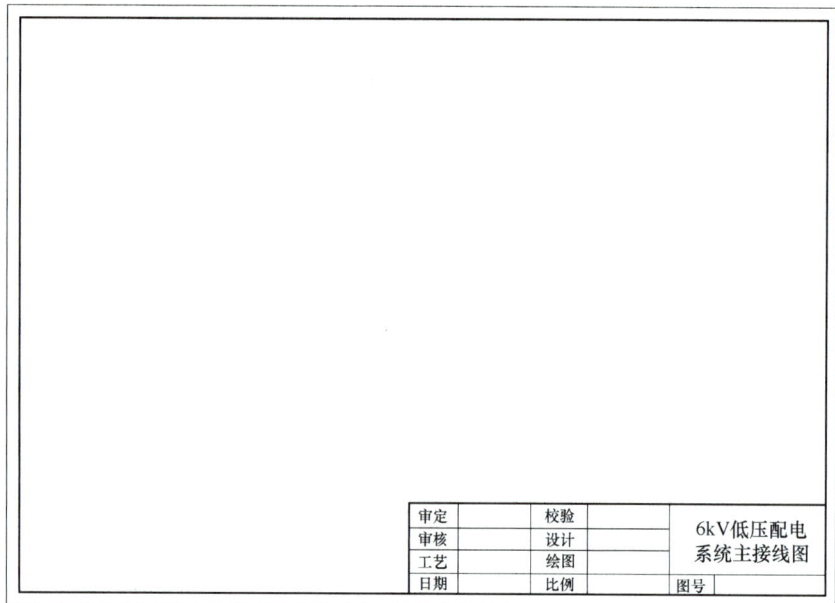

审定		校验		6kV低压配电
审核		设计		系统主接线图
工艺		绘图		
日期		比例		图号

图 5.51　A3 图幅

3. 元器件图块的绘制

在绘制低压配电系统主接线图过程中，主要应用到断路器、隔离开关、电流互感器、阀型避雷器、双绕组变压器、避雷针等基本元器件。

（1）电流互感器的绘制

电流互感器的绘制过程如图 5.52 所示，步骤如下。

① 利用"圆"（⊙）命令，绘制半径为 8mm 的圆，如图 5.52a 所示。

② 单击"直线"（╱）命令，将鼠标移动至圆周上，此时出现圆心，如图 5.52b 所示，将鼠标移到圆心处并向右水平移动（此时出现水平延长线），移至圆周时，出现"交点"，单击鼠标左键确定直线第一点，再向右移动鼠标，输入"8"按回车键，确定直线第二点，绘制出长为 8mm 的水平线段。

③ 单击"工具"菜单，选择"绘图设置"（⌐）命令，弹出"草图设置"对话框，在"极轴追踪"选项卡中修改"极轴角设置"中的"增量角（I）"的数值为"70"。继续使用"直线"（╱）命令捕捉直线中点，确定直线第一点；移动鼠标，当出现绿色延长线时，表示此时所绘直线与水平线所成角度为 70°，输入"2"按［Enter］键，绘制一条增量角为 70°、长为 2mm 的短斜线，如图 5.52c 所示。

④ 在"草图设置"对话框中的"对象捕捉"选项卡勾选平行线（⟋）复选框，继续使用"直线"（╱）命令捕捉水平直线中点，并将鼠标移至长为 2mm 的短斜线上，当出现平行标志（∦）时，向下沿"延长线"拖动鼠标，并输入"2"按［Enter］键，再绘制一条短斜线，如图 5.52d 所示。

⑤ 单击"合并"（╼╾）命令，分别单击两根短斜线，将它们合并为一根斜线。

⑥ 单击复制命令，单击斜线，在命令行输入"d"，然后输入"@2<0"，即可复制条间距为 2mm 的平行斜线，如图 5.52e 所示。

⑦ 使用"直线"（╱）命令捕捉圆心，延垂直延长线向上拖动鼠标，输入"15"，单击确定

直线第一点。将指针向下移动，输入"30"绘制垂直直线，完成长贯穿直线的绘制，如图5.52f所示。

⑧ 在命令行中输入"WBLOCK"命令，将该图形元件定义为块文件，块名为"电流互感器"，保存在所建立的元器件库中。

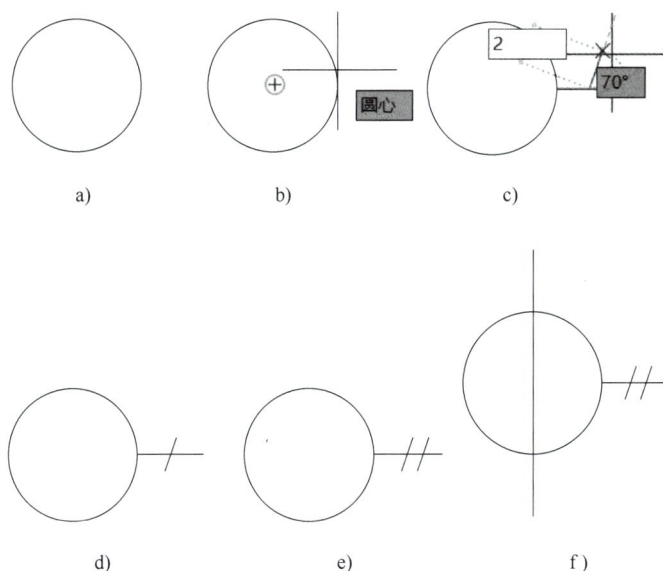

图5.52 电流互感器的绘制

（2）阀型避雷器的绘制

阀型避雷器的绘制过程如图5.53所示，步骤如下。

① 使用"矩形"命令绘制一个5mm×13mm的矩形，如图5.53a所示。

② 单击"直线"（╱）命令，结合"对象捕捉"功能捕捉矩形上下边线中点，画出两端长为5mm的直线，如图5.53b所示。

③ 选择"多段线"命令，单击矩形上端直线的下端为第一点，具体操作如下。

```
命令:_pline;
指定起点：    //单击矩形上端直线的下端确定起点
当前线宽为0.0000；
指定下一个点或[圆弧(A)/半宽(H)/长度(L)/放弃(U)/宽度(W)]:2；
指定下一点或[圆弧(A)/闭合(C)/半宽(H)/长度(L)/放弃(U)/宽度(W)]:W；
指定起点宽度<0.0000>:2；
指定端点宽度<2.0000>:0；
指定下一点或[圆弧(A)/闭合(C)/半宽(H)/长度(L)/放弃(U)/宽度(W)]:3；
指定下一点或[圆弧(A)/闭合(C)/半宽(H)/长度(L)/放弃(U)/宽度(W)]:0。
```

完成多段线绘制，即完成阀型避雷器的绘制，如图5.53c所示。

④ 在命令行中输入"WBLOCK"命令，将该图形元件定义为块文件，块名为"阀型避雷器"，保存在所建立的元器件库中。

（3）保护接地的绘制

利用直线、多边形命令，绘制保护接地图块，其绘制过程如图5.54所示，步骤如下。

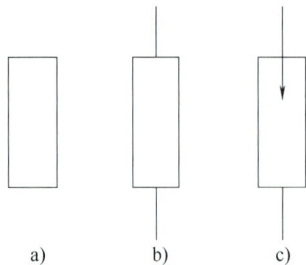

图 5.53　阀型避雷器的绘制　　　　　　　　　　图 5.54　保护接地的绘制

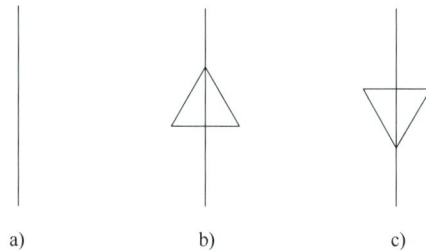

命令:_line;

指定第一个点:　　　//在适当位置单击鼠标左键确定第一点

指定下一点或[放弃(U)]:15;

指定下一点或[放弃(U)]:　　//按[Enter]键

命令:✓;

命令:_polygon 输入侧面数<3>:3;

指定正多边形的中心点或[边(E)]:　　//在直线中点单击鼠标左键指定中心点

输入选项[内接于圆(I)/外切于圆(C)]<I>:I;

指定圆的半径:3;

命令:✓;

命令:_mirror 找到 1 个;

指定镜像线的第一点:　　//单击直线中点确定镜像第一点

指定镜像线的第二点:　　//水平向右拖动鼠标,单击确定镜像第二点

要删除源对象吗?[是(Y)/否(N)]<否>:Y。

　　在命令行中输入"WBLOCK"命令,将该图形元件定义为块文件,块名为"保护接地",保存在所建立的元器件库中。

　　(4) 双绕组变压器的绘制

　　双绕组变压器的绘制过程如图 5.55 所示,步骤如下。

命令:_circle;

指定圆的圆心或[三点(3P)/两点(2P)/切点、切点、半径(T)]://默认选择圆心

指定圆的半径或[直径(D)]<15.0000>:15;

命令:_circle;　　　　　　　//按[Enter]键

指定圆的圆心或[三点(3P)/两点(2P)/切点、切点、半径(T)]:25//与第一个圆的圆心垂直距离为 25

指定圆的半径或[直径(D)]<15.0000>:15;

命令:✓;　　　　　　　　　//如图 5.55b 所示

命令:✓;

命令:_line;

指定第一个点:　　　　　　//在第一个圆的圆心单击鼠标左键确定第一点

指定下一点或[放弃(U)]:8;

指定下一点或[放弃(U)]:✓;//完成直线绘制

命令:✓;

命令:✓;

命令:_arraypolar;　　　　　　　　　　　　　//环形阵列

选择对象:找到一个;　　　　　　　　　　　　//选择直线

选择对象:↙;

类型=极轴　关联=是;

指定阵列的中心点或[基点(B)/旋转轴(A)]:　　//指定圆心为中心点

选择夹点以编辑阵列或[关联(AS)/基点(B)/项目(I)/项目间角度(A)/填充角度(F)/行
(ROW)/层(L)/旋转项目(ROT)/退出(X)]<退出>:　//修改环形阵列参数

命令:↙;　　　　　　　　　　　　　　　　　//如图5.55c所示

命令:_copy 找到一个　　　　　　　　　　　//复制阵列图形

当前设置:复制模式=多个;

指定基点或[位移(D)/模式(O)]<位移>:　　　//指定中心点为基点

指定第二个点或[阵列(A)]<使用第一个点作为位移>:　//复制到第二个圆的圆心处

指定第二个点或[阵列(A)/退出(E)/放弃(U)]<退出>:　//如图5.55d所示

在命令行中输入"WBLOCK"命令,将该图形元件定义为块文件,块名为"双绕组变压器",保存在所建立的元器件库中。

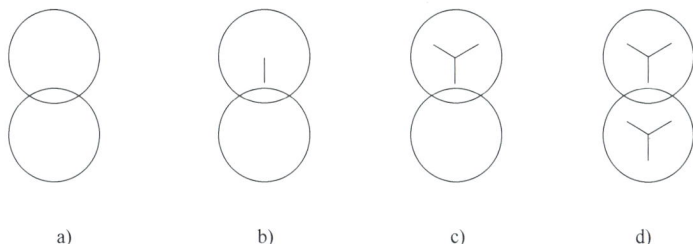

图 5.55　双绕组变压器的绘制

4. 绘制电气主接线图

(1) 变压器高压侧进线的绘制

①单击"默认"选项卡在"绘图"面板功能区选择"直线"(／)命令,绘制一条长约为70mm的水平直线,捕捉水平直线的中点,用"直线"(／)命令绘制长为15mm的垂直直线,形成丁字形电缆架空干线进线,如图5.56所示。

② 使用"打断"(／)命令将水平直线打断成4段,单击"默认"选项卡,在"绘图"功能区选择"圆"(○)命令,分别选取4个打断点为圆心,绘制4个半

图 5.56　电缆干线进线

径为0.6mm的圆,然后用"修剪"(✂)命令剪去各圆内线段,得到4个空心圆;捕捉T形交点,绘制一个半径为0.4mm的圆,用"修剪"(✂)命令剪去圆内线段,如图5.57所示。

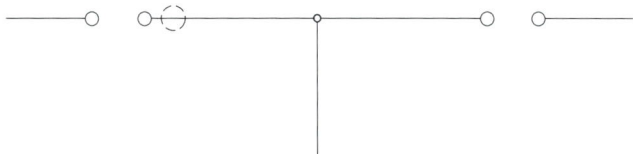

图 5.57　高压进线侧节点

③ 选中间的两条线段,单击"默认"选项卡,在"特性"功能区的"线型"文本框,将线型改成"虚线型",用中断线方式表示较长电缆线路。在图5.57所示位置使用"正多边形"

（⬠）命令绘制一个正三角形，使用"直线"（╱）命令，通过"追踪"命令在电缆右端外绘制一条直线。单击"默认"选项卡，在"修改"功能区选择"复制"（🖉）命令，通过镜像和移动调整第二个三角形位置，绘制结果如图5.58所示。

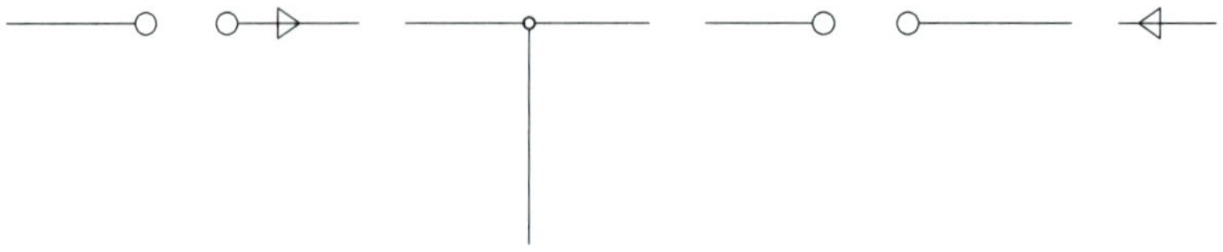

图 5.58　高压进线侧避雷

④ 打开"对象捕捉"，结合象限捕捉，用"窗口缩放"命令放大干线右侧部分图形，用"矩形"（▭）命令画一个矩形，短边与两个圆的左右象限点相切；使用"直线"（╱）命令分别捕捉圆的下象限点，在两个圆之间画一条直线。用"窗口缩放"命令放大干线左侧部分图形，选择"直线"（╱）命令，第一点单击圆左象限点，输入"@9.5<150"，绘制一条150°斜线，画一个矩形，旋转150°，用"移动"命令将矩形移动到斜线上，移动并单击矩形短边中点；第二点单击斜线上适当位置，即可绘制出刀熔开关图形。在刀熔开关右上侧一段位置上，单击"直线"（╱）命令，绘制到矩形的垂直短线，接着使用"多段线"命令画出与矩形垂直的三角形箭头，箭头部分起始宽度设定为"1.5"，最终宽度设为"0"，绘制结果如图5.59所示。

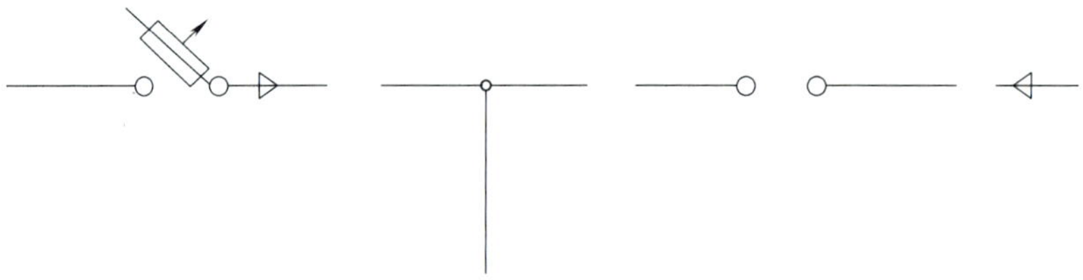

图 5.59　进线刀熔开关

⑤ 捕捉图5.59中垂线下端点，插入避雷器图块，在避雷器图块下端线处绘制接地图形。接地图形使用"直线"（╱）命令绘制，首先单击"默认"选项卡，在"特性"功能区的"线宽"文本框中将线型宽度设定为"0.4"。单击"默认"选项卡，在"绘图"功能区选择"直线"（╱）命令，用鼠标捕捉避雷器下引线端点，并向左拖动鼠标，输入"2"按回车键，确定直线第一点；再向右水平拖动鼠标，输入"4"按［Enter］键，画一根长度为4mm的水平线。用"偏移"命令向下依次偏移1的距离，得到另外两条平行线，使用"缩放"命令对这两条平行线进行0.5倍和0.25倍缩放的操作。**注意**：基点要选操作水平线的中点。在右侧小圆点处使用"直线"（╱）命令绘制户外高压负荷开关。绘制结果如图5.60所示。

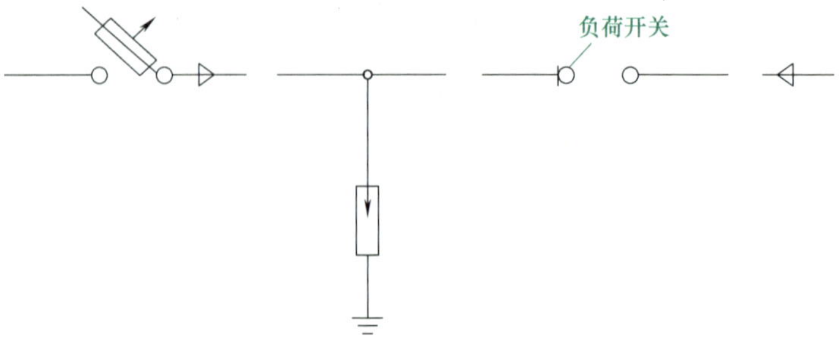

负荷开关

图 5.60　高压侧进线

（2）绘制变压器低压侧出线干线

① 在图5.60高压侧进线右侧插入双绕组变压器图块，如图5.61所示。

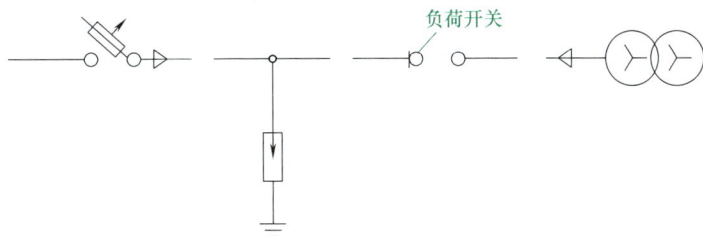

图 5.61　插入双绕组变压器

② 在双绕组变压器低压输出侧开始绘制出线干线。在图 5.62a 所示位置依次插入断路器和隔离开关图形块各一个，热敏电阻器一个，插入 10 个电流互感器图块，注意调整图块大小；用"直线"（╱）命令绘制图 5.62b 所示的出线框架，从而完成变压器低压侧出线干线部分的绘制。

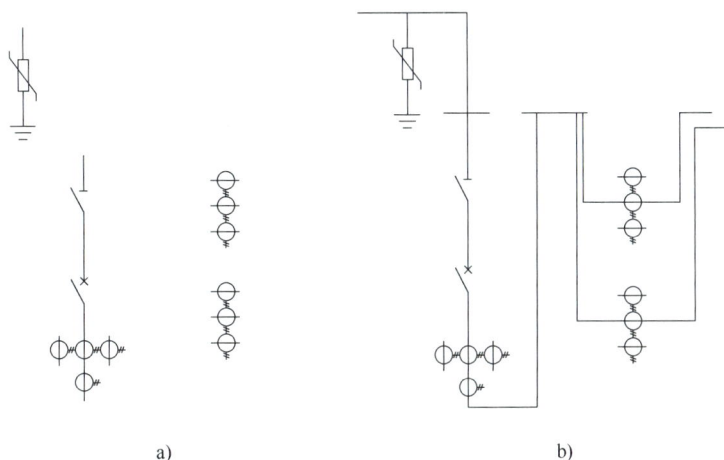

a) 　　　　　　　　　　　　　　　　b)

图 5.62　变压器低压侧出线干线绘制

（3）绘制出线端部分

① 接着出线干线继续水平延伸，开始绘制出线回路部分。

② 如图 5.63a 所示，插入隔离开关、断路器、电流互感器、保护接地等图块。将 4 个隔离开关插入 4 条出线端；复制 9 个断路器插入 9 条出线端相应位置；复制 10 个电流互感器图块，插入 10 条出线端下部相应位置；在 10 个出线端端点（应用端点捕捉）处插入 10 个保护接地图块。

③使用"直线"（╱）命令绘制出线端线路框架，绘制结果如图 5.63b 所示。

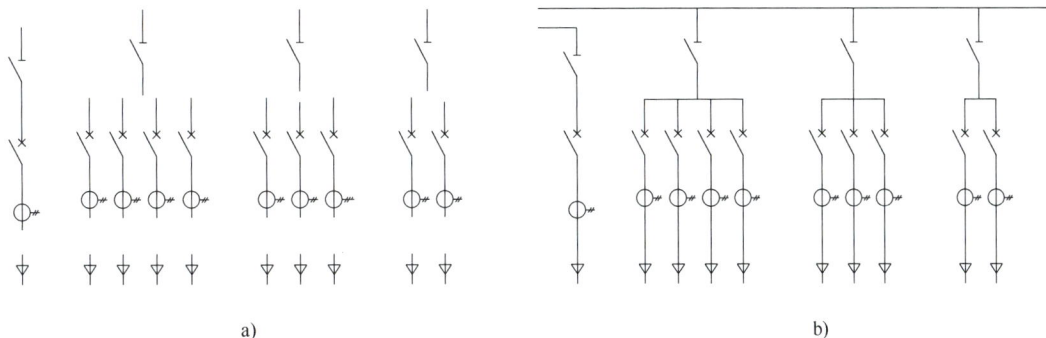

a) 　　　　　　　　　　　　　　　　b)

图 5.63　出线端部分绘制

（4）绘制低压无功补偿装置

① 使用"正多边形"（⬠）和"直线"（╱）命令绘制电容补偿器，如图5.64所示，具体操作如下。

命令:_polygon 输入侧面数<3>:3;

指定正多边形的中心点或[边(E)]:　//在适当位置单击鼠标左键确定中心点

输入选项[内接于圆(I)/外切于圆(C)]<I>:I;

指定圆的半径:40;　　　　　　　　//绘制正三角形,如图5.64a所示

命令:_line;

指定第一个点:　　　　　　　　　//指定正三角形一个角点为直线第一点

指定下一点或[放弃(U)]:8;　　　//向对边做垂线,并延伸8mm,如图5.64b所示

命令:_explode 找到一个;　　　　//分解正三角形

命令:_offset;　　　　　　　　　//偏移正三角形的边为8mm,偏移两次,如图5.64c
　　　　　　　　　　　　　　　　　　所示

指定偏移距离或[通过(T)/删除(E)/图层(L)]<0.0000>:8;

选择要偏移的对象或[退出(E)/放弃(U)]<退出>://单击鼠标左键选择正三角形右侧边

指定要偏移的那一侧上的点或[退出(E)/多个(M)/放弃(U)]<退出>:
　　　　　　　　　　　　　　　//在所选直线右侧单击鼠标左键

选择要偏移的对象或[退出(E)/放弃(U)]<退出>://单击鼠标左键选择正三角形右侧边

指定要偏移的那一侧上的点或[退出(E)/多个(M)/放弃(U)]<退出>:
　　　　　　　　　　　　　　　//在所选直线左侧单击鼠标左键

命令:_trim;　　　　　　　　　//修剪

选择要修剪的对象或按住[Shift]键选择要延伸的对象或[剪切边(T)/窗交(C)/模式(O)/投影(P)/删除(R)]:↙;

命令:_offset;

指定偏移距离或[通过(T)/删除(E)/图层(L)]<2.0000>:2 //绘制电容两极板,如图5.64d 所示

选择要偏移的对象或[退出(E)/放弃(U)]<退出>://选择长为2的直线

指定要偏移的那一侧上的点或[退出(E)/多个(M)/放弃(U)]<退出>:
　　　　　　　　　　　　　//在所选直线左侧单击鼠标左键

选择要偏移的对象或[退出(E)/放弃(U)]<退出>://选择长为2的直线

指定要偏移的那一侧上的点或[退出(E)/多个(M)/放弃(U)]<退出>:
　　　　　　　　　　　　　//在所选直线左侧单击鼠标左键

命令:_trim;//修剪多余线条后,如图5.64e 所示

选择要修剪的对象或按住[Shift]键选择要延伸的对象或[剪切边(T)/窗交(C)/模式(O)/投影(P)/删除(R)]:↙。

再使用"镜像"（△）、"旋转"（↻）、"修剪"（✂）命令绘制另外两边的电容器，完成后如图5.64f所示。

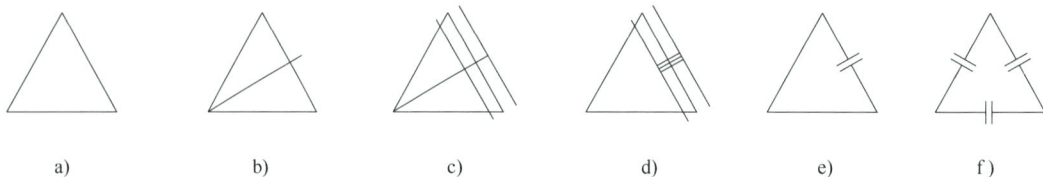

| a) | b) | c) | d) | e) | f) |

图5.64　电容补偿器的绘制

② 插入绘制的隔离开关、接触器主触点、熔断器、电流互感器、保护接地、FR 线圈图块，安排位置如图 5.65a 所示，调整大小。

③ 使用"直线"（ ∕ ）命令连接布置好的图块，如图 5.65b 所示。

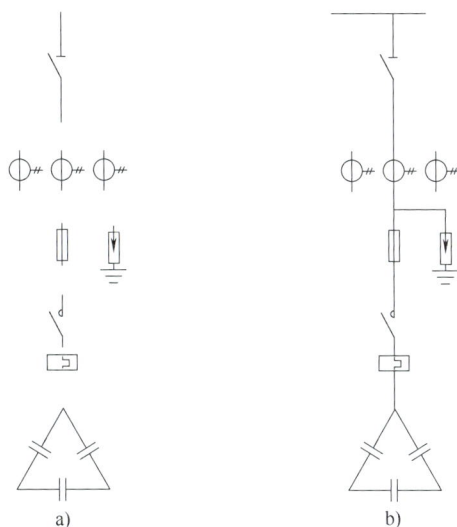

图 5.65　低压无功补偿装置的绘制

至此，完成了低压配电系统主接线图各部分的绘制，配电系统主接线图完整图纸如图 5.66 所示。

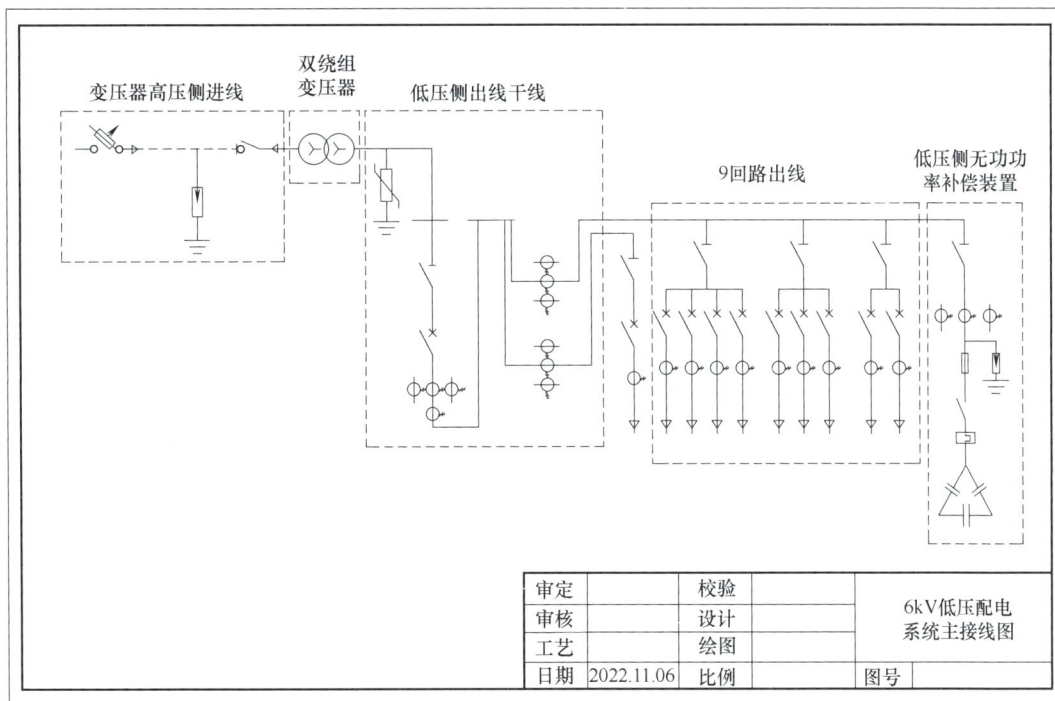

图 5.66　低压配电系统主接线

5.3.3　拓展练习

1. 如图 5.67 所示，绘制 10kV 变电站主接线图，要求：设置绘图环境、图层、图框。

2. 如图 5.68 所示，绘制水箱控制电气原理图，要求：设置绘图环境、图层、图框。

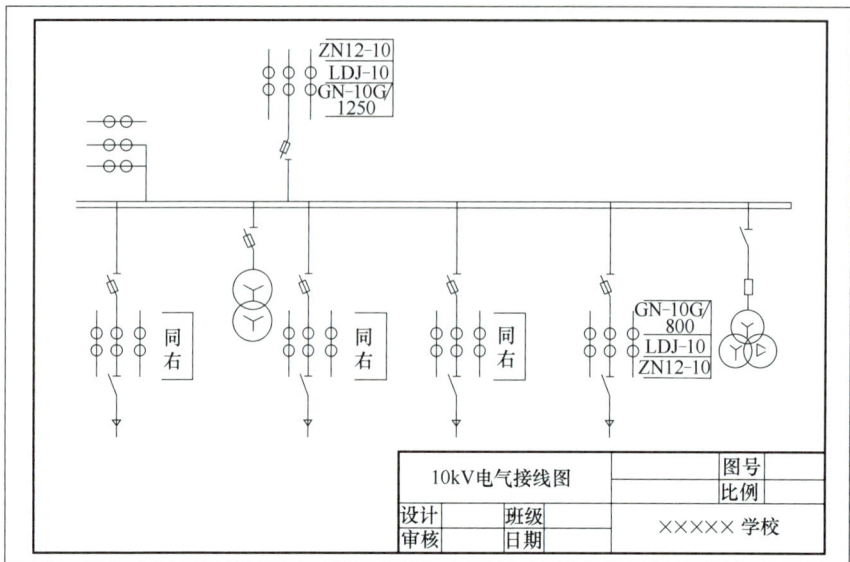

图 5.67 10kV 变电站主接线图

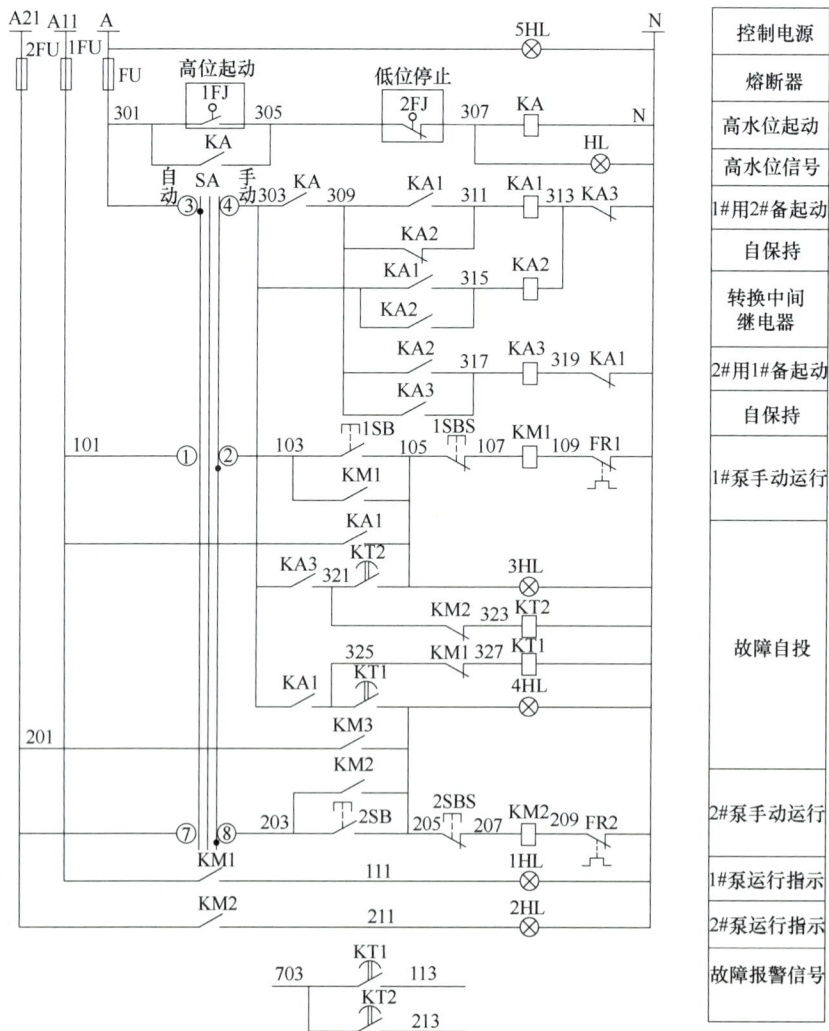

图 5.68 水箱控制电气原理图

项目 ⑥

三维图形的绘制

学训融合

不识庐山真面目，只缘身在此山中。

知识目标：

（1）熟练掌握三维坐标的变换过程，并能运用到实体模型的创建过程中；

（2）掌握实体模型的各种观察方法，做到能随时在立体和平面图形之间进行切换；

（3）熟练运用三维图形的消隐和渲染功能，创建更加逼真的实体效果。

技能目标：

（1）能够分析三维图形的特点；

（2）能够正确使用三维绘制命令；

（3）能够将二维图形转换为三维图形。

素养目标：

（1）具有较强的质量意识和严谨细致的工作作风；

（2）能够与同学相互合作、交流，共同探讨、解决问题；

（3）具有学习主动性，具备一定的自学能力及查阅、使用相关资料的能力。

在工程设计和绘图过程中，三维图形应用越来越广泛。AutoCAD 2024 可以利用三种方式来创建三维图形，即线框模型方式、曲面模型方式和实体模型方式。线框模型方式为一种轮廓模型，它由三维的直线和曲线组成，没有面和体的特征。曲面模型用面描述三维对象，它不仅定义了三维对象的边界，还定义了表面，即具有面的特征。实体模型不仅具有线和面的特征，还具有体的特征，各实体对象间可以进行各种布尔运算操作，从而创建复杂的三维实体图形。

实体模型具有线框模型和表面模型所没有的体的特征，其内部是实心的，所以用户可以对它进行各种编辑操作，如穿孔、切割、倒角和布尔运算，也可以分析其质量、体积和重心等物理特性。而且实体模型也能为一些工程应用，如数控加工、有限元分析等提供数据。

创建实体模型的方法归纳起来主要有两种：一种是利用系统提供的基本实体创建对象生成实体模型；另一种是由二维平面图形通过拉伸旋转等方式生成三维实体模型。前者只能创建一些基本实体，如长方体、圆柱体、圆锥体、球体等；而后者则可以创建许多形状复杂的三维实体模型，是三维实体建模中一个非常有效的手段。

任务6.1 轴支架的绘制

6.1.1 三维绘图环境认知与设置

1. 坐标系

在 AutoCAD 2024 中，有两种坐标系：世界坐标系（WCS）和用户坐标系（UCS），如图 6.1

所示。WCS为固定坐标系，UCS为可移动坐标系。在 WCS 中，X 轴是水平的，Y 轴是垂直的，Z 轴垂直于 XY 平面，符合右手法则，世界坐标系存在于任何一个图形中且不可更改。

在创建三维模型时，往往会设置不同的二维视图以便更好地显示、绘制和编辑几何图形。除了增加第三维坐标（即 Z 轴）外，指定三维坐标与指定二维坐标是相同的。在三维空间绘图时，要在世界坐标系（WCS）或用户坐标系（UCS）中指定 X、Y 和 Z 的坐标值。

（1）世界坐标系（WCS）

1）直角坐标。直角坐标又称为笛卡儿坐标，它采用右手定则来确定坐标系的各方向。采用直角坐标确定空间的一点位置时，需要用户指定该点的三个坐标值。绝对坐标值的输入形式是：X，Y，Z。相对坐标值的输入形式是：@X，Y，Z。

2）柱面坐标。柱面坐标是在极坐标的基础上增加一个 Z 坐标构成的。输入柱坐标与输入二维极坐标类似，采用圆柱坐标确定空间的一点位置时，需要用户指定该点在 XY 平面内的投影点与坐标系原点的距离、投影点与 X 轴的夹角以及该点的 Z 坐标值。绝对坐标值的输入形式是：$r<\theta$，Z，其中，r 表示输入点在 XY 平面内的投影点与原点的距离，θ 表示投影点和原点的连线与 X 轴的夹角，Z 表示输入点的 Z 坐标值。相对坐标值的输入形式是：@$r<\theta$，Z，例如，"100<45，60"表示输入点在 XY 平面内的投影点到坐标系的原点有 100 个单位，该投影点和原点的连线与 X 轴的夹角为 45°，且沿 Z 轴方向有 60 个单位。

3）球面坐标。球面坐标是由空间点到坐标原点的距离（XYZ 距离）、空间点在 XY 平面上的投影与坐标原点的连线和 X 轴的夹角、空间点与坐标原点的连线和 XY 面的夹角组成。绝对坐标值的输入形式是：$r<\theta<\Phi$，其中，r 表示输入点与坐标系原点的距离，θ 表示输入点和坐标系原点的连线在 XY 平面上的投影与 X 轴的夹角，Φ 表示输入点和坐标系原点的连线与 XY 平面形成的夹角。相对坐标值的输入形式是：@$r<\theta<\Phi$，例如，"100<60<30"表示输入点与坐标系原点的距离为 100 个单位，输入点和坐标系原点的连线在 XY 平面上的投影与 X 轴的夹角为 60°，该连线与 XY 平面的夹角为 30°。

（2）用户坐标系（UCS）

在 AutoCAD 2024 中，改变坐标原点和坐标轴的正向都会改变坐标系。绘制二维图形时，绝大多数命令仅在 XY 平面内或在与 XY 平面平行的平面内有效。在三维模型中，其截面的绘制也是采用二维绘图命令，这样，当用户需要在某斜面上进行绘图时，该操作就不能直接进行。由于世界坐标系的 XY 平面与模型斜面存在一定夹角，因此不能直接进行绘制。此时，用户必须先将模型的斜面定义为坐标系的 XY 平面，通过用户定义的坐标系称为用户坐标系。

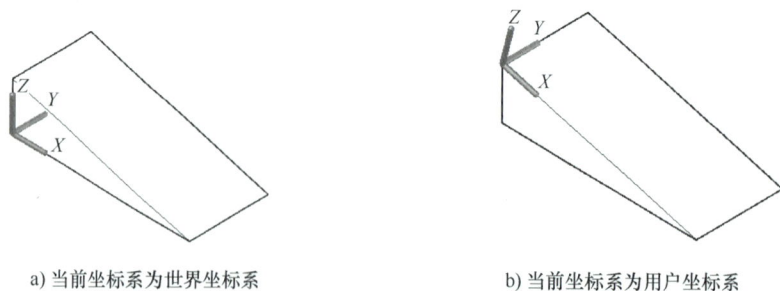

a) 当前坐标系为世界坐标系　　　　b) 当前坐标系为用户坐标系

图 6.1　坐标系

1）建立用户坐标系。

① 命令的输入方法：单击"工具"菜单，在"工具栏"子菜单中选择"AutoCAD"命令，选择"UCS"子命令，如图 6.2 所示。

在命令行输入"UCS"并按［Enter］键。

② 命令行提示：键入命令：UCS↙

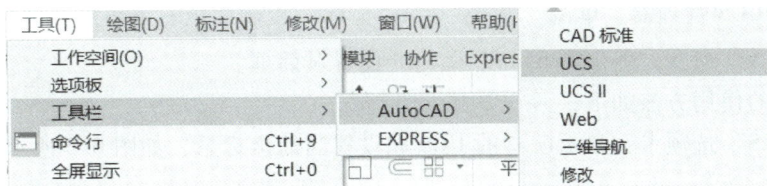

图 6.2　工具栏设置 UCS

命令：UCS

当前 UCS 名称：＊没有名称＊

指定 UCS 的原点或［面（F）/命名（NA）/对象（OB）/上一个（P）/视图（V）/世界（W）/X/Y/Z/Z 轴（ZA）］<世界>：

2）新建用户坐标系。执行前面的 UCS 命令以后，选择命令行提示中与新建相关的选项即可创建所需的用户坐标系。命令行提示中与新建相关的选项含义介绍如下。

① 指定 UCS 的原点：使用一点、两点或三点定义一个新的 UCS，如图 6.3 所示。

如果指定单个点，命令行将提示"指定 X 轴上的点或<接受>："，确定后，当前 UCS 的原点将会移动，而不会更改 X、Y 和 Z 轴的方向。

如果指定第二个点，则 UCS 将旋转，以使正 X 轴通过该点，使 UCS 的 Y 轴正半轴通过该点。

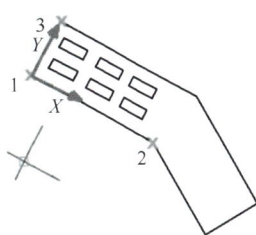

图 6.3　指定 UCS 原点

如果指定第三个点，UCS 将绕 X 轴旋转，以使 UCS 的 XY 平面的 Y 轴正半轴包含该点。

这三点可以指定原点、正 X 轴上的点以及正 XY 平面上的点。

② 面（F）：将 UCS 动态对齐到三维对象的面。将光标移到某个面上以预览 UCS 的对齐方式。选择实体的面后，将出现提示信息"输入选项［下一个（N）/X 轴反向（X）/Y 轴反向（Y）］<接受>："，选择其中的"下一个"选项将 UCS 定位于邻接的面或选定边的后向面；选择"X 轴反向"选项则将 UCS 绕 X 轴旋转 180；选择"Y 轴反向"选项则将 UCS 绕 Y 轴旋转 180°，按［Enter］键将接受现在位置。

③ 命名（NA）：保存或恢复命名 UCS 定义，也可以在该 UCS 图标上单击鼠标右键并单击命名 UCS 来保存或恢复命名 UCS 定义。如果经常使用命名的 UCS 定义，可以在初始 UCS 提示下直接输入"恢复""保存""删除"和"?"选项，而无须指定"命名"选项。

④ 对象（OB）：根据选定的三维对象定义新的坐标系。新 UCS 的拉伸方向（即 Z 轴的正方向）为选定对象的方向。此选项不能用于三维多段线、三维网格和构造线。

⑤ 上一个（P）：恢复上一个 UCS。可以在当前任务中逐步返回最后 10 个 UCS 设置。对于模型空间和图纸空间，UCS 设置单独存储。

⑥ 视图（V）：以平行于屏幕的平面为 XY 平面建立新的坐标系，UCS 原点保持不变。

⑦ X/Y/Z：绕指定的轴旋转当前 UCS。通过指定原点和一个或多个绕 X、Y 或 Z 轴的旋转，可以定义任意方向的 UCS。

⑧ 世界（W）：将 UCS 与世界坐标系（WCS）对齐，也可以单击 UCS 图标并从原点夹点菜单选择"世界"。

⑨ Z 轴（ZA）：原点和位于新建 Z 轴正半轴上的点，或选择一个对象，将 Z 轴与离选定对象最近的端点的切线方向对齐。

3）UCS 管理器。UCS 管理器管理已定义的用户坐标系。当图形文件中建立的 UCS 数目较多时，只利用 UCS 命令对其进行相关的操作就显得很不方便，为此，AutoCAD 2024 提供了一个管理 UCS 的工具：UCS 管理器，单击"常规"→"坐标"控制面板右下角展开图标 ⤵ ，或在命令行输入"UCSMAN"命令，弹出图 6.4 所示 UCS 设置对话框。

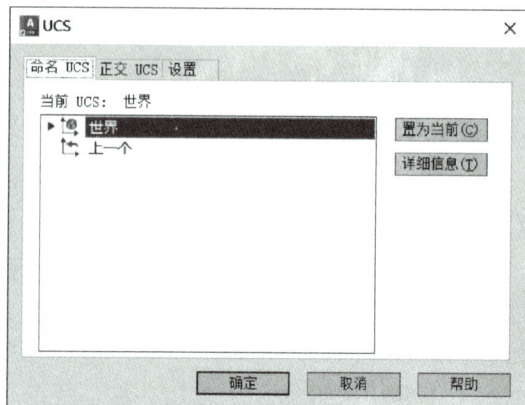

UCS 管理器的使用方法如下：

①"命名 UCS"选项卡：显示已有的 UCS 和设置当前坐标系，如图 6.5 所示。

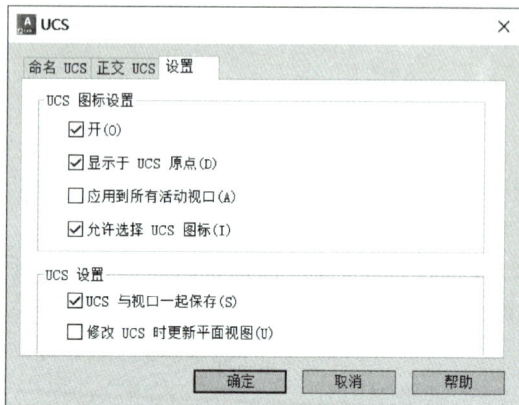

图 6.4　UCS 设置对话框　　　　　　　　　　　　图 6.5　"命名 UCS"选项卡

②"正交 UCS"选项卡：用于将 UCS 设置成某一种正交形式，单击"详细信息"按钮，可得到某一视角的详细坐标信息，如图 6.6 所示。

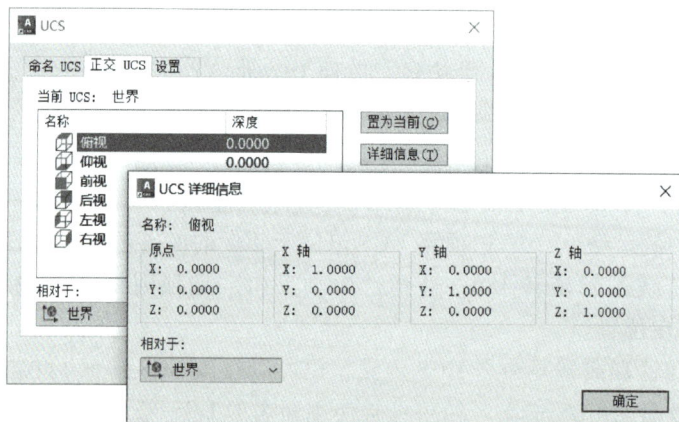

图 6.6　"正交 UCS"选项卡

③"设置"选项卡：设置 UCS 图标及 UCS 保存、更新等选项，如图 6.7 所示。

2. 三维图形的类型

在 AutoCAD 中，三维图形有三种类型，分别为线框模型、表面模型和实体模型。

（1）线框模型

线框模型是用线条来表示的三维图形，如图 6.8 所示，用 12 条线段表示一个长方体，用一个圆和 4 条线段表示圆锥体，用两个圆和两条线段表示一个圆柱体。

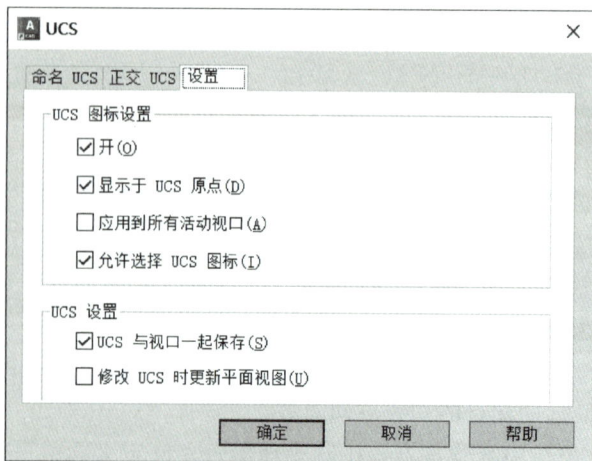

图 6.7　"设置"选项卡

线框模型结构简单，易于绘制。但同时也存在一些不足，因为线框模型没有面和体的信息，所以线框模型不能着色和渲染。

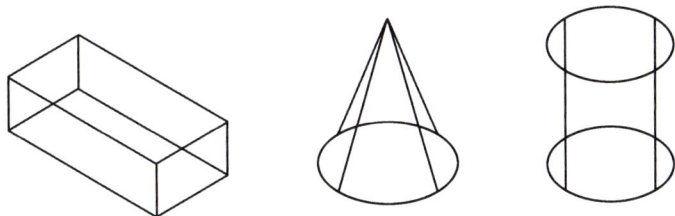

图6.8 线框模型

（2）表面模型

表面模型可以用于做出各种复杂的曲面造型和表现特殊的效果，如人的皮肤、面貌或流线型的跑车等。曲面只有形状，没有厚度，如图6.9所示。当把多个曲面结合在一起，使得曲面的边界重合并且没有缝隙后，可以把结合的曲面进行填充，将曲面转化成实体。

（3）实体模型

实体模型可以提供实体完整的信息，实现对可见边的判断，具有消隐的功能，并且能顺利实现剖切、有限元网格划分等。实体模型是三维模型中的最高级，包含了线、面、体的全部信息。利用实体模型可以计算实体的体积、质量、重心、惯性矩等，在AutoCAD 2024中可以对实体模型设置颜色、材质并进行渲染，从而创建出逼真的效果图。

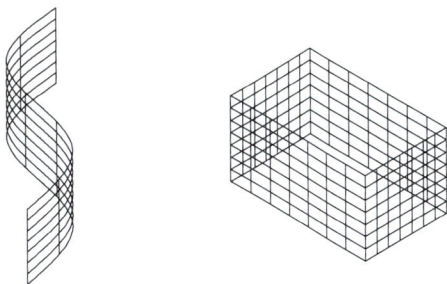

图6.9 表面模型

绘制实体模型通常先绘制简单的基本体，然后通过布尔运算、模型修改等操作形成组合体，如交、并、差等运算命令。在AutoCAD 2024中创建的实体模型如图6.10所示。

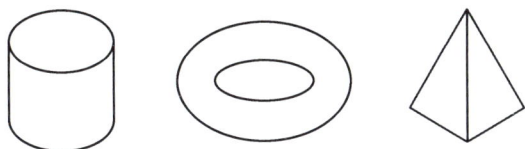

图6.10 实体建模

3. 基本实体

AutoCAD 2024提供了7种基本实体的创建功能，即BOX（长方体）、SPHERE（球体）、CYLINDER（圆柱体）、CONE（圆锥体）、PYRAMID（棱锥）、WEDGE（楔体）、TORUS（圆环体）。

以上基本实体可通过以下方法进行创建。

1）单击"常用"菜单，在"建模"功能区中选择"长方体"，单击其下方的三角符号展开基本实体图形库，单击所要创建的实体即可。将鼠标移动至某个三维实体图标上时，会自动弹出该三维实体的描述，如图6.11所示。

2）单击"绘图"菜单，选择"建模"命令，其子菜单中包含了各种创建三维实体的子命令，如图6.12所示。

4. 三维绘图环境的设置

（1）三维工作空间的设置

AutoCAD 2024三维绘图环境设置有如下两种方式。

① 在图6.13所示的控制面板中单击设置按钮，选择"三维建模"命令。

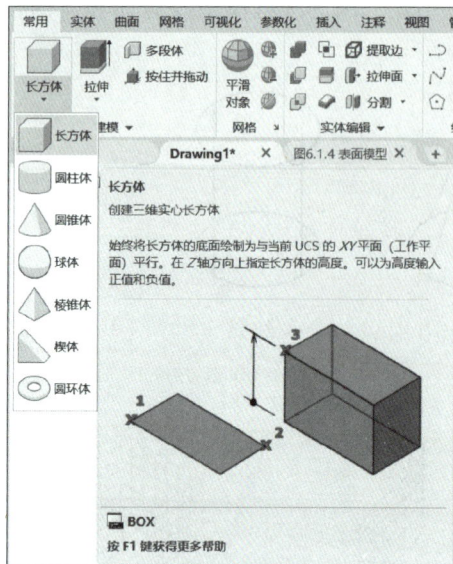

图 6.11　基本实体创建及描述

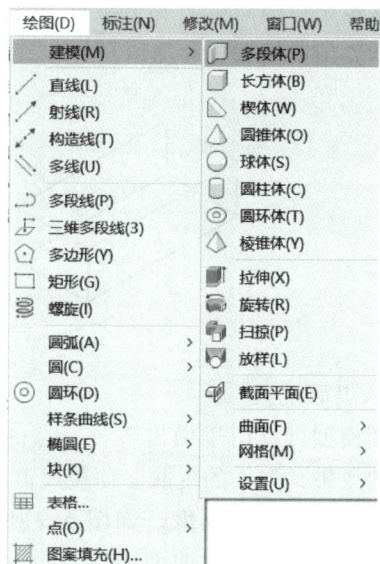

图 6.12　通过菜单栏创建基本实体

② 单击"工具"菜单，选择"工作空间"命令，选择"三维建模"子命令，如图 6.14 所示。

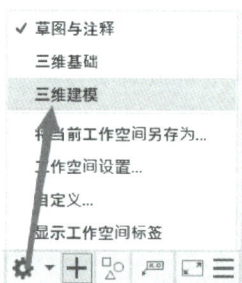

图 6.13　设置三维建模

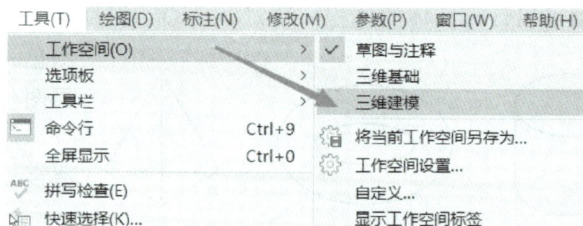

图 6.14　工作空间设置

这时，可以看到功能面板显示出绘制三维图形的功能按钮，如图 6.15 所示。

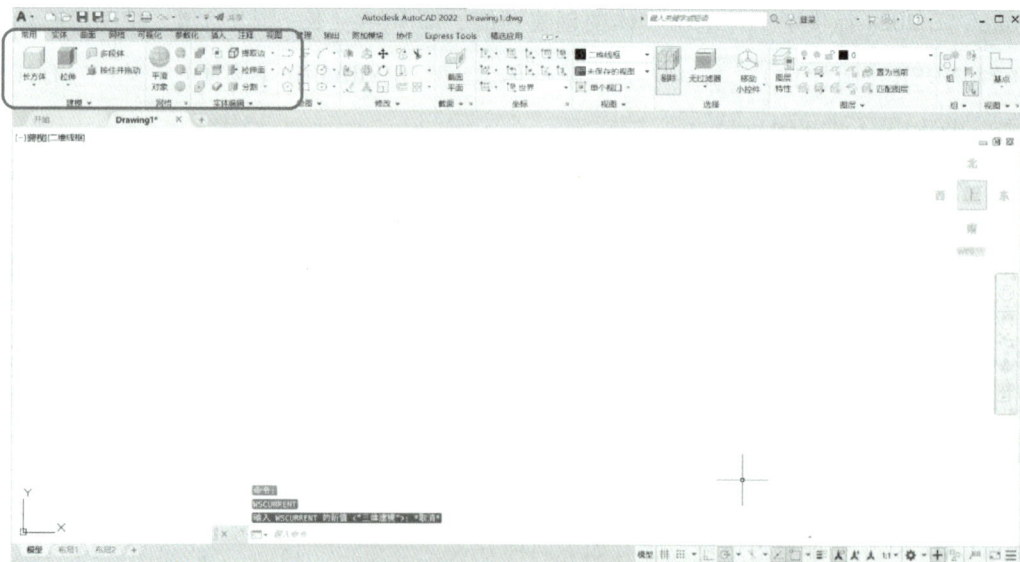

图 6.15　三维建模功能按钮

（2）视点的设置

视点是指观察图形的方向。例如，绘制三维圆柱体时，如果使用平面坐标系即 Z 轴垂直于屏幕，此时仅能看到该圆柱体在 XY 平面上的投影；如果调整视点至东南等轴测视图，将看到的是三维圆柱体，如图 6.16 所示。

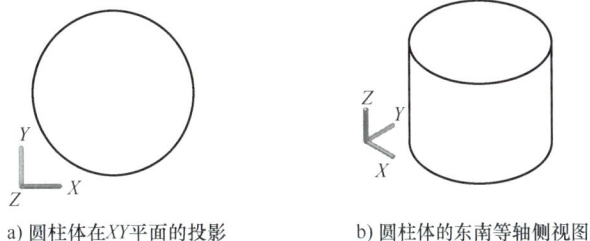

a) 圆柱体在 XY 平面的投影　　　　b) 圆柱体的东南等轴侧视图

图 6.16　视点设置

预设视点是三维图形绘制的关键一步，视点的设置有以下三种方式。

① 使用"视点预设"对话框设置视点。在快速访问工具栏选择"显示菜单栏"命令，在弹出的菜单中选择"视图"→"三维视图"→"视点预设"命令（DDVPOINT），弹出"视点预设"对话框，如图 6.17 所示。

图 6.17　使用"视点预设"对话框

在"视点预设"对话框中，列表中各选项的含义如下。

设定观察角度：相对于世界坐标系（WCS）或用户坐标系（UCS）设定查看方向。

相对于 WCS：相对于 WCS 设定观察方向。

相对于 UCS：相对于当前 UCS 设定观察方向。

自：指定查看角度。

X 轴：指定与 X 轴的夹角。

XY 平面：指定与 XY 平面的夹角。

也可以使用样例图像指定查看角度。黑针指示新角度，灰针指示当前角度。通过选择圆或半圆的内部区域指定一个角度。如果选择了边界外面的区域，那么就舍入到在该区域显示的角度值。如果选择了内弧或内弧中的区域，角度将不会舍入，结果可能是一个分数。

设定为平面视图：设定查看角度以相对于选定坐标系显示平面视图（XY平面）。

② 使用罗盘确定视点。在快速访问工具栏选择"显示菜单栏"命令，在弹出的菜单中选择"视图"→"三维视图"→"视点"命令（VPOINT），可以为当前视口设置视点。该视点均是相对于WCS坐标系的，可通过屏幕上显示的罗盘定义视点，如图6.18所示，移动鼠标可以改变坐标方向。

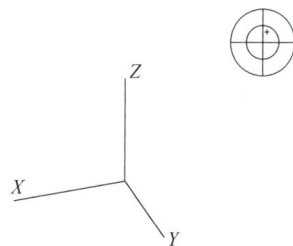

图6.18　使用罗盘确定视点

③ 使用"三维视图"菜单设置视点。在快速访问工具栏选择"显示菜单栏"命令，在弹出的菜单中选择"视图"→"三维视图"子菜单中的"俯视""仰视""左视""右视""前视""后视""西南等轴测""东南等轴测""东北等轴测"和"西北等轴测"命令，可以从多个方向观察图形，如图6.19所示。

6.1.2　长方体、圆柱体命令、布尔运算

AutoCAD 2024提供了一些绘制常用简单三维实体的命令，由这些简单三维实体可以编辑成各种实体模型。三维实体具有质量特性，形体内部是实心的，可以通过布尔运算进行打孔、挖槽和合并等操作来创建复杂的三维模型，而表面模型无法进行这些操作。

多段体、长方体、楔形体、圆锥体、球体、圆柱体、圆环体、棱锥体、螺旋以及平面曲面是最基本的三维模型，这些基本的三维模型通常是创建复杂三维模型的基础，在AutoCAD 2024中，通过"常用"选项卡的"建模"功能区面板绘制实体。

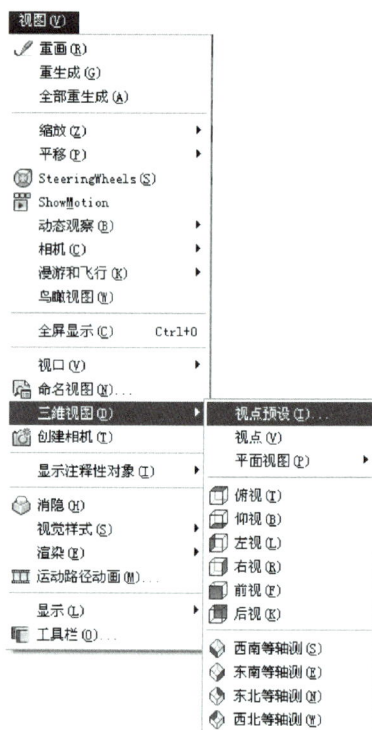

图6.19　使用"三维视图"菜单设置视点

1. 长方体的绘制

长方体是最基本的实体模型之一，作为最基本的三维模型，其应用非常广泛。绘制长方体的命令有如下三种方法。

① 单击"常用"选项卡，在"建模"功能区选择"长方体"（▢）命令。

② 单击"绘图"菜单，选择"建模"命令中的"长方体"（▢）子命令。

③ 在命令行输入"BOX"。

启用"长方体"命令后，命令行提示如下：

命令：_box
指定长方体的角点或[中心点（C）]<0,0,0>：
指定角点或[立方体（C）/长度（L）]：

其中的参数：

① [角点]：定义长方体的一个角点。

② [中心点（C）]：定义长方体的中心点，并根据该中心点和一个角点来绘制长方体。

③ [立方体（C）]：绘制立方体，选择该项命令后即可根据提示输入立方体的边长。

④ [长度（L）]：选择该命令后，系统依次提示用户输入长方体的长、宽、高。

　　绘制长方体比较简单，绘制长方体的默认方法是直接通过长方体两个角点及指定 Z 轴上的点进行绘制，如图 6.20 所示。如果没有已有的定位点，则不能精确绘图，因此常通过指定长、宽、高的值进行绘制。

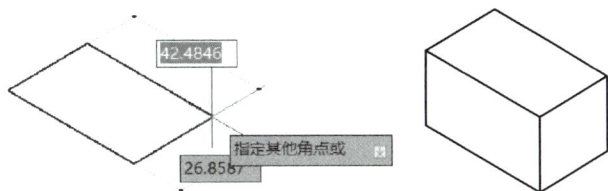

图 6.20　长方体的绘制

　　例：绘制一个长 30mm、宽 15mm、高 40mm 的长方体。

操作步骤如下。

选择"视图"→"三维视图"→"东南等轴测"作为视点，进入绘图区域。

```
命令:_box;                          //启用长方体命令
指定第一个角点或[中心点(C)]:          //单击绘图区任意位置,指定第一个角点
指定其他角点或[立方体(C)/长度(L)]:L;
指定长度<0.0000>:30;                 //指定 X 轴方向为长度
指定宽度<0.0000>:40;                 //指定 Y 轴方向为宽度
指定高度或[两点(2P)]<0.0000>:20。    //在 Z 轴方向拉伸为高度
```

结果显示如图 6.21 所示。

2. 圆柱体的绘制

　　在三维图形绘制中，圆柱体也是广泛应用的实体之一。启用"圆柱体"命令有以下三种方法。

　　① 单击"绘图"菜单，选择"建模"命令中的"圆柱体"子命令。

　　② 单击"常用"选项卡，在"建模"功能区选择"圆柱体"（圆）命令。

　　③ 输入命令"CYLINDER"。

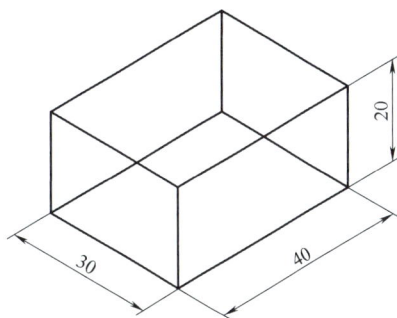

图 6.21　精确绘制长方体

启用"圆柱体"命令后，命令行提示如下：

```
命令:_cylinder
指定底面的中心点或[三点(3P)/两点(2P)/相切、相切、半径(T)/椭圆(E)]:
指定底面半径或[直径(D)]<77>:
指定高度或[两点(2P)/轴端点(A)]<82>:
```

其中的参数：

① [中心点]：定义圆柱体底面的中心点。

② [椭圆（E）]：创建具有椭圆底面的圆柱中心点。

③ [半径]：定义圆柱体底面圆的半径。

④ [直径（D）]：定义圆柱体底面圆的直径。

⑤ [高度]：定义圆柱体的高度。

⑥ [轴端点]：指定圆柱体的轴端点。此端点可以位于三维空间的任意位置。

例： 绘制半径为30mm、高度为100mm的圆柱。

操作步骤如下：

选择"视图"→"三维视图"→"东南等轴测"作为视点，进入绘图区域。

> 命令：_cylinder   //启用"圆柱体"(⬡)命令
> 指定底面的中心点或[三点(3P)/两点(2P)/相切、相切、半径(T)/椭圆(E)]：
>   //在绘图区域单击一点
> 指定底面半径或[直径(D)]<77>：10   //输入半径值
> 指定高度或[两点(2P)/轴端点(A)]<82>：20   //输入高度值

结果显示如图6.22所示。

3. 布尔运算

CAD布尔运算也称为布尔法，用于描述几何图形的逻辑运算。是CAD技术中的重要部分，可以用来进行复杂的CAD图像分析与设计。它通过表达式进行复杂的数学操作，其定义是：布尔表达式是由多种逻辑字符表示的一种表达形式，通过关系和逻辑"或""与""不是"等指令，表达出来的关系和逻辑性。这种方法可以用来创建和分析复杂的图像，如三维设计和二维图形。

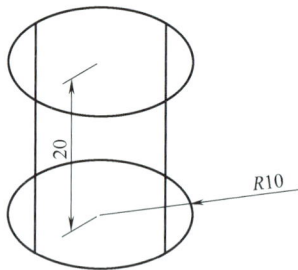

图6.22 精确绘制圆柱体

CAD布尔运算的应用可以分为三个不同的平台：三维设计、二维图形处理和矢量计算。三维设计可以使用布尔运算来建立复杂的物体，如弯曲的管道或复杂的零件，可以提高设计的精度和效率。在二维图形处理中，它可以用来对图像进行各种变换，以便分析其内部和外部结构，还可以用于图像合成、压缩等。在矢量计算方面，它可以用来表示向量，进行向量运算，如矩形变换、投影等。

CAD布尔运算使得建筑设计、船舶设计等各种设计领域都大大提高了效率。它可以帮助设计师更快地实现复杂的几何分析，更精确地编辑几何图形，从而极大地提高设计的准确性和效率。此外，CAD布尔运算还可以节省时间，减少制图，从而减少工作量。

尽管CAD布尔运算起初发展较慢，但随着计算机技术的发展，目前CAD布尔运算已经成为CAD技术必不可少的一部分。它可以用来创建、修改和分析复杂的几何图形，以便更快处理复杂的设计项目。因此，CAD布尔运算是CAD技术发展的重要组成部分，未来也将发挥更大的作用。

（1）实体结合——并集

实体结合是由两个单独的实体连接而生成一个完整的独立实体。生成的新实体是两个实体加上它们的公共部分组成的实体。

实体并集的命令格式有以下三种。

① 单击"修改"菜单，选择"实体编辑"命令，选择"并集"（⬢）子命令。

② 在命令行输入"UNION"并按[Enter]键。

③ 单击"常用"选项卡，在"实体编辑"功能区选择"并集"（⬢）命令。

例： 如图6.23所示，两个实体的"并集"具体操作步骤如下。

① 使用长方体（⬛）命令和圆柱体（⬡）命令，绘制一个长方体和一个圆柱体，位置如图6.23a所示。

② 输入命令"Union"后按[Enter]键。

③ 选择要结合的实体对象（图中的圆柱体），再选择另一个实体对象（图中的长方体），如图6.23b所示。

④ 若不再选择，按［Enter］键即可。

操作结束，AutoCAD 将以上两个实体连接成为一个新的实体，如图 6.23c 所示。

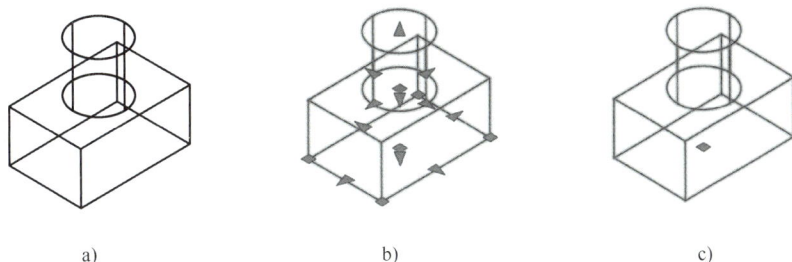

图 6.23　两个实体并集操作步骤

（2）实体裁减——差集

实体裁减是从两个实体中裁去其中一个与其重叠相交的部分后生成的新实体。

实体差集的命令格式有以下三种。

① 在命令行输入"Subtract"并按［Enter］键。

② 单击"修改"菜单选择"实体编辑"命令，选择"差集"（ ⌐）子命令。

③ 单击"常用"选项卡，在"实体编辑"功能区选择"并集"（ ⌐）命令。

例：如图 6.24 所示，两个实体的"差集"具体操作步骤如下。

① 使用长方体（ ⌐）命令和圆锥体（ △）命令，绘制一个长方体和一个圆锥体，位置如图 6.24a 所示。

② 输入命令"Subtract"，选择实体和区域作为源对象从中裁减。

③ 选择被裁减对象。选择裁减对象是有顺序的，Subtract 命令要求先选定要从中裁减的源对象，选择后按［Enter］键，然后再选定要被裁掉的对象，再次按［Enter］键。

操作完毕，就生成了新实体。若源对象为长方体，被裁掉的对象为圆锥体，"差集"命令后的图形如图 6.24b 所示；若源对象为圆锥体，则被裁掉的对象为长方体，"差集"命令后的图形如图 6.24c 所示。

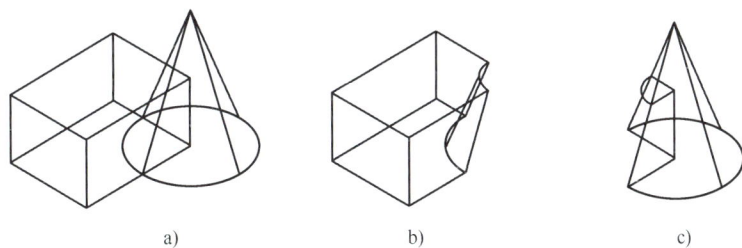

图 6.24　两个实体差集操作步骤

（3）实体重叠——交集

实体重叠是两个实体在连接后产生交叉重叠部分的操作，生成的新实体是它们共同拥有的那部分实体。

实体交集的命令格式有以下三种。

① 命令行输入"INTERSECT"并按［Enter］键。

② 单击"修改"菜单选择"实体编辑"命令，选择"交集"（ ⌐）子命令。

③ 单击"常用"选项卡在"实体编辑"功能区选择"交集"（ ⌐）命令。

例：如图 6.25 所示，两个实体的"交集"具体操作步骤如下。

① 使用长方体（▢）命令和圆锥（△）命令，绘制一个长方体和一个圆锥体，位置如图 6.25a 所示。

② 先选择实体对象，再选择另一个要重叠的实体对象，选择后按［Enter］键。

操作完毕，就生成了新实体，如图 6.25b 所示。

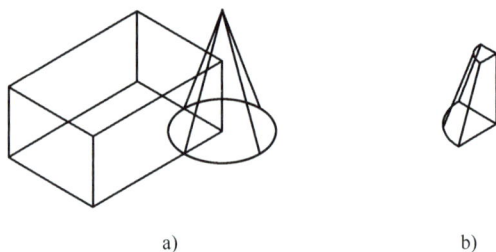

a)　　　　　　b)

图 6.25　两个实体交集操作步骤

6.1.3　任务实施

根据图 6.26 所示的轴支架二维图形及尺寸绘制三维图形。

1. 轴支架绘制要点

图 6.26 所示为轴支架的平面二视图，由图可见，轴支架由底板、立板和肋板组成。底板可由长方体和圆柱体组合而成；立板也可由长方体和圆柱体组合而成；肋板由楔体构成。因此在绘制轴支架三维实体时，可分三部分绘制，再进行组成即可。

2. 绘图环境设置

（1）三维工作空间设置

设置工作空间为"三维建模"，命令行操作如下。

> 命令:_wscurrent;
>
> 输入 WSCURRENT 的新值<"草图与注释">: 三维建模。

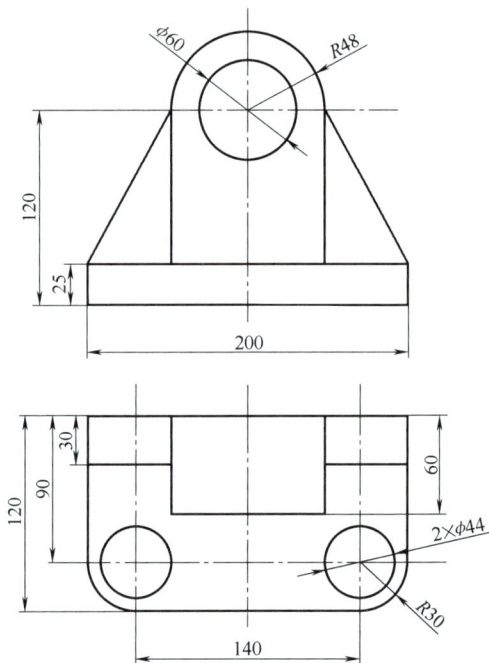

图 6.26　轴支架二维图形

（2）视点的设置

在快速访问工具栏选择"显示菜单栏"命令，在弹出的菜单中选择"视图"→"三维视图"→"东南等轴测"命令，从东南方向来观察图形，绘图界面如图 6.27 所示。

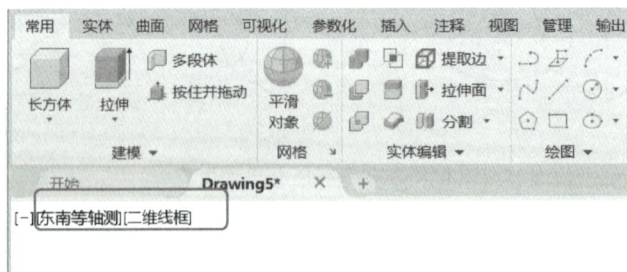

图 6.27　视点选择"东南等轴测"

3. 图层设置

单击"格式"菜单，选择"图层"命令，新建"定位线层""轮廓层"和"标注层"，如图 6.28 所示。将"定位线层"线型设置为单点画线，"轮廓层"线宽设置为 0.3mm，其他采用默认设置。"图幅层"图层用来绘制图纸外框，"轮廓层"用来绘制三维图形，"标注层"用来标注尺寸。

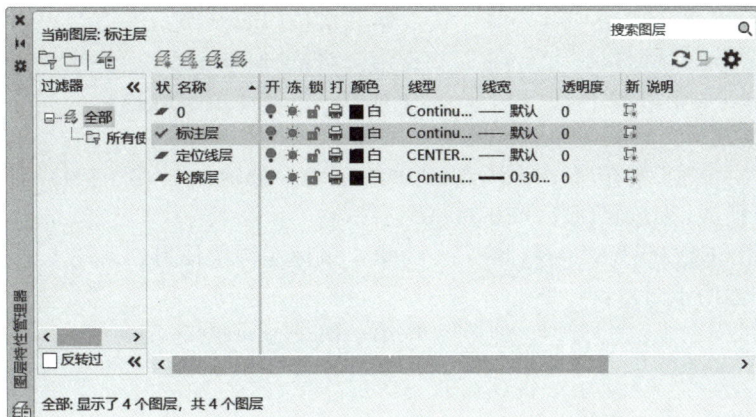

图 6.28　图层设置

4. 底板的绘制

（1）绘制长方体

轴支架三维实体图形的绘制原则为从下至上绘制，先绘制底板。底板是长方体和圆柱体的组合，首先完成圆角长方体的绘制，具体操作命令和步骤如下。

① 在"常用"选项卡"图层"功能区的图层文本框中选择"轮廓层"，如图 6.29 所示。视觉式样选择"二维线框"。

② 在"常用"选项卡"建模"功能区选择"长方体"，根据图 6.26 轴支架二维图形尺寸绘制长 120mm、宽 200mm、高 25mm 的长方体。具体操作命令如下。

图 6.29　选择"轮廓层"

```
命令:_box;                          //绘制长方体如图 6.30a 所示
指定第一个角点或[中心点(C)]:          //在适当位置单击鼠标左键确定第一个角点
指定其他角点或[立方体(C)/长度(L)]:L;  //选择长度(L)精确绘制
指定长度<0.0000>:120;
指定宽度<0.0000>:200;
指定高度或[两点(2P)]<0.0000>:25。
```

③ 长方体圆角的绘制。根据图 6.26 轴支架二维图形尺寸，长方体有两个半径为 30mm 的圆角，与二维图形圆角命令不同，三维实体的圆角需要选择相应的"棱"，按两次[Enter]键后，可将"直角"转换成"圆角"。具体操作命令如下。

```
命令:_fillet
当前设置:模式 = 修剪,半径 = 0.0000;
选择第一个对象或[放弃(U)/多段线(P)/半径(R)/修剪(T)/多个(M)]:R;
                        //单击半径命令(R)
指定圆角半径<0.0000>:30;
选择第一个对象或[放弃(U)/多段线(P)/半径(R)/修剪(T)/多个(M)]:
                        //如图 6.30a 所示,选择一条棱
输入圆角半径或[表达式(E)]<30.0000>:↙;
选择边或[链(C)/环(L)/半径(R)]:↙;
已选定一个边用于圆角。
```

命令：✓；   //第一次按［Enter］键

命令：✓；   //第二次按［Enter］键

命令：_fillet；   //对另一条棱使用圆角命令

当前设置：模式＝修剪，半径＝30.0000；

选择第一个对象或［放弃（U）/多段线（P）/半径（R）/修剪（T）/多个（M）］：✓；

输入圆角半径或［表达式（E）］＜30.0000＞：✓；

选择边或［链（C）/环（L）/半径（R）］： //单击鼠标左键选择另一条棱

已选定一个边用于圆角。

命令：✓；   //第一次按［Enter］键

命令：✓。   //第二次按［Enter］键

执行以上命令后，则完成了直角到圆角的修改，如图6.30b所示。

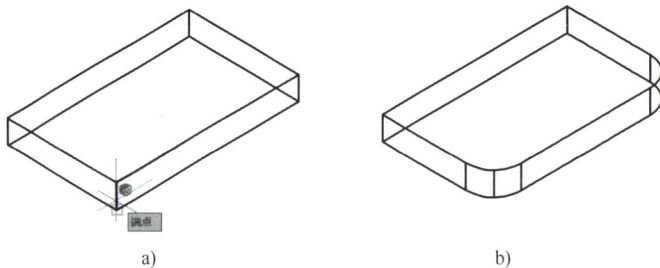

a)   b)

图6.30　圆角长方体的绘制

（2）在底板上定位圆柱体的位置

对图6.26轴支架二维图形进行分析可知，底板的绘制是在长方体实体上抠出两个圆柱形孔，因此需要在长方体上进行圆柱体的定位设置。

在"对象捕捉"选项卡中勾选"中点"，绘制图6.31a两中点连接的直线，然后执行偏移命令，偏移量设置为70mm，具体操作命令如下。

命令：_offset；

当前设置：删除源＝否　图层＝源　OFFSETGAPTYPE＝0；

指定偏移距离或［通过（T）/删除（E）/图层（L）］＜70.0000＞：70； //偏移量设置为70mm

选择要偏移的对象或［退出（E）/放弃（U）］＜退出＞：   //选择中点连接线

指定要偏移的那一侧上的点或［退出（E）/多个（M）/放弃（U）］＜退出＞：//偏移

选择要偏移的对象或［退出（E）/放弃（U）］＜退出＞：   //选择中点连接线

指定要偏移的那一侧上的点或［退出（E）/多个（M）/放弃（U）］＜退出＞：//偏移

命令：_line；   //绘制平行Y轴的定位线

指定第一个点：90；   //如图6.31b所示

指定下一点或［放弃（U）］：✓。

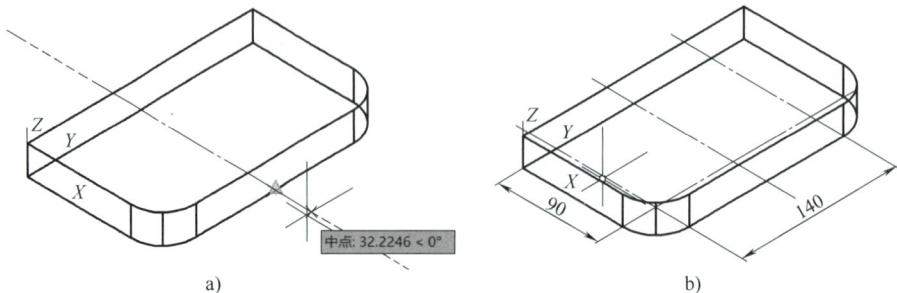

a)   b)

图6.31　定位线绘制

（3）绘制圆柱体

以定位线交点为圆柱体底面圆的圆心，绘制直径为 44mm、高为 25mm 的圆柱，如图 6.32a 所示，具体操作命令如下。

```
命令:_cylinder;
指定底面的中心点或[三点(3P)/两点(2P)/切点、切点、半径(T)/椭圆(E)]:
                                          //定位线的交点
指定底面半径或[直径(D)]<17.3748>:22;
指定高度或[两点(2P)/轴端点(A)]<25.0000>:25;
命令:↙;
命令:_cylinder;
指定底面的中心点或[三点(3P)/两点(2P)/切点、切点、半径(T)/椭圆(E)]:
                                          //定位线的交点
指定底面半径或[直径(D)]<22.0000>:22;
指定高度或[两点(2P)/轴端点(A)]<25.0000>:25;
命令:↙。
```

（4）差集运算

应用差集运算从底板抠除两个圆柱体，如图 6.32b 所示，具体命令操作如下。

```
命令:_subtract;
选择要从中减去的实体、曲面和面域……
选择对象:找到一个;                        //选择源对象
选择对象:↙;
选择要减去的实体、曲面和面域……
选择对象:找到一个;                        //选择被抠除的对象
选择对象:找到一个,总计两个
命令:↙。
```

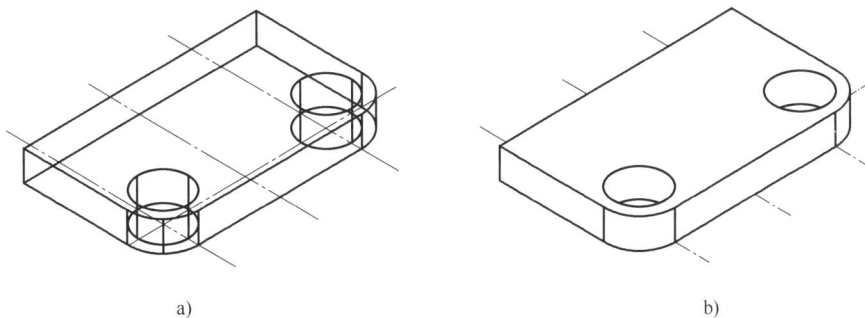

a)   b)

图 6.32　底板实体绘制

可使用"动态观察"命令，对绘制好的实体图形，进行全方位的观测，可以观测所绘制三维图形的外观，检查是否正确。单击"视图"菜单，选择"动态观察（B）"命令，选择"自由动态观察"（⟳）子命令，导航球将显示在绘图区域中。

若要设置动态观察的目标点，请在绘图区域中单击鼠标右键，然后选择命令。

若要围绕导航球的中心点动态观察对象，请选择"启用动态观察自动目标"。

若要动态观察相机的位置或围绕对象动态观察视点，请清除"启用动态观察自动目标"复选标记。导航球的中心将成为目标点。

将光标移动到导航球的不同部分上以显示要使用的三维自由动态观察图标。然后拖动以动态观察视图，如图6.33所示。

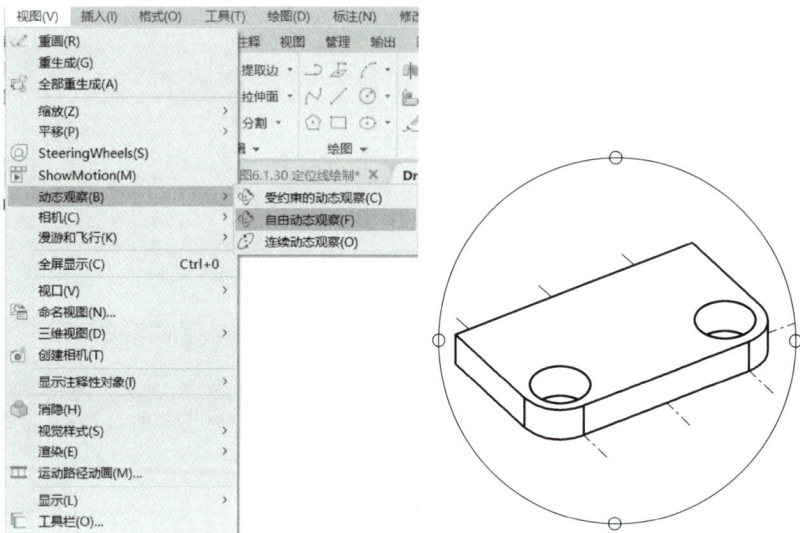

图 6.33　自由动态观察

5. 立板的绘制

绘制三维实体时，所有实体的底面均绘制在 XY 平面上，高沿着 Z 轴进行拉伸。在绘制轴支架的立板时，若以当前的视点为基准，则立板上的轴孔圆柱底面圆在 YZ 平面上，无法直接绘制，因此需要调整视点，以绘制圆柱体。

调整视点时，可以通过"Z 轴矢量"命令改变 XY 平面的方向，将 UCS 与指定的正 Z 轴对齐。具体操作：单击"常用"选项卡，在"坐标"功能区选择"Z 轴矢量"（⊥）命令，UCS 原点移动到第一个点，其正 Z 轴通过第二个点。转换 XY 平面后如图6.34所示。

（1）绘制长方体

单击"长方体"（▣）命令，结合"对象捕捉"捕捉底板左上角点，拖动鼠标，当出现绿色延长虚线时，表明与 X 轴平行，输入"52"，确定长方体底面第一角点，具体操作如下。

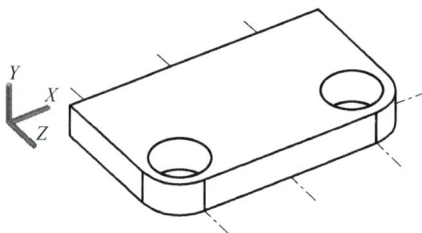

图 6.34　转换 XY 平面

命令:_box;
指定第一个角点或[中心点(C)]:52;
指定其他角点或[立方体(C)/长度(L)]:L;
指定长度<120.0000>:96;
指定宽度<200.0000>:143;
指定高度或[两点(2P)]<25.0000>:30。

立板上端为半圆形，可能通过圆角命令进行修改。操作与底板圆角命令一致，半径为48mm。

（2）绘制圆柱体

执行完成圆角命令后，单击"圆柱体"命令，结合"对象捕捉"，将鼠标移到圆弧位置，则自动出现圆心位置。将鼠标移至圆心处，完成以下操作。

命令:_cylinder;

指定底面的中心点或[三点(3P)/两点(2P)/切点、切点、半径(T)/椭圆(E)]:

　　　　　　　　//选择圆心为底面中心点

指定底面半径或[直径(D)]<0.0000>:D;

指定直径<60.0000>:60;

指定高度或[两点(2P)/轴端点(A)]<0.0000>:60。

（3）差集运算

应用差集运算从立板抠除一个圆柱体，完成后如图6.35所示。

（4）立板的绘制

1）视点调整。肋板可使用"楔体"进行绘制。由于"楔体"高度是以 Y 轴为基轴进行拉伸，因此需要调整视点。调整视点时，可以通过"Z轴"命令绕 Z 轴旋转当前 UCS，改变 XY 平面的方向。具体操作：单击"常用"选项卡，在"坐标"功能区选择"Z轴"（ ）命令，调整后如图6.36所示。

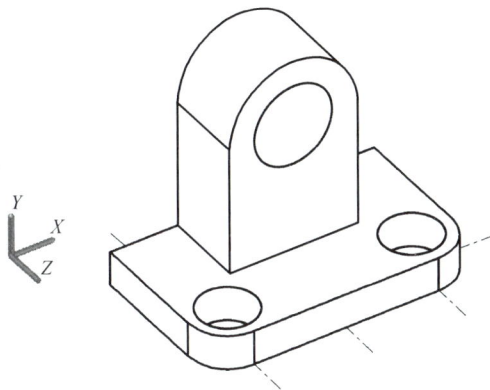

图6.35　立板的绘制　　　　　　　　图6.36　绕 Z 轴调整视点

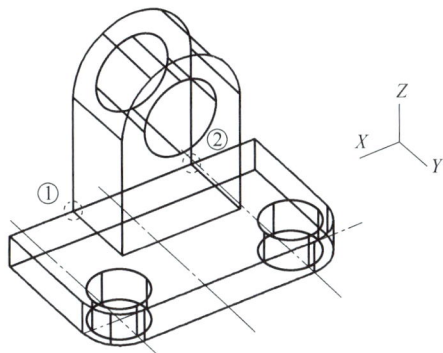

2）绘制立板。根据图6.26轴支架二维图形尺寸，单击"常用"选项卡，在"建模"功能区选择"楔体"命令绘制肋板，具体操作如下。

命令:_wedge;

指定第一个角点或[中心点(C)]:　　　如图6.36中①所示

指定其他角点或[立方体(C)/长度(L)]:30;

指定高度或[两点(2P)]<95.0000>:95;

命令:_wedge;

指定第一个角点或[中心点(C)]:　　　//如图6.36中②所示

指定其他角点或[立方体(C)/长度(L)]:30;

指定高度或[两点(2P)]<95.0000>:95。

（5）三维实体的标注

绘制好立板后，轴支架的三维实体图形绘制完成，如图6.37所示。通过改变"视觉样式""二维线框""消隐""真实"等命令可改变三维图形的外观。

6.1.4　拓展练习

使用长方体和布尔运算绘制图6.38所示图形。

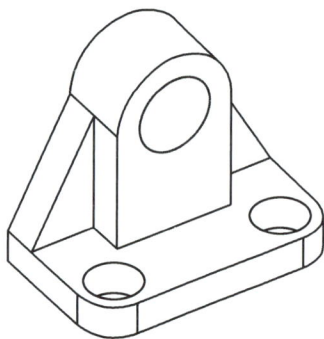

图 6.37　轴支架三维图形

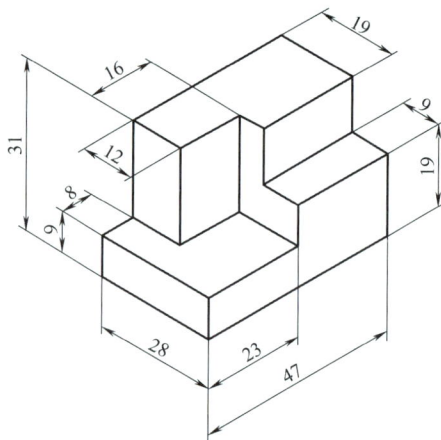

图 6.38　元件图

任务6.2　紧固零件的绘制

6.2.1　绘图环境的设置

1. 三维工作空间的设置

在状态栏单击"切换工作空间"（　）命令，然后选择"三维建模"命令，命令操作如下。

> 命令:_wscurrent;
>
> 输入 WSCURRENT 的新值<"草图与注释">:三维建模。

2. 视点的设置

在快速访问工具栏选择"显示菜单栏"命令，在弹出的菜单中选择"视图"→"三维视图"→"东南等轴测"命令，从东南方向来观察图形。

3. 绘图单位和精度的设置

绘制的 AutoCAD 图形都需要有精确的尺寸，因此在画图前需要确定单位和绘图比例。

1）设置绘图单位和精度的方式有以下两种。

① 单击"格式"菜单，选择"单位"（0.0）命令，弹出"图形单位"对话框，如图 6.39 所示。

② 在命令行输入"UNITS"命令，按［Enter］键。

"图形单位"对话框用于设置显示输出样例、距离和角度的格式、精度和其他设置，并且保存在当前图形中。

a）"长度"选项包括类型和精度设置。

类型：设置测量单位的当前显示格式。该值包括"建筑""小数""工程""分数"和"科学"。其中，"工程"和"建筑"格式提供英尺（ft）和英寸（in）显示并假定每个图形单位表示 1in。其他格式可表示任何真实世界单位。

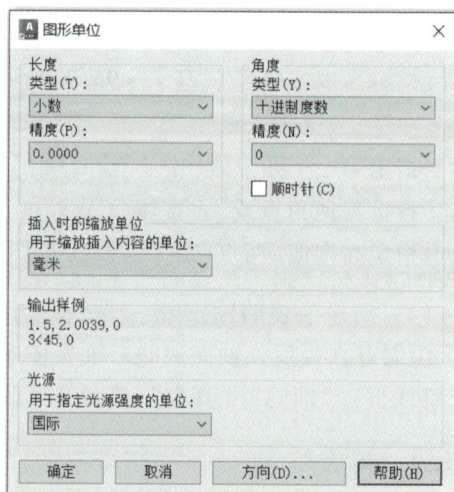

图 6.39　"图形单位"对话框

精度：设置线性测量值显示的小数位数或分数大小。

b）"角度"指定当前角度格式和当前角度显示的精度。选项包括类型、精度、顺时针。

类型：设置角度的当前显示格式。

精度：设置角度的显示精度。

以下约定用于各种角度测量：

十进制度数：小数。

百分度：小写 g 后缀。

弧度：小写 r 后缀。

度/分/秒："d"表示度，"′"表示分，"″"表示秒；例如，123d45′56.7″。

勘测单位：N 或 S 表示北或南，度/分/秒表示东或西偏离正北或正南的角度，E 或 W 表示东或西；例如，N 45d0′0″ E。该角度始终小于90°，并采用"度/分/秒"格式显示。如果角度正好是正北、正南、正东或正西，则只显示表示方向的单个字母。

顺时针：控制按顺时针方向还是逆时针方向测量正角，如图 6.40 所示。

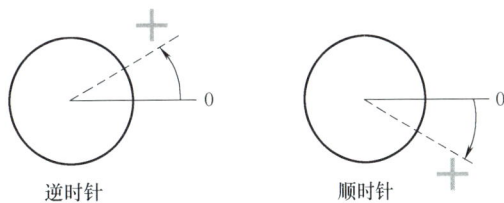

图 6.40　顺时针逆时针指示

c）插入时的缩放单位（插入比例）：控制插入到当前图形中的块和图形的比例。如果插入的块或图形在创建时使用的单位不同于当前图形中使用的单位，插入比例值将更正该不匹配问题。如果不希望对块或图形进行缩放，请指定"无单位"。

d）输出样例：显示用当前单位和角度设置的例子。

e）光源：控制当前图形中光度控制光源的强度测量单位。由于光度控制光源使用插入比例来确定渲染中使用的单位，因此插入比例应设置为单位样式而不是"无单位"。

f）方向：显示"方向控制"对话框，如图 6.41 所示。

2）根据紧固件的尺寸及精度要求，单位设置如图 6.42 所示。

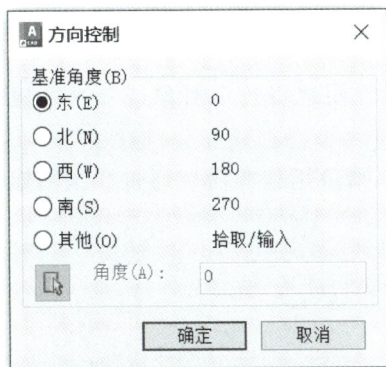

图 6.41　方向控制设置

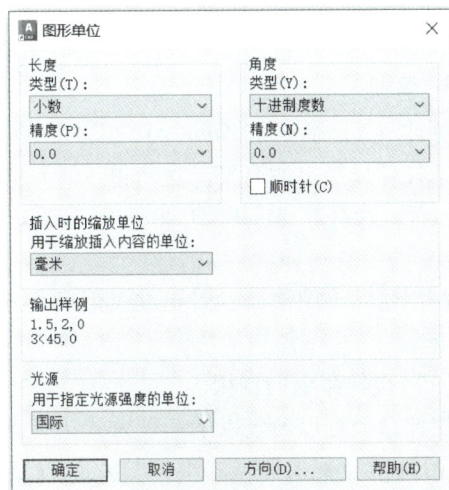

图 6.42　图形单位设置

4. 标注样式的设置

1）设置标注样式的方式有以下两种。

① 单击"格式"菜单，选择"标注模式"（⊢◢）命令，弹出"标注样式管理器"对话框，如图 6.43 所示。

② 在命令行输入"UNITS"命令，按［Enter］键。

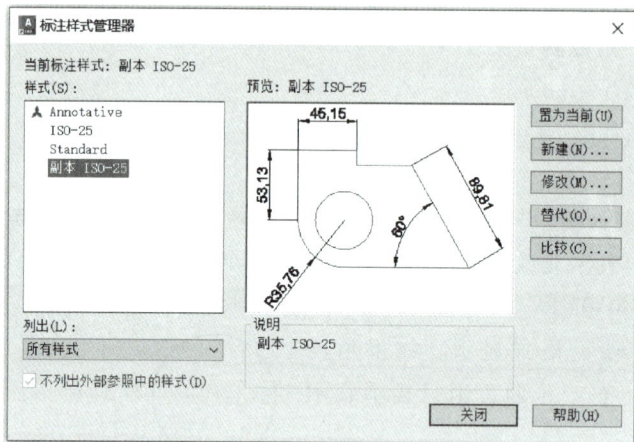

图 6.43 "标注样式管理器"对话框

2）创建标注样式的步骤。

① 在标注样式管理器中单击"新建"按钮。

② 在"创建新标注样式"对话框中输入新标注样式的名称"紧固零件标注 标注样式"，然后单击"继续"按钮。

③ 在"紧固件标注 标注样式"对话框中单击"符号和箭头"选项卡，设置"箭头大小"为"5"；单击"文字"选项卡，设置"文字高度"为"5"；其他选项卡选择默认设置。

④ 单击"确定"按钮，并将"紧固零件标注 标注样式"置为当前，然后单击"关闭"按钮退出"标注样式管理器"对话框。

6.2.2 拉伸、分割、三维旋转命令

一些平面图纸无法清楚地表达出紧固件零件的相关信息，因此需要使用 AutoCAD 三维建模来清晰地将零件的详情展示出来。

1. 拉伸

拉伸（X）命令是 AutoCAD 2024 中的一种常用命令，它的作用是在平面图形中把一个区域或线条拉伸成指定的高度。这使得 AutoCAD 设计师能够快速地创建各种形状、模型的立体构建。拉伸（X）命令在 AutoCAD 2024 中属于三维命令，可以方便地将一个对象或一个区域拉伸或缩小。

在创建三维图形时，若三维图形的每个截面均相同，则可用拉伸命令通过二维图形创建三维图形。

（1）拉伸命令的调用

拉伸命令可以通过以下三种方式进行调用。

① 单击"常用"选项卡，"拉伸"（▓）命令。

② 单击"绘图"菜单，选择"建模"命令，选择"拉伸"子命令。

③ 在命令行输入"EXTRUDE"，按［Enter］键。

（2）拉伸命令的使用

① 基础拉伸。如图 6.44a 所示，在绘制区域内绘制一个矩形；单击"拉伸"（▓）命令，

命令行提示选择要拉伸的对象或［模式（MO）］，此时选择已绘制的矩形并按［Enter］键，命令行继续提示指定拉伸的高度或［方向(D)/路径(P)/倾斜角(T)/表达式(E)］，可输入确定值或拉伸任意高度，拉伸后矩形转变为长方体，如图6.44b所示。

② 路径（P）拉伸。如果需要在扩展图形时遵循特定的路径，如沿着弧度或多段线扩展曲线，则可以使用路径拉伸，具体步骤：选中需要拉升的图形，并单击"拉伸"（▥）命令，在弹出的拉伸命令窗口中选择"路径（P）"，在图形中选择一条路径作为拉伸路径；在图形上指定拉伸距离，也可以输入一个数值来指定距离或高度，按［Enter］键完成拉伸，如图6.45所示。

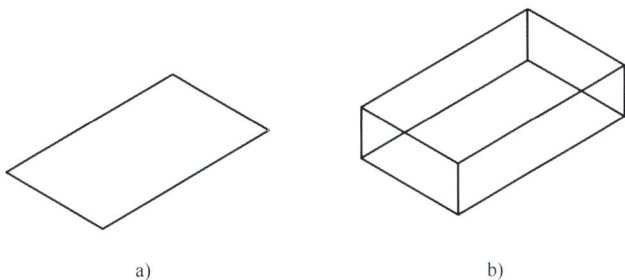

图 6.44　矩形拉伸为长方体　　　　图 6.45　路径拉伸

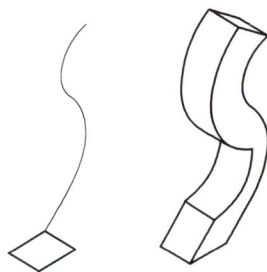

③ 方向（D）拉伸。通过"方向（D）"选项可以指定两个点以设定拉伸的长度和方向。

④ 倾角（T）拉伸。在定义要求成一定倾斜角的零件方面，倾角拉伸非常适用，如铸造车间用来制造金属产品的铸模。

⑤ 表达式（E）拉伸。输入数学表达式可以约束拉伸的高度。

（3）拉伸命令的应用

① 快速创建造型。通过拉伸命令可以将各个平面上的形状拉伸成立体对象，从而快速创建三维对象和复杂的形状。

② 拉伸多个对象。拉伸命令S不仅适用于单个对象，也适用于多个相似的对象。可以选择几个具有相同区域的对象，并使用拉伸命令S一次性将它们一起拉伸为相同大小的对象。

③ 几何构建。通过拉伸命令S可以轻松地创建各种几何构建，如圆柱体、锥形体和棱柱体等。只需指定两个点、大小和方向，即可创建几何图形。

④ 分解对象。拉伸命令S还可以用于分解对象，将其分解成多个对象，如平面图形和几何形体。分解成功后，可以对每个对象进行调整、编辑和修改。

AutoCAD 2024拉伸（X）命令是一个强大的建模工具，它的应用可以让我们在设计和建模时更加便捷。在实际设计过程中，具有操作简单、应用广泛的特点。

2. 分割命令

分割命令主要是利用不相连的实体将组合在一起的多个实体分割为单独的实体。并集或差集操作可生成一个由多个连续体组成的三维实体。组合体各个实体之间的共同体积不能执行分割操作，例如，两个相互干涉的实体被布尔运算的并集合并成一个实体时，将不能执行分割操作。

（1）分割命令的启动方法

① 单击"修改"菜单，选择"实体编辑"→"分割"命令。

② 单击"常用"选项卡，在"实体编辑"功能区选择"分割"（▥）命令。

③ 在命令行输入"SOLIDEDIT↙"。

启动命令后，命令行显示：

命令:_solidedit;

实体编辑自动检查:SOLIDCHECK=1;

输入实体编辑选项[面(F)/边(E)/体(B)/放弃(U)/退出(X)]<退出>:_body;

输入实体编辑选项[压印(I)/分割实体(P)/抽壳(S)/清除(L)/检查(C)/放弃(U)/退出（X）]:_separate;

选择三维实体:(选择要分割的实体)。

（2）实体分割实例

如图6.46a所示，绘制一个长方体和一个圆柱体，并将两个实体进行差集运算，源实体为长方体，被抠除的实体为圆柱体。

具体操作步骤如下。

命令:_subtract 选择要从中减去的实体、曲面和面域……

选择对象:找到一个;　　　　　　　　　　//选择长方体为源实体

选择对象:选择要减去的实体、曲面和面域……

选择对象:找到一个↙;　　　　　　　　　//选择圆柱体为被抠除的实体

命令:_solidedit;

实体编辑自动检查:SOLIDCHECK=1;

[压印(I)/分割实体(P)/抽壳(S)/清除(L)/检查(C)/放弃(U)/退出(X)]<退出>:P;

选择三维实体:↙。　　　　　　　　　　//选择图6.46b

当长方体和圆柱体进行差集运算后，由6.46b可知，四个剩余切角相互独立，但以一个组合实体的方式存在。使用"分割"命令，可将组合实体分解，成为互不干涉的独立部分。

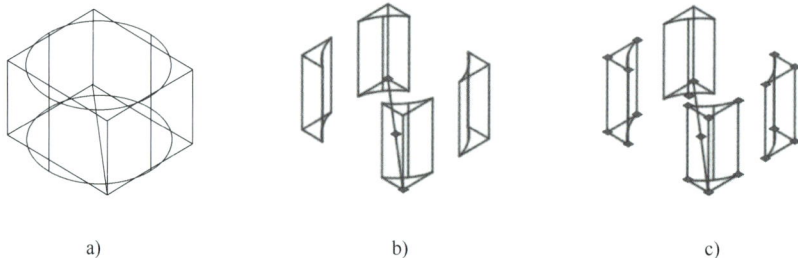

a)　　　　　　　　　b)　　　　　　　　　c)

图6.46　"分割"命令的应用

3. 三维图形尺寸标注

设计人员在绘制一些简单的三维图形时，通常都需要标注加工尺寸，如家具、置物架等一些简单的三维图形。在AutoCAD 2024中没有三维标注的功能，尺寸标注都是基于二维图形的平面标注。因此，要为三维图形标注，就要想办法把需要标注的尺寸转换到平面图形上处理，也就是把三维的标注问题转换到二维平面上，简化标注。这样就要用到用户坐标系，只要把坐标系转换到需要标注的平面就可以了。

图6.47a和图6.47b所示的UCS不同，当长方体的长和宽在XY坐标平面上时，可以直接标注，AutoCAD 2024的标注更加简化，圆柱体的上表面与长方体的底面不在同一平面上，但可以直接标注;在图6.47a中，长方体的高在YZ坐标平面上，不能直接标注，因此使用"Z轴矢量"（图标）命令，操作如下。

命令:_ucs;

指定UCS的原点或[面(F)/命名(NA)/对象(OB)/上一个(P)/视图(V)/世界(W)/X/Y/Z/Z轴(ZA)]<世界>:_zaxis;

指定新原点或[对象(O)]<0,0,0>：

在正 *Z* 轴范围上指定点<−7.0578,4.2945,1.0000>：通过两点转换视点。

转换 *XY* 坐标两面后，可使用"线性"标注标注长方体的高，如图 6.47b 所示。

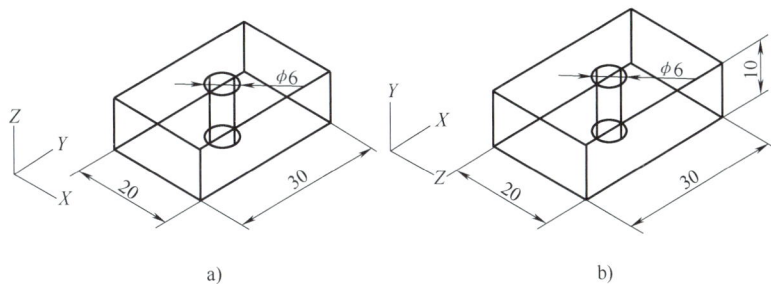

图 6.47　转换 *XY* 坐标平面标注

6.2.3　任务实施

1. 图形分析

紧固零件的外形如图 6.48 所示，绘制前首先应进行图形分析。

紧固零件的外形由下端长方体支脚，中间的管孔和上端的悬挂孔组成。支脚与管孔相交，悬挂孔与管孔相交。根据该零件的构造特征，其三维模型的创建可采用如下操作。

① 绘制平面支脚和管孔组合图形，三维旋转后，将图形转到 *YZ* 平面。

② 拉伸组合图形，形成支脚和管孔组合实体。

③ 转换视点，绘制上端悬挂孔底座平面图形。

④ 拉伸底座，形成三维实体。

⑤ 运用差集运算切除中间部分及圆柱，完成三维模型的创建。

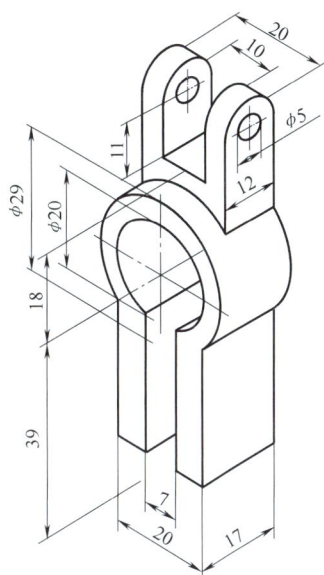

图 6.48　紧固零件三维图

2. 支脚和管孔实体的绘制

（1）绘制不规则平面图形

具体操作步骤如下。

命令：_-view 输入选项[？/删除(D)/正交(O)/恢复(R)/保存(S)/设置(E)/窗口(W)]：_

seiso 正在重生成模型；　　　　　　　　//转换为"东南等轴测"视图

命令：_rectang；　　　　　　　　　　//启动"矩形"命令

指定第一个角点或[倒角(C)/标高(E)/圆角(F)/厚度(T)/宽度(W)]：

　　　　　　　　　　　　　　　　//在适当位置单击鼠标左键确定第一个角点

指定另一个角点或[面积(A)/尺寸(D)/旋转(R)]：D；

指定矩形的长度<10.0000>：20；

指定矩形的宽度<10.0000>：39　　　　//绘制长为 20mm、宽为 39mm 的矩形

命令：_circle；　　　　　　　　　　//启动"圆"命令

指定圆的半径或[直径(D)]：_d 指定圆的直径：29；　//使用"圆心-直径"命令

命令：↙；

```
命令:_circle;                                          //启动"圆"命令
指定圆的半径或[直径(D)]:_d 指定圆的直径<29.0000>:20
                                                      //使用"圆心-直径"命令

命令:↙;

命令:_rectang;                                         //启动"矩形"命令
指定第一个角点或[倒角(C)/标高(E)/圆角(F)/厚度(T)/宽度(W)]:6.5;
                                                      //指定矩形第一个角点

指定另一个角点或[面积(A)/尺寸(D)/旋转(R)]:D;           //使用"尺寸"命令绘制矩形
指定矩形的长度<20.0000>:7;
指定矩形的宽度<39.0000>:39;                            //绘制长为7mm、宽为39mm的矩形

命令:↙;

命令:_trim;                                            //使用"修剪"命令修剪多余图线
当前设置:投影=UCS,边=无,模式=快速;
选择要修剪的对象或按住[Shift]键选择要延伸的对象或[剪切边(T)/窗交(C)/模式(O)/
投影(P)/删除(R)]:                                     //直接修剪
选择要修剪的对象或按住[Shift]键选择要延伸的对象或[剪切边(T)/窗交(C)/模式(O)/
投影(P)/删除(R)]:                                     //多次修剪
```

完成后的图形如图6.49所示。

（2）三维旋转

垂直于 Z 轴的支脚和管孔平面图形，通过三维旋转形成平行于 Z 轴的直立图形，以便拉伸。

在三维视图中，显示三维旋转小控件以协助绕基点旋转三维对象。使用三维旋转小控件，用户可以自由地通过拖动来旋转选定的对象和子对象，或将旋转约束到轴。默认情况下，三维旋转小控件显示在选定对象的中心，如图6.50a所示。可以通过使用快捷菜单更改小控件的位置来调整旋转轴。

图6.49 支脚和管孔平面图形

三维旋转命令调用方式有以下两种。

① 单击"修改"菜单，选择"三维操作"→"三维旋转"（⊕）命令。

② 在命令行输入"3drotate"，按［Enter］键。

具体操作过程如下。

```
命令:_3drotate;
UCS 当前的正角方向:    ANGDIR=逆时针    ANGBASE=0;
选择对象:指定对角点:找到60个;                //指定要旋转的对象
指定基点:                                   //设定旋转的中心点
拾取旋转轴:  //在三维缩放小控件上,指定旋转轴,如图6.50a所示,旋转轴为红色 X 轴。
            移动鼠标直至要选择的轴轨迹变为黄色,然后单击以选择此轨迹
指定角的起点或键入角度:90;
正在重生成模型。                            //旋转后的图形如图6.50b所示
```

（3）拉伸

由基本平面命令组合绘制的不规则二维平面图形，由于是由线条构成，不能直接拉伸为实体，如图6.51所示，即线条拉伸后为曲面。

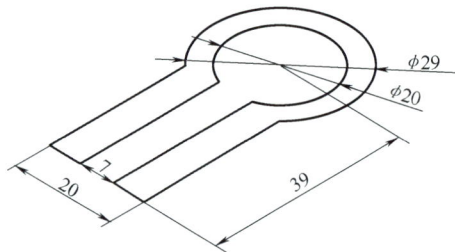

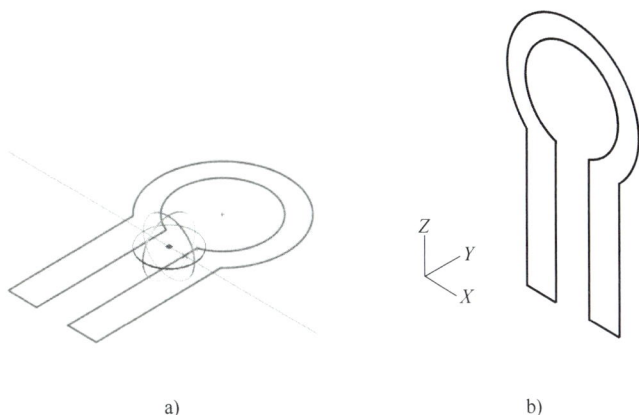

图 6.50 使用三维旋转命令前后

图 6.51 拉伸为曲面

该种平面图形拉伸成为实体的前提为，生成组合平面，平面拉伸后，才能生成实体。Auto-CAD 2024 提供的生成平面的命令为"面域"。

①生成面域。面域是具有物理特性（例如，质心）的二维封闭区域。可以将现有面域合并到单个复杂面域。面域可用于提取设计信息；应用填充和着色；使用布尔操作将简单对象合并到更复杂的对象。可以从形成闭环的对象创建面域。环可以是封闭某个区域的直线、多段线、圆、圆弧、椭圆、椭圆弧和样条曲线的组合。可以通过合并、减去或相交面域来创建面域。

如果无法确定边界，可能是因为指定的内部点位于完全封闭区域外部。在图 6.52 所示的样例中，在未连接端点周围显示红色圆圈，以标识边界中的间隙。

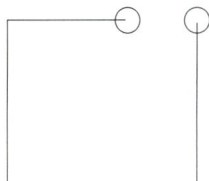

图 6.52 无效边界

面域调用的方式有以下三种。

a）单击"绘图"菜单，选择"面域"（ ◎ ）命令。

b）在命令行输入"3drotate"，按 [Enter] 键。

c）单击"常用"选项卡，在"绘图"功能区选择"面域"（ ◎ ）命令。

生成面域的具体操作步骤如下。

```
命令:_region;
选择对象:指定对角点:              //框选全部对象
选择对象:找到 6 个;               //全选如图 6.53b 所示
已提取 1 个环;
已创建 1 个面域。                 //提示生成一个面域
```

生成面域前后的图形对比，通过单击"视图"→"视觉样式"→"概念"进行观察，如图 6.53 所示。

② 拉伸。将生成面域的图形进行拉伸，如图 6.54 所示，具体操作如下。

```
命令:_extrude;
当前线框密度:ISOLINES=4,闭合轮廓创建模式=实体;
选择要拉伸的对象或[模式(MO)]:_MO 闭合轮廓创建模式[实体(SO)/曲面(SU)]<实体>:
_SO;
选择要拉伸的对象或[模式(MO)]:指定对角点:找到 1 个;
选择要拉伸的对象或[模式(MO)]:            //选择生成面域的图形对象
指定拉伸的高度或[方向(D)/路径(P)/倾斜角(T)/表达式(E)]<17.0000>:17。
```

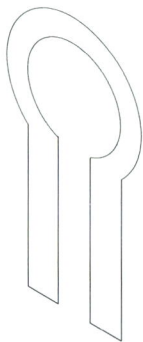

a) 生成面域前

b) 生成面域后

图 6.53 生成面域前后

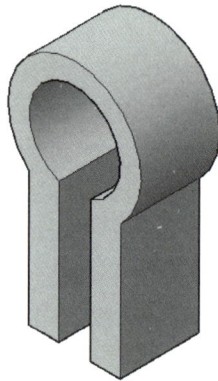

图 6.54 拉伸生成实体

3. 绘制悬挂孔

由于悬挂孔与管孔之间有不规则连接部件,因此分两步绘制悬挂孔。

(1) 连接部分绘制

该部分若以 ZX 平面为切面,则观察到每个截面均相同,因此使用平面拉伸方式绘制是较为简便的方案。

具体操作如下。

命令:_ucs;

当前 UCS 名称:＊没有名称＊;

指定 UCS 的原点或[面(F)/命名(NA)/对象(OB)/上一个(P)/视图(V)/世界(W)/X/Y/Z/Z 轴(ZA)]<世界>:_zaxis;

指定新原点或[对象(O)]<0,0,0>:　　　　　　　//在适当位置单击鼠标左键

在正 Z 轴范围上指定点<62.4250,89.3258,1.0000>: //转换视点

命令:_rectang　　　　　　　　　　//绘制长为20mm、宽为18mm 的矩形

指定第一个角点或[倒角(C)/标高(E)/圆角(F)/厚度(T)/宽度(W)]://在适当位置单击
　　　　　　　　　　　　　　　　　　　　　　　　　鼠标左键确定第一
　　　　　　　　　　　　　　　　　　　　　　　　　个角点

指定另一个角点或[面积(A)/尺寸(D)/旋转(R)]:D;

指定矩形的长度<18.0000>:20;

指定矩形的宽度<39.0000>:18;

命令:↙;

命令:_circle　　　　　　　//绘制直径为29mm 的圆,圆心位于矩形下长边的中点

指定圆的圆心或[三点(3P)/两点(2P)/切点、切点、半径(T)]:
　　　　　　　　　　　　　　　//圆心位于矩形下长边的中点

指定圆的半径或[直径(D)]<10.0000>:_d 指定圆的直径<20.0000>:29;

命令:↙;

命令:_trim;　　　　　　　　　//修剪出形状

视图与 UCS 不平行。命令的结果可能不明显。

当前设置:投影＝UCS,边＝无,模式＝快速;

选择要修剪的对象或按住[Shift]键选择要延伸的对象或[剪切边(T)/窗交(C)/模式(O)/投影(P)/删除(R)]:

选择要修剪的对象或按住[Shift]键选择要延伸的对象或//多次修剪[剪切边(T)/窗交(C)/

模式(O)/投影(P)/删除(R)/放弃(U)]:

命令:↙;

命令:_region;　　　　　　　　　　//生成面域

选择对象:指定对角点:找到两个;

选择对象:

已提取一个环;

已创建一个面域。

命令:_extrude;　　　　　　　　　//拉伸为实体

当前线框密度: ISOLINES=4,闭合轮廓创建模式 = 实体

选择要拉伸的对象或[模式(MO)]:_MO 闭合轮廓创建模式[实体(SO)/曲面(SU)]<实体>:_SO;

选择要拉伸的对象或[模式(MO)]:指定对角点:找到一个;

选择要拉伸的对象或[模式(MO)]: //选择生成面域的图形对象

指定拉伸的高度或[方向(D)/路径(P)/倾斜角(T)/表达式(E)]<17.0000>:12。

拉伸形成的实体图形如图 6.55 所示。

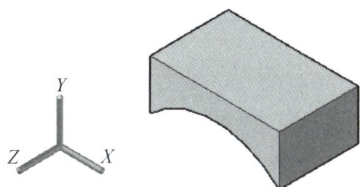

图 6.55　拉伸连接部分

(2) 悬挂孔绘制

悬挂孔可以过差集运算进行绘制。具体操作如下。

命令:_ucs;　　　　　　　　//设置用户坐标

当前 UCS 名称:＊没有名称＊;

指定 UCS 的原点或[面(F)/命名(NA)/对象(OB)/上一个(P)/视图(V)/世界(W)/X/Y/Z/Z 轴(ZA)]<世界>:_zaxis;

指定新原点或[对象(O)]<0,0,0>: //在适当位置单击鼠标左键指定新原点

在正 Z 轴范围上指定点<105.3033,54.8976,1.0000>: //将 Z 轴转换方向

命令:_box;　　　　//绘制长为 20mm、宽为 12mm、高为 17mm 的长方体,如图 6.56a 所示

指定第一个角点或[中心(C)]: //在适当位置单击鼠标左键确定第一个角点

指定其他角点或[立方体(C)/长度(L)]:L;

指定长度<20.0000>:20;

指定宽度<30.0000>:12;

指定高度或[两点(2P)]<12.0000>:17;

命令:↙;

命令:_fillet;　　//使用圆角命令使上端形成半圆形,半径为 6mm

当前设置:模式 = 修剪,半径 = 0.0000;

选择第一个对象或[放弃(U)/多段线(P)/半径(R)/修剪(T)/多个(M)]:R;

指定圆角半径<0.0000>:6;

选择第一个对象或[放弃(U)/多段线(P)/半径(R)/修剪(T)/多个(M)]:↙;

输入圆角半径或[表达式(E)]<6.0000>://选择做圆角的棱

选择边或[链(C)/环(L)/半径(R)]:↙;

已选定一个边用于圆角。

命令:↙;

命令:↙;   //按两次[Enter]键,完成圆角修改

命令:↙ FILLET;   //按[Enter]键执行上一个命令-圆角

当前设置:模式=修剪,半径=6.0000;

选择第一个对象或[放弃(U)/多段线(P)/半径(R)/修剪(T)/多个(M)]:↙;

输入圆角半径或[表达式(E)]<6.0000>:6

选择边或[链(C)/环(L)/半径(R)]:   //选择做圆角的棱

已选定一个边用于圆角。

命令:↙;

命令:↙;   //按两次[Enter]键,完成圆角修改

命令:_ucs;   //转换视点,如图 6.56b 所示

当前 UCS 名称:*没有名称*;

指定 UCS 的原点或[面(F)/命名(NA)/对象(OB)/上一个(P)/视图(V)/世界(W)/X/Y/Z/Z 轴(ZA)]<世界>:_zaxis;

指定新原点或[对象(O)]<0,0,0>:   //在适当位置单击鼠标左键指定新原点

在正 Z 轴范围上指定点<40.8508,66.9675,1.0000>:   //将 Z 轴转换方向

命令:_cylinder;   //绘制直径为 5mm 的圆,与圆角同心,如图 6.56c 所示

指定底面的中心点或[三点(3P)/两点(2P)/切点、切点、半径(T)/椭圆(E)]://在圆角的圆心单击鼠标左键指定底面中心

指定底面半径或[直径(D)]<0.0000>:2.5;

指定高度或[两点(2P)/轴端点(A)]<20.0000>:-20;

命令:↙;

命令:_ucs;   //转换视点,如图 6.56d 所示

当前 UCS 名称:*没有名称*;

指定 UCS 的原点或[面(F)/命名(NA)/对象(OB)/上一个(P)/视图(V)/世界(W)/X/Y/Z/Z 轴(ZA)]<世界>:_zaxis;

指定新原点或[对象(O)]<0,0,0>:   //在适当位置单击鼠标左键指定新原点

在正 Z 轴范围上指定点<76.8631,-42.7951,1.0000>:   //转换正 Z 轴方向为向上

命令:_box;   //指定长方体第一个角点

指定第一个角点或[中心(C)]:5;

指定其他角点或[立方体(C)/长度(L)]:L;

指定长度<20.0000>:10;   //绘制长为 20mm、宽为 12mm、高为 17mm 的长方体,如图 6.56d 所示

指定宽度<12.0000>:20;

指定高度或[两点(2P)]<-20.0000>:17;

命令:_subtract 选择要从中减去的实体、曲面和面域……//使用差集运算抠除长方体,如图 6.56e 所示

选择对象:找到一个

选择对象:↙;

选择要减去的实体、曲面和面域……

选择对象:找到一个

选择对象:↙；

命令:↙。

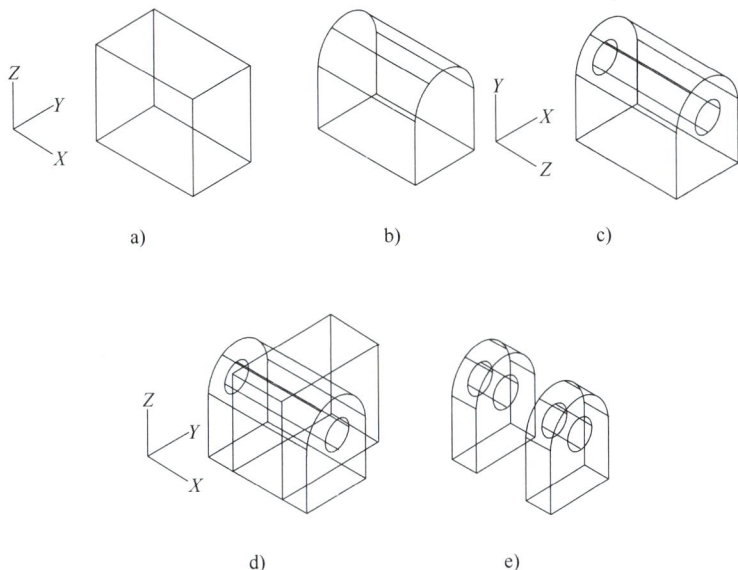

a)　　　　　　　　b)　　　　　　　　c)

d)　　　　　　　　e)

图 6.56　悬挂孔绘制

4. 组合

结合"对象捕捉"，使用"并集"运算，将绘制的各部分三维实体进行组合运算，得到的实体如图 6.57 所示。

5. 三维标注

如前所述，三维实体的标注是在 XY 平面上显示的，无法在 YZ 或 ZX 平面显示。如图 6.58 所示，因此标注时利用"Z 轴适量"（ ）命令，转换视点，重置 XY 平面，再进行标注。

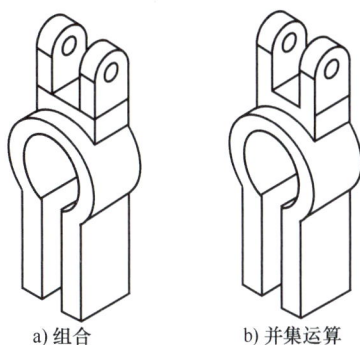

a)组合　　　　　b)并集运算

图 6.57　组合及并集运算

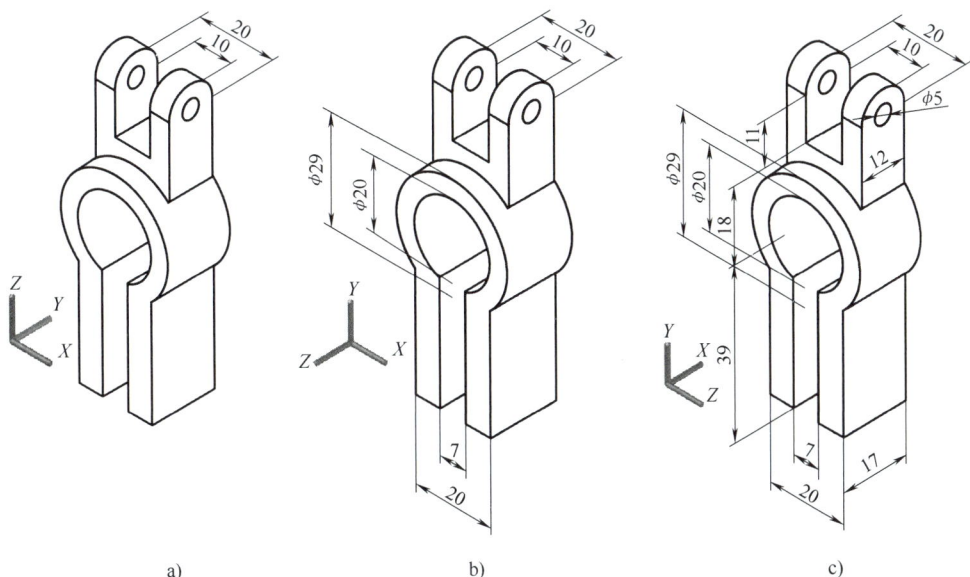

a)　　　　　　　　b)　　　　　　　　c)

图 6.58　转换 XY 平面标注

6.2.4 拓展练习

1. 绘制图 6.59 所示的三维实体。

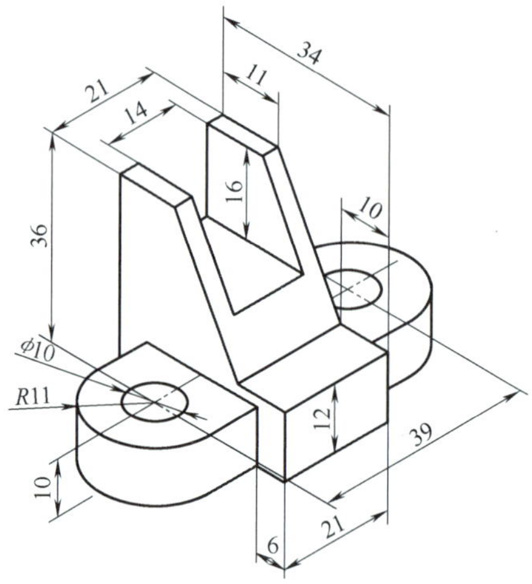

图 6.59 三维实体 1

2. 绘制图 6.60 所示的三维实体，并进行标注。

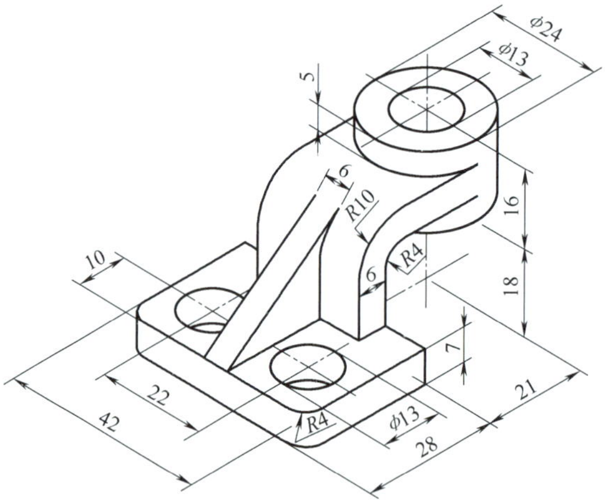

图 6.60 三维实体 2

项目 ⑦

图纸的输出及打印

一招不让的创新态度，一丝不苟的敬业精神，一尘不染的修为品质。

知识目标：

（1）了解 AutoCAD 图形文件的不同格式；

（2）了解 AutoCAD 2024 的打印输出流程。

技能目标：

（1）能将 AutoCAD 2024 图形进行布局调整；

（2）能创建和管理布局；

（3）熟练使用 AutoCAD 2024 软件输出 DWF 与 PDF 文件。

素养目标：

（1）具有沟通协作的能力；

（2）具备积极探索新事物的能力。

任务 7.1　AutoCAD 图形在布局空间中的显示

AutoCAD 2024 有两种不同的工作环境（称为模型空间和布局空间），可在其中使用图形中的对象。默认情况下，绘图工作开始于称为模型的空间。二维和三维图形的绘制与编辑工作都在模型空间中进行，也可以设置用于从模型空间直接打印图形。图纸空间也称为布局空间，用来将几何模型表达到工程图纸上，它模拟图纸页面，提供直观的打印设置，是专门用来出图的。

一般在绘图时，先在 AutoCAD 模型空间内进行绘制与编辑，完成后再进入布局空间进行布局调整，直至最终打印出图。

默认情况下，当新建一个图形文件时，系统创建了一个模型空间和两个布局空间，相应地，在绘图区域底部有一个模型选项卡和两个布局选项卡。选择模型选项卡或布局选项卡，可以实现在模型空间和相应的布局空间进行切换。图 7.1 所示为图形切换到布局 1 空间后显示的效果。

当处于布局空间时，屏幕左下角显示一个直角三角形。

一个图形文件可以包含一个模型空间和多个布局空间，每个布局代表一张单独的打印输出图纸。

布局空间中有三层矩形边界，其作用说明如下。

1）纸张边界。最外层边界为纸张边界，代表纸张大小。

2）可打印区域边界。中间虚线框为可打印区域边界，位于该边界内区域为可打印区域，只

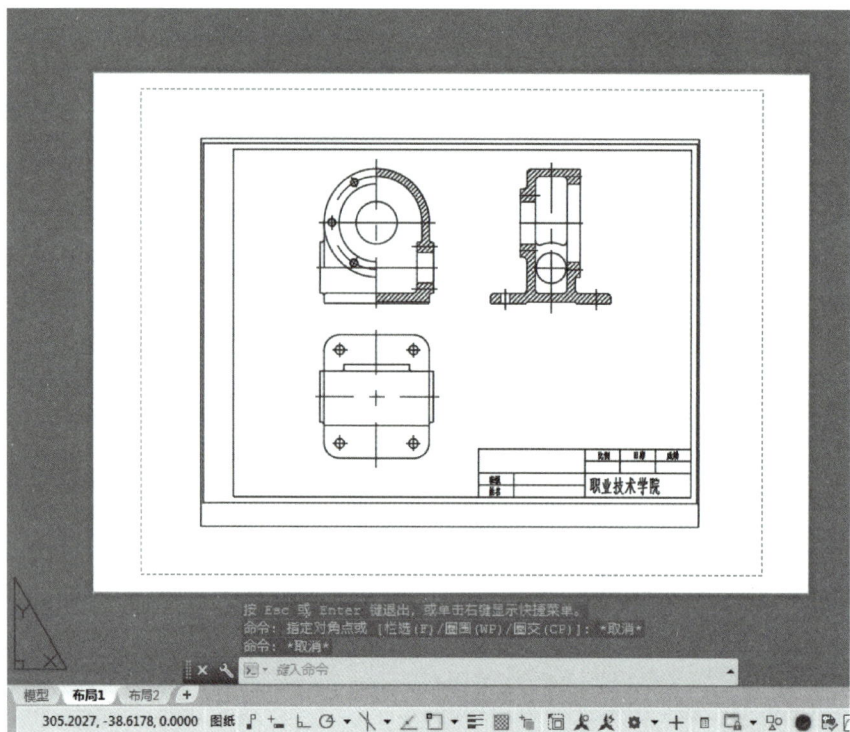

图 7.1 图形在布局空间中的显示

有位于该区域内的内容才可以被打印。

3）浮动视口边界。最内层矩形框为浮动视口边界。单击此边界，可以进行调整视口大小、删除视口等操作。

任务7.2 创建打印视口

7.2.1 在模型空间创建平铺视口

视口是显示用户模型不同视图的区域。默认情况下，新建一个图形文件时系统自动产生的模型空间只有一个视口，用户可以在这个视口进行图形的绘制和编辑工作。事实上，可将模型空间的绘图区域分割成一个或多个矩形区域，称为模型空间视口。

对较大型或复杂的图形，为了比较清楚地观察图形的不同部分，可以在绘图区域同时建立多个视口进行平铺，以便显示几个不同的视图，不同的视图为复杂图形的编辑提供了极大的方便，如图 7.2 所示。

1. 创建平铺视口

创建平铺视口常用以下三种方法。

① 单击"视口"工具栏 上的"新建视口"命令按钮（ ）。

② 单击"视图"菜单，选择"视口"命令中的"新建视口"子命令。

③ 在命令行输入"vports"命令。

执行命令后，将弹出"视口"对话框，如图 7.3 所示。

2. 功能介绍

"视口"对话框中各选项功能说明如下。

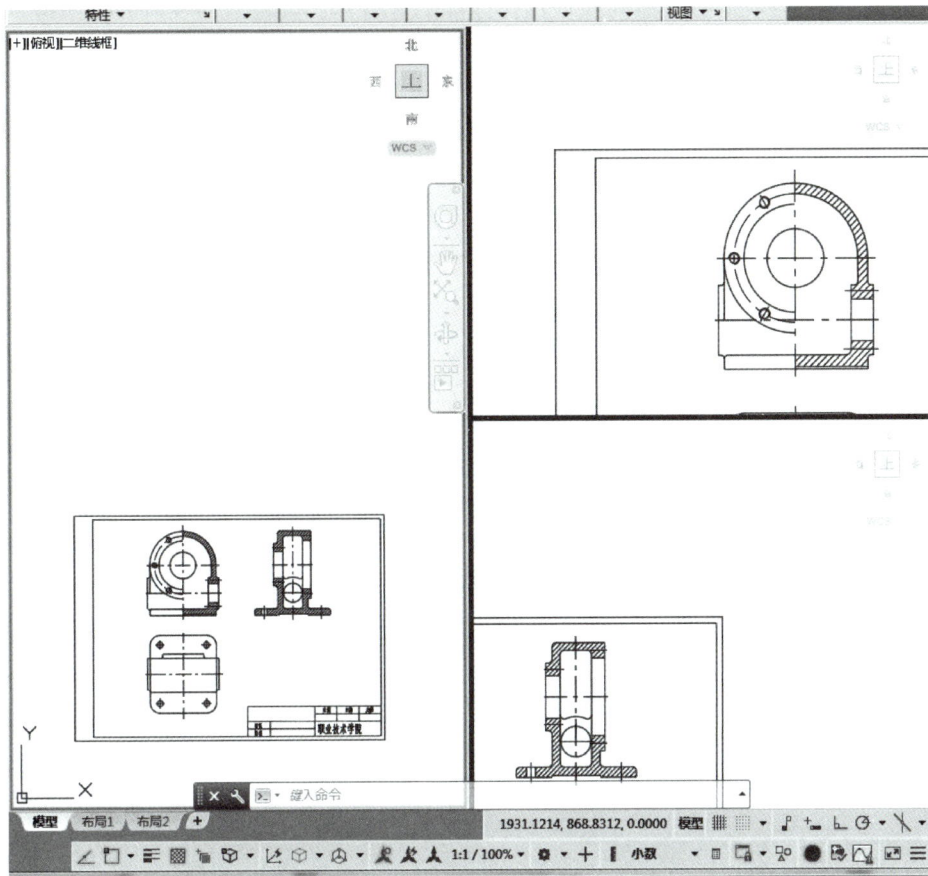

图 7.2　在模型空间创建平铺视口

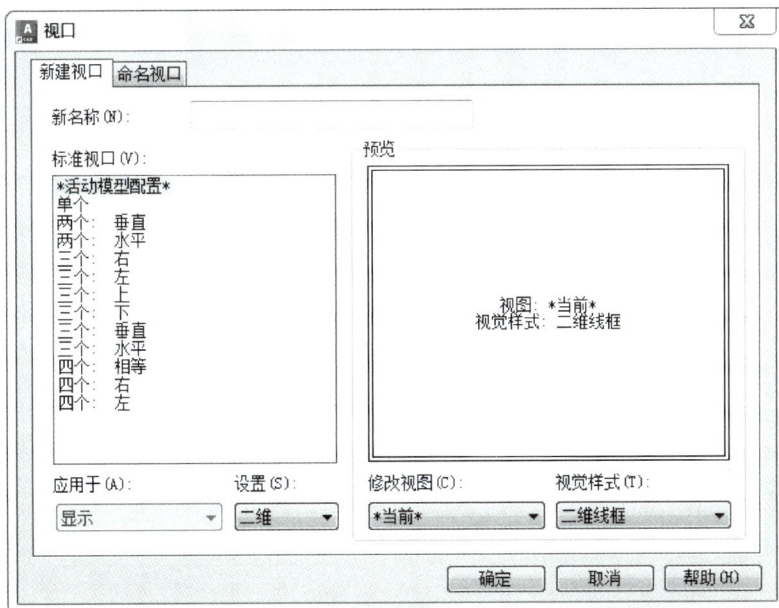

图 7.3　模型空间的"视口"对话框

（1）"新建视口"选项卡

①"新名称"文本框：用于输入新建视口的名称。如果没有指定视口的名称，则此视口将不被保存。

②"标准视口"列表框：按照列表框选择标准配置名称，可将当前视口分割平铺。

③"预览"框：用于预览选定的视口配置。单击窗口内的某个视口，可将其置为当前视口。

④"应用于"下拉列表框：用于选择"显示"选项还是"当前视口"选项。

⑤"设置"下拉列表框：选择"二维"可进行二维平铺视口，选择"三维"可进行三维平铺视口。

⑥"修改视图"下拉列表框：用于所选的视口配置代替以前的视口配置。

⑦"视觉样式"下拉列表框：用于将"二维线框""三维线框""三维隐藏""概念""真实"等视觉样式用于视口。

（2）"命名视口"选项卡

①"当前名称"文本框：用于显示当前命名视图的名称。

②"命名视口"列表框：用于显示当前图形中保存的全部视口配置。

③"预览"框：用于预览当前视口的配置。

3. 平铺视口的特点

① 视口是平铺的，它们彼此相邻，大小、位置固定，不能有重叠。

② 使用蓝色矩形框亮显的视口称为当前视口，光标呈"十"字形，在其他视口中呈小箭头状。

③ 只能在当前视口中进行各种绘图、编辑操作。

④ 只能将当前视口中的图形打印输出。

⑤ 可以对视口配置命名保存，以备以后使用。

7.2.2 在布局空间创建浮动视口

在图纸空间即布局空间可以创建多个视口，这些视口被称为浮动视口，如图7.4所示。

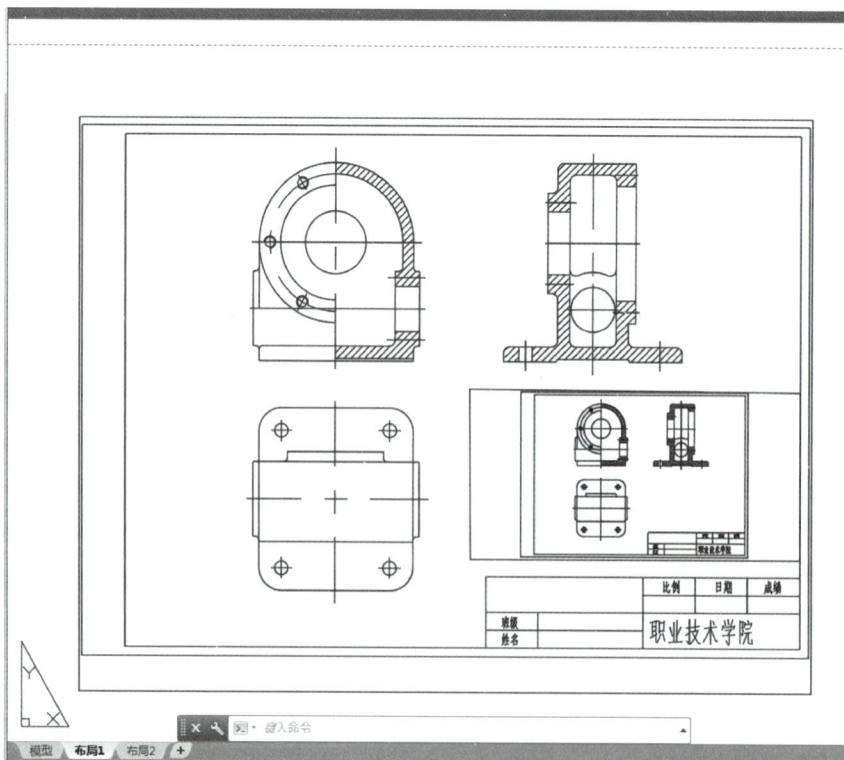

图7.4 在布局空间创建浮动视口

默认情况下，单击绘图窗口底部的布局选项卡，系统会自动根据图纸尺寸（默认的图纸尺寸为 ISO A4）创建一个浮动视口，也可以根据需要在布局中创建多个浮动视口。灵活创建和使用浮动视口是进行图纸输出的关键。

一个布局中可以设置多个不同的视口。一个布局视口就是纸张上的一个打印区域。每个视口可以设置单独的打印比例和打印图形，与别的视口互不干扰。

1. 创建浮动视口

单击绘图窗口底部的"布局"选项卡，从模型空间切换到图纸空间后，使用下列三种方法之一可创建浮动视口。

① 单击"视口"工具栏 <!-- toolbar --> 上的"新建视口"（ ⊞ ）命令按钮。

② 单击"视图"菜单，选择"视口"命令，选择"新建视口"子命令。

③ 在命令行输入"vports"命令。

执行命令后，将弹出"视口"对话框，如图 7.5 所示。此对话框与模型空间对话框相同。

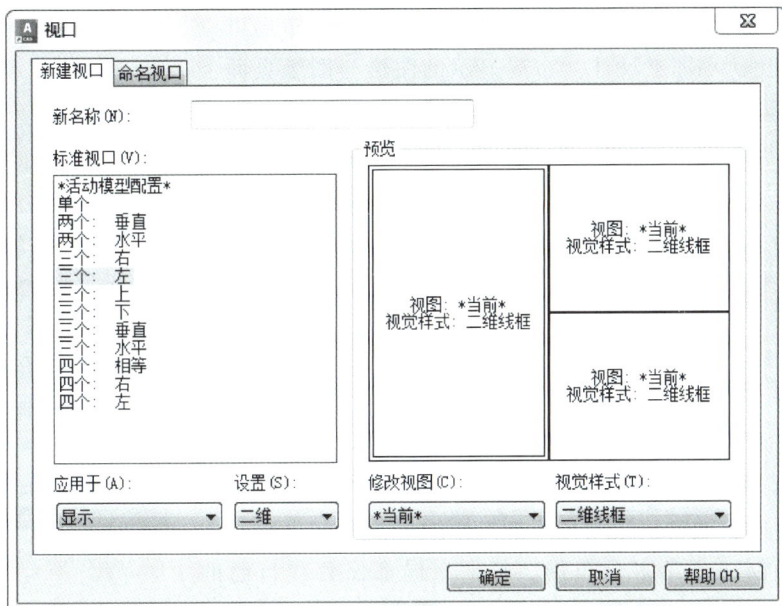

图 7.5　布局空间的"视口"对话框

可在此对话框中按照标准视口进行视口配置。

2. 创建多边形视口

单击"视口"工具栏 <!-- toolbar --> 上的"多边形视口"（ ◥ ）命令按钮，可创建由一系列直线和圆弧段定义的非矩形布局视口，根据提示指定视口的起始点、下一点、闭合等，完成创建多边形视口。

3. 将对象转换为视口

通过闭合的多段线、椭圆、样条曲线、面域或圆创建非矩形布局视图。在图纸空间绘制一个非矩形线框，单击"将对象转换为视口"命令按钮，选择绘制的线框，完成视口的转换。

4. 浮动视口的特点

① 视口是浮动的，各视口可以改变位置，也可以相互重叠。

② 视口可以进行复制、移动、拉伸、缩放、旋转等操作，也可以被删除。

③ 浮动视口位于当前层时，可以改变视口边界的颜色，但线型总为实线。

④ 可以采用冻结视图边界所在图层的方式来显示或不打印视口边界。

⑤ 可以在各视口中冻结或解冻不同的图层，以便在指定的视图中显示或隐藏相应的图形、尺寸标注等对象。

⑥ 可以创建各种形状的视口。

总之，无论是在模型空间还是在布局空间，均允许使用多个视图，但多视图的性质和作用并不相同。在模型空间中，多视图只是为了方便观察图形和绘制图形，因此其中的各个视图与原绘图窗口类似。在布局空间中，多视图主要是便于进行图纸的合理布局，用户可以对其中任何一个视图进行复制、移动等基本编辑操作。多视图操作大大方便了用户从不同视点观察同一实体，尤其在三维绘图时非常有用。

7.2.3 创建和管理布局

布局是一种图纸空间环境，它模拟图纸页面，提供直观的打印设置。在 AutoCAD 中，在布局中可以创建并放置视口对象，还可以添加标题栏或其他几何图形。可以在图形中创建多个布局以显示不同视图，每个布局可以包含不同的打印比例和图纸尺寸。布局显示的图形与图纸页面上打印出来的图形完全一样。

在创建新图形时，AutoCAD 会自动建立一个模型空间和两个布局空间（"布局1"和"布局2"）。其中，模型空间用来建立和编辑二维图形和三维模型，该选项卡不能删除，也不能重命名；布局空间用来打印图纸，其个数没有限制且可以重命名，也可将其删除。

在任一"布局"选项卡上右击，弹出的快捷菜单如图 7.6 所示，选择"新建布局"命令，可以新建一个布局，执行"重命名"命令可以更改布局的名称，执行"删除"命令可以将该布局删除。

在 AutoCAD 中，通常使用布局来控制图纸的显示和打印。用户可以根据需要创建任意多个布局，每个布局都保存在自己的"布局"选项卡中，可以与不同的页面设置相关联。

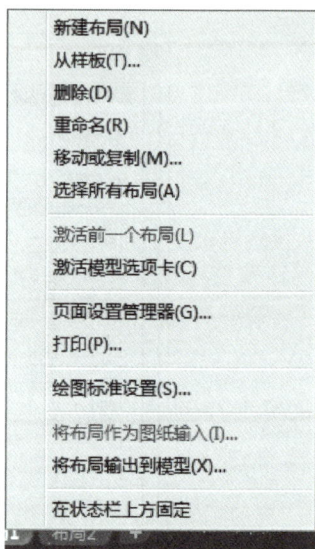

新建布局(N)
从样板(T)...
删除(D)
重命名(R)
移动或复制(M)...
选择所有布局(A)

激活前一个布局(L)
激活模型选项卡(C)

页面设置管理器(G)...
打印(P)...

绘图标准设置(S)...

将布局作为图纸输入(I)...
将布局输出到模型(X)...

在状态栏上方固定

图 7.6　右键快捷菜单

任务7.3　在模型空间打印图形

7.3.1 打印图形

绘制完工程图后，需要将它打印到纸张上，以便进行实物加工和零件的装配。如果使用的是 Windows 打印机，一般不需要做更多的配置工作；如果使用绘图仪，就必须配置驱动程序和打印端口等。

1. 打印启用方法

AutoCAD 打印出图常用两种方式，即从模型空间打印出图和从布局空间打印出图。启用打印命令常采用以下几种方法。

① 工具栏：在"标准"工具栏中单击"打印"命令按钮（🖶）。

② 单击"文件"菜单，选择"打印"命令。

③ 按［Ctrl+P］组合键。

④ 在命令行输入"PLOT"。

2. 模型空间出图

在模型空间中将工程图样布置在标准幅面的图框内，标注尺寸及书写文字后，就可以输出图形了。

（1）输出图形

输出图形的主要过程如下。

① 指定打印设备。打印设备可以是 Windows 系统打印机，也可以是 AutoCAD 内部的打印机。

② 选择图纸幅面及打印份数。

③ 指定要输出的内容。例如，可指定将某一个矩形区域的内容输出，或者将包围所有图形的最大矩形区域输出。

④ 调整图形在图纸上的位置及方向。

⑤ 选择打印样式，若不指定打印样式，则按对象的原有属性进行打印。

⑥ 设定打印比例。

⑦ 预览打印效果。

例：从模型空间打印图形。

1）打开素材文件"dwg \ 第 7 章 \ 7_ 1. dwg"。

2）单击"文件"菜单，选择"绘图仪管理器"命令，打开"Plotters"界面，利用该界面的"添加绘图仪向导"配置一台绘图仪，例如，"DesignJet 450C C4716A"。

3）单击"文件"菜单，选择"打印"命令，弹出"打印-模型"对话框，如图 7.7 所示。

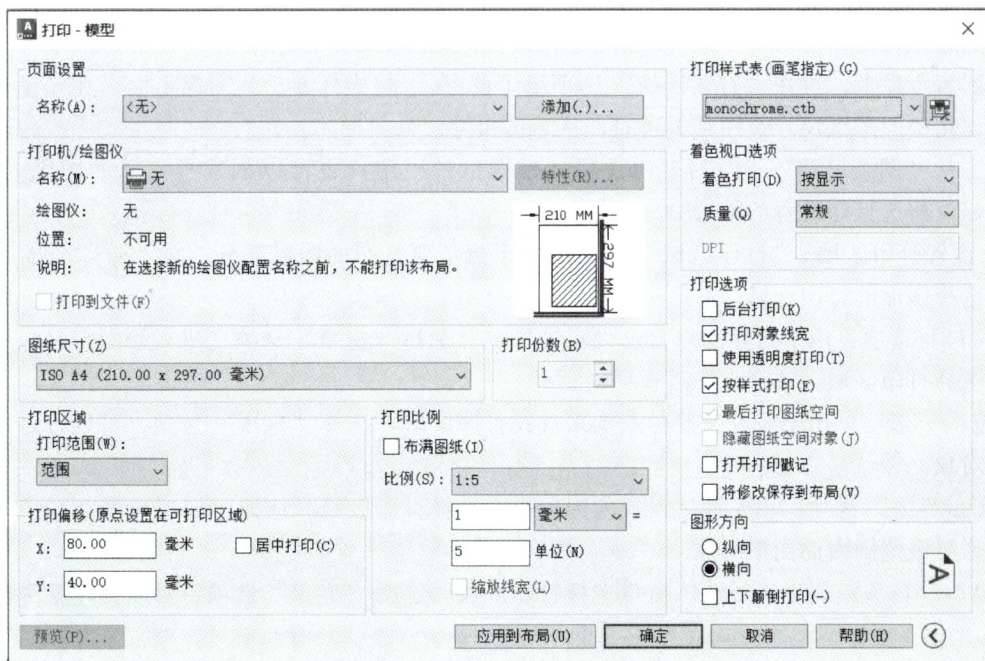

图 7.7　"打印-模型"对话框

① 在"打印机/绘图仪"功能组的"名称"下拉列表中选择打印设备如"DesignJet 450C C4716A"。

② 在"图纸尺寸"下拉列表中选择 A2 幅面图纸。

③ 在"打印份数"文本框中输入打印份数。

④ 在"打印范围"下拉列表中选择"范围"选项。

⑤ 在"打印比例"选项组中设置打印比例为"1：5"。在"打印偏移"选项组中指定打印原点为（80，40）。

⑥ 在"图形方向"选项组中设定图形打印方向为"横向"。

⑦ 在"打印样式表"下拉列表中选择打印样式"monochrome.ctb"（将所有颜色打印为黑色）。

⑧ 单击"预览"按钮，可预览打印效果。若满意，单击"确定"按钮开始打印，否则按［Esc］键返回"打印-模型"对话框，重新设定打印参数。

（2）打印设置

如图7.7所示。用户可以选择打印机名称、图纸尺寸、打印范围和打印比例。单击对话框右下角的 ⊙ 按钮，可以展开更多选项设置。在该对话框中完成以下设置。

① 选择打印机。在"打印机/绘图仪"的"名称"下拉列表中，用户可选择 Windows 系统打印机或 AutoCAD 内部打印机（".pc3"文件）作为输出设备。注意，这两种打印机名称前的图标是不一样的。当用户选定某种打印机后，"名称"下拉列表中将显示被选中设备的名称、连接端口及其他有关打印机的注释信息。

如果用户想修改当前打印机设置，可单击"特性"按钮，打开"绘图仪配置编辑器"对话框，在该对话框中，用户可以重新设定打印机端口及其他输出设置，如打印介质、图形、自定义特性、校准及自定义图纸尺寸等。

"打印到文件"复选框：打印输出到文件而不是绘图仪或打印机。

② 选择图纸尺寸。在"打印-模型"对话框的"图纸尺寸"下拉列表中指定图纸大小，"图纸尺寸'下拉列表中包含了选定打印设备可用的标准图纸尺寸。用户可以根据需要选择图纸大小。当选择某种幅面图纸时，该列表右上角出现所选图纸及实际打印范围的预览图像（打印范围用阴影表示出来，可在"打印区域"选项组中设定）。将光标移动到图像上面，在光标位置处可显示出精确的图纸尺寸及图纸上可打印区域的尺寸。

除了从"图纸尺寸"下拉列表中选择标准图纸外，用户也可以创建自定义的图纸。此时，用户需修改所选打印设备的配置。

③ 设置打印区域。"打印区域"选项组用于指定要打印的图形部分。在"打印范围"下拉列表中选择图形的打印区域。

"窗口"选项：用于打印用户自己设定的区域。选择"窗口"选项，进入绘图窗口，在绘图窗口中选择打印区域，选择完毕后返回对话框。

"范围"选项：用于通过设置的范围来选择打印区域。选择"范围"选项，可以打印出所有的图形对象。

"图形界限"选项：用于通过设置的图形界限选择打印区域。选择"图形界限"选项，可以打印图形界限范围内的图形对象。

"显示"选项：用于通过绘图窗口选择打印区域。选择"显示"选项，可以打印整个图形窗口对象。

"布局"选项：用于通过布局选择打印区域。选择"布局"选项，可以打印当前布局中位于可打印区域内的所有对象。

④ 设置打印偏移。"打印偏移"选项组用于设置图形对象在图纸上的打印位置。

"X""Y"文本框。图形在图纸上的打印位置由"打印偏移"选项组中的选项确定。默认情况下，AutoCAD 从图纸左下角打印图形。打印原点处在图纸左下角位置，坐标是（0，0）。如果图形位置偏向一侧，可通过在"X""Y"文本框中输入偏移量将图形对象调整到图纸的正确位置。

"居中打印"复选框。选中"居中打印"复选框，可以将图形对象打印在图纸的正中间。

提示： 如果用户不能确定打印机如何确定原点，可试着改变打印原点的位置并预览打印结果，然后根据图形的移动距离推测原点位置。

⑤ 设置打印比例。"打印比例"选项组用于设置出图比例，用户在绘制阶段根据实物按 1∶1 比例绘图，出图阶段则需要依据图纸尺寸确定打印比例，该比例是图纸尺寸单位与图形单位的比值。当测量单位为"mm"，打印比例设定为 1∶2 时，表示图纸上的 1mm 代表两个图形单位。

"布满图纸"复选框。从模型空间打印时，"打印比例"的默认设置是"布满图纸"。系统将缩放图形以充满所选定的图纸。

"比例"下拉列表框。"比例"下拉列表中包含了一系列标准缩放比例值。用于选择图形对象打印的精确比例。还有"自定义"选项，可以通过在"毫米"和"单位"框中输入数值来创建自定义比例。

⑥ 打印样式列表。在制图过程中，从"打印样式表"下拉列表中选择打印样式，打印样式是对象的一种特性，与颜色、线型一样，用于修改打印图形的外观。若为某个对象选择了一种打印样式，则输出图形后，对象的外观由样式决定。AutoCAD 可以为图层或单个图形对象设置颜色、线型、线宽等属性，这些样式可以在屏幕上直接显示出来。出图时，有时用户希望打印出的图样和绘图时的图形所显示的属性有所不同，例如，绘图时一般会使用各种颜色来显示不同图层的图形对象，但打印时仅以黑白色来打印。AutoCAD 提供了几百种打印样式，并将其组合成一系列打印样式表。

⑦ 设置着色打印。"着色视口选项"选项组用于打印经过着色或渲染的三维图形。

⑧ 设置打印方向。图形在图纸上的打印方向通过"图形方向"选项组进行调整，如该选项组包含一个图标，此图标表明图形对象在图纸上的打印方向，图标中的字母代表图形在图纸上的打印方向。"图形方向"包含以下 3 个选项。

"纵向"选项：选中"纵向"单选按钮，图形对象在图纸上纵向打印。

"横向"选项：选中"横向"单选按钮，图形对象在图纸上横向打印。

"上下颠倒打印"复选框：选中"上下颠倒打印"复选框，图形对象在图纸上倒置打印。

⑨ 预览和打印图形。打印设置完成后，单击左下角的"预览"按钮，可以预览图形对象的打印效果。若对预览效果满意，则可以单击"确定"按钮，直接打印图形；若对预览效果不满意，则继续修改打印参数，一般来说，在打印输出图形之前应该先预览输出结果。检查无误后再进行打印。

从模型空间出图时，按照 1∶1 的比例绘图，出图时才设置打印比例。

（3）模型空间出图的特点

在模型空间出图时，因为图纸不是无边距打印（若打印机设置了无边距打印，则效果不同），所以设置的比例会和实际打印出来的图纸比例有所差别。

模型空间出图的优点是所有图纸都在一个幅面上，查看起来比较方便和直观。

模型空间出图的缺点是若图纸的张数多、幅面大小不一，则很难确定图框需要放大的比例，而说明性文字的高度又与这个比例有关。若一张图中有某个部分需要放大，则必须复制原图并按比例放大，还要增加一个标注样式把标注测量比例缩小，在打印时，"打印范围"要选择"窗口"，需要到模型空间中捕捉定位。

3. 图纸空间出图

（1）图纸空间打印设置

首先，单击绘图区域下方的布局选项卡，进入图纸空间。

执行"打印"命令后，弹出"打印-布局"对话框，在该对话框中选择打印区域为"布局"，再选择合适的打印比例。如果是多视口，则先选定视口，根据每个视口大小及需打印的图形大小在属性窗口中的自定义比例一栏内设定适当的比例。

设置完成打印选项，进行打印输出。

（2）图纸空间出图的特点

用模型空间打印，不方便控制打印比例和打印位置；用布局空间打印，可以方便精确设置打印比例和出图的图形位置。

用模型空间打印，每次只能打印一个图形；用布局空间打印，在布局中可以设置几个视口，每个视口可以安排一个要打印的图形，每个视口可以单独设置打印比例（这样，可以在一个布局中打印不同比例的几个图形，如大图和大样图）。

用布局可以设置异形视口，可以容纳多个形状不同的图形。

布局空间出图的缺点是，若图的张数比较多，则看上去很不直观。若图纸在布局空间已经设置好，则模型空间里的图就不能再移动位置；否则图纸在布局空间也会改变位置。

7.3.2 输出 DWF 与 PDF 文件

在 AutoCAD 中，除了可以通过打印机输出图形外，还可以输出 DWF 文件与 PDF 文件，也可以生成一份电子图纸以方便用户使用其他应用程序进行阅读和交流，或将 AutoCAD 图形文件发布到互联网上，以实现资源共享。

1. 输出为 PDF 格式

使用 AutoCAD 软件可以轻松查看"dwg"格式的绘图文件，但是，并不是所有的计算机都安装有 AutoCAD 软件，这就造成绘制的图形可能在某些计算机上无法打开。而"PDF"是一种常见的文件格式，可以直接查看 AutoCAD 图形文件，所以可以将"dwg"格式的图形文件转换成"PDF"格式的文件，方便在其他计算机设备上打开。

① 打开图形文件。

② 单击"打印"（🖶）命令按钮，弹出"打印-模型"对话框。

③ 在"打印机/绘图仪"选项组选择打印机"名称"为"DWG To PDF. pc3"。

④ 在"图纸尺寸"选项组选择"ISO expand A4（210.00×297.00）"图纸，如图 7.8 所示。

⑤ 在"打印区域"选项组，选择"打印范围"为"窗口"，自动切换到绘图窗口，用鼠标在窗口中开始的位置单击，拖动鼠标画一个矩形框，再次单击结束画框，界面会切换至"打印-模型"对话框。

⑥ 单击"确定"按钮，按照提示输入文件名，保存到指定位置。

2. 输出为 DWF 格式

DWF（Web 图形格式）是由 Autodesk 开发的一种开放、安全的文件格式，它可以将丰富的设计数据高效率地分发给需要查看、评审或打印这些数据的任何人。DWF 文件高度压缩，因此比设计文件更小，传递起来更快，使用 Autodesk DWF Viewer 程序可以浏览、发送和打印 DWF 文件。

① 打开图形文件。

② 单击"打印"按钮，弹出"打印-模型"对话框。

③ 在"打印机/绘图仪"选项组的"名称"下拉列表框中选择"DWF6 elopt. pc3"选项。

④ 单击旁边的"特性"按钮，在弹出的"绘制仪配置编辑器"中单击"另存为"按钮，选择其存储的位置，如 D:\mycad。

⑤ 单击"保存"按钮，完成"DWF"文件的创建操作。

⑥ 单击工具栏中的"发布"命令按钮；或单击"文件"菜单，选择"发布"命令，就可以

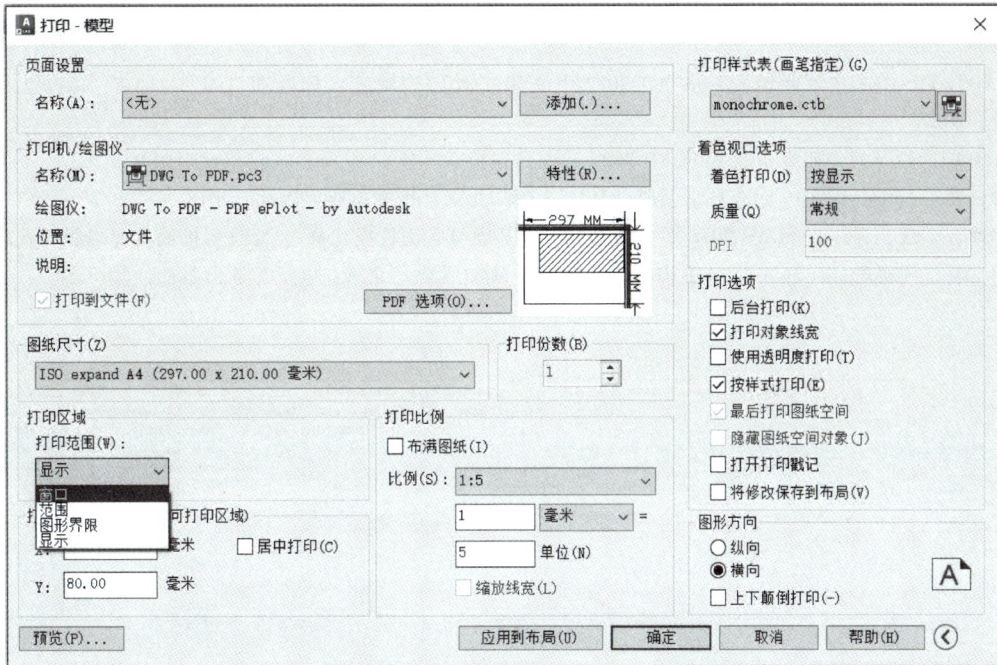

图 7.8 输出为 PDF 格式文件

方便、快速地创建格式化 Web 页，该 Web 页包含 AutoCAD 图形中的 DWF、PNG 或 JPEG 等图像格式。创建了 Web 页后，就可以将其发布到 Internet 上。

　　DWF 文件无法直接打开，用户可在安装了浏览器和 Autodesk Whip4.0 插件的任何计算机上打开，有时在浏览器中无法正常显示，建议使用 DWF 专用浏览器查看。

参 考 文 献

［1］ CAD/CAM/CAE 技术联盟. AutoCAD 2022 中文版从入门到精通：标准版 ［M］. 北京：清华大学出版社，2022.

［2］ CAD 辅助设计教育研究室. AutoCAD 2022 从入门到精通 ［M］. 北京：人民邮电出版社，2022.

［3］ 钟日铭. AutoCAD 2019 完全自学手册 ［M］. 3 版. 北京：机械工业出版社，2018.

［4］ 解璞，李瑞，等. AutoCAD 2018 中文版电气设计基础与实例教程 ［M］. 北京：机械工业出版社，2019.

［5］ 胡仁喜，闫聪聪. 详解 AutoCAD 2018 电气设计 ［M］. 5 版. 北京：电子工业出版社，2018.